"十二五"职业教育国家规划教材
经全国职业教育教材审定委员会审定

高等职业教育电子技术
技能培养规划教材

单片机应用与实践教程

束慧 陈卫兵 姜源 王恩亮 宋玉锋 编著

Application and Practice of Microcontroller

人民邮电出版社
北 京

图书在版编目（CIP）数据

单片机应用与实践教程 / 束慧等编著. -- 北京：
人民邮电出版社，2014.9
高等职业教育电子技术技能培养规划教材
ISBN 978-7-115-34563-9

Ⅰ．①单… Ⅱ．①束… Ⅲ．①单片微型计算机－高等
职业教育－教材 Ⅳ．①TP368.1

中国版本图书馆CIP数据核字(2014)第029293号

内 容 提 要

　　本书共 6 个项目，首先介绍单片机最小系统，然后从企业实际单片机控制系统出发，按照单片机的不同控制功能，将整个系统划分为"键盘与显示系统""时钟系统""通信系统""存储系统""测控系统"五大项目，以典型案例介绍 51 单片机的各种具体应用。在每个任务的内容编写中，以"任务"为驱动，按照"任务要求"→"相关知识"→"任务实施"→"任务扩展"的思路编排，读者既可按本书内容进行实物制作，又可利用 Proteus 进行仿真，切实将职业能力和职业素质的训练融入实际的教学实施过程。每个项目都精选典型课后任务，便于读者巩固所学知识，提高分析问题和解决问题的能力。

　　本书可作为高职高专电子、通信、电气、机电专业单片机相关课程的教材，也可供从事单片机应用的工程技术人员参考。

◆ 编　著　束　慧　陈卫兵　姜　源　王恩亮　宋玉锋
　　责任编辑　刘盛平
　　责任印制　杨林杰

◆ 人民邮电出版社出版发行　　北京市丰台区成寿寺路 11 号
　　邮编　100164　　电子邮件　315@ptpress.com.cn
　　网址　http://www.ptpress.com.cn
　　北京圣夫亚美印刷有限公司印刷

◆ 开本：787×1092　1/16
　　印张：15.75　　　　　　　　　2014 年 9 月第 1 版
　　字数：385 千字　　　　　　　2014 年 9 月北京第 1 次印刷

定价：35.00 元

读者服务热线：(010)81055256　印装质量热线：(010)81055316
反盗版热线：(010)81055315

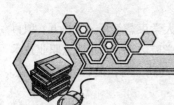

　　单片机是一种功能强、体积小、可靠性高、价格低廉的大规模集成电路器件，已被广泛应用于家电、汽车、仪器仪表、工业控制、办公自动化以及各种通信产品中，成为现代电子系统中最重要的智能化工具。因此，单片机应用技术也成为高等院校、高等职业院校电子、通信、电气、机电等专业学生的重要专业课程之一；对学生而言，掌握单片机应用技术无论从增强职业技能还是增强就业竞争力来说，都具有非常重要的意义。

　　在本书编写的过程中，我们本着培养学生实际职业技能、缩小课堂学习和实际工作需求的距离，提高学生对工作岗位适应能力的原则，尝试突破传统教材的框架，由企业专家提供实际产品控制模块，形成教学项目，由专业教师团队结合理论知识体系，将教学项目细分为教学任务，进而组织全书的理论知识体系。在内容的选择和编排中，注重基础性、系统性和可扩展性，力求"通用、适用、实用、够用、易用"，充分体现高职高专教育的特色。本书与其他同类教材相比，具有以下特点。

　　（1）基于项目的体系结构。编写团队打破传统的教材模式，首先介绍单片机最小系统，然后由企业专家从实际控制系统出发，按照单片机的不同控制功能，将整个系统划分为"键盘与显示系统""时钟系统""通信系统""存储系统""测控系统"五大项目。

　　➢　键盘与显示系统：通过学习训练，掌握单片机控制系统中键盘、显示系统的设计以及单片机内部资源、编程调试等。

　　➢　时钟系统：通过学习训练，掌握单片机的定时器、中断以及与时钟芯片的连接，从而掌握单片机控制系统的时钟系统的设计。

　　➢　通信系统：通过学习训练，掌握单片机控制系统的通信功能。

　　➢　存储系统：通过学习训练，掌握单片机的外部存储器以及接口的扩展方法，为需要存储大量数据的系统打基础。

　　➢　测控系统：通过学习训练，掌握单片机与 A/D，D/A 等的接口，以及在测量控制系统中的具体应用。

　　而每个项目中，按照由浅入深的原则又细分出不同的教学任务，各任务训练目的明确、针对性强、教学重点突出，各任务之间又具有一定的连贯性，符合学生的认知规律。

　　（2）基于任务的学习模式。在每个任务的内容编写中，以"任务"为驱动，按照"任务要求"→"相关知识"→"任务实施"→"任务扩展"的思路编排。读者既可按教材内容进行实物制作，又可利用 Proteus 进行仿真，使学习更加方便。

　　（3）每个项目都精选典型课后任务，将理论课堂和实践课堂延伸至课后，方便学生的自我训练。

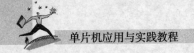

  本书项目一、项目二、项目三、项目四由南通职业大学束慧编写，项目五、项目六以及附录由南通职业大学陈卫兵、珠海城市职业技术学院姜源、江苏信息职业技术学院王恩亮以及江苏现代电力科技股份有限公司宋玉锋共同编写，最后由姜源统稿，陈卫兵校对。

  由于编者水平有限，书中难免存在错误与疏漏之处，敬请广大读者批评指正。

编　者

2014 年 2 月

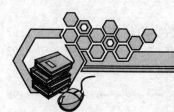

目 录

项目一

单片机最小系统

单片机日益成为小型控制系统的控制核心，本项目将通过最简单的控制实例，练习单片机控制 I/O 口进行简单的输入输出设计的同时，逐步学习和了解单片机的应用，练习单片机开发软件 Keil C51 和单片机仿真软件 Protues 的使用，了解和熟悉单片机控制系统的开发流程。

任务一　搭建单片机最小系统

任务要求

【任务内容】

搭建一个单片机的最小系统，外接 1 个发光二极管，要求系统上电后，发光二极管点亮。

【知识要求】

了解什么是单片机、51 单片机的结构与引脚；掌握最小系统电路结构；学会 Proteus 仿真软件的使用，并学会单片机最小系统电路设计。

相关知识

知识 1　单片机概述

电子计算机高速发展到今天，通常可分为巨型机、大型机、中型机、小型机和微型机 5 类。它们在系统结构和基本工作原理方面并无本质的区别，只是在体积、性能和应用领域方面有所不同。其中微型机以其体积小、重量轻、功耗低、功能强、价格低、可靠性高的优点而得到广泛应用。本书重点介绍的单片机就是微型机的一种。为了更好地学习和掌握单片机，我们先介绍几个相关基本概念。

1．基本概念

（1）微处理器（Micro Processor，MP）。它是传统计算机的 CPU，是集成在同一块芯片上的具有运算和逻辑控制功能的中央处理器，它是构成微型计算机系统的核心部件。

（2）微型计算机（Micro Computer，MC）。以微处理器为核心，再配上存储器、I/O 接口和中断系统等构成的整体，称为微型计算机。它们可集中装在同一块或数块印刷电路板上，一般不包括外设和软件。

（3）微型计算机系统（Micro Computer System，MCS）。它是指以微型计算机为核心，配上外围设备、电源和软件等，构成能独立工作的完整计算机系统。

（4）单片机（Single Chip Microcomputer，SCM）。单片机是将微处理器、存储器、I/O（Input/Output）接口和中断系统集成在同一块芯片上，具有完整功能的微型计算机。

2．单片机的发展

自从 1974 年美国仙童（Fairchild）公司研制出世界上第一台微型计算机 F8 开始，单片机就以其集成度高、功能强、可靠性高、体积小、功耗低、价格低廉、使用灵活方便等一系列优点得到迅速发展，其应用也十分广泛，特别是在过程控制、智能化仪器、变频电源、集散控制系统等方面得到了充分的应用。单片机的发展很快，每隔两三年就要更新换代一次，其发展过程大致可分为以下几个阶段。

（1）第一代单片机（1974～1976 年）：这是单片机发展的起步阶段。这个时期生产的单片机特点是制造工艺落后，集成度较低，而且采用双片形式，典型的代表产品有仙童公司的 F8 系列机和 Intel 公司的 3870 系列机。

（2）第二代单片机（1976～1978 年）：这一阶段生产的单片机已是单块芯片，但其性能低、品种少、寻址范围有限、应用范围也不广。最典型的产品是 Intel 公司的 MCS-48 系列机。

（3）第三代单片机（1979～1982 年）：这是 8 位单片机的成熟阶段。这一代单片机和前两代相比，不仅存储容量大、寻址范围广，而且中断源、并行 I/O 接口、定时器/计数器的个数都有了不同程度的增加，同时它还新集成了全双工串行通信接口电路。在指令系统方面普遍增设了乘除和比较指令。这一时期生产的单片机品种齐全，可以满足各方面的需要。代表产品有 Intel 公司的 MCS-51 系列机，Motorola 公司的 MC6801 系列机等。

（4）第四代单片机（1983 年以后）：这一阶段 8 位单片机向更高性能发展，同时出现了工艺先进、集成度高、内部功能更强和运算速度更快的 16 位单片机，它允许用户采用面向工业控制的专用语言，如 C 语言等。代表产品有 Intel 公司的 MCS-96 系列机和 NC 公司的 HPC16040 系列机等。

最近几年的单片机发展处于 8 位机和 16 位机并行发展的状态，它们都在向高性能、高运算速度、增加自身程序存储能力的方向发展。虽然出现了 32 位单片机，但 8 位机仍是主流芯片之一。

3．ATMEL89 系列单片机简介

ATMEL89 系列（以下简称 AT89）单片机是美国 ATMEL 公司生产的 8 位高性能单片机，其主要技术优势是内部含有可编程 Flash 存储器，用户可以很方便地进行程序的擦写操作，在嵌入式控制领域中被广泛应用。

AT89 系列单片机与工业标准 MCS-51 系列单片机的指令系统和引脚是兼容的，因而可替代 MCS-51 系列单片机使用。AT89 系列单片机可分为标准型、低档型和高档型 3 种类型。表 1.1 所示为 AT89 系列单片机的概况。

表 1.1　　　　　　　　　　　　　　　　AT89 系列单片机概况

型号	AT89C51	AT89C52	AT89C1051	AT89C2051	AT89S8252
档次	标准型		低档型		高档型
Flash/KB	4	8	1	2	8
片内 RAM/B	128	256	64	128	256
I/O/条	32	32	15	15	32
定时器/个	2	3	1	2	3
中断源/个	6	8	3	6	9
串行接口/个	1	1	1	1	1
M 加密/级	3	3	2	2	3
片内振荡器	有	有	有	有	有
EEPROM/KB	无	无	无	无	2

低档型是功能最弱的型号，只能应用于要求不高的场合。高档型例如 AT89S8252，是功能较强的型号，它的主要特点在于多了一个 2 KB 的 EEPROM，可应用于较复杂的控制场合。而标准型是功能较强的型号，性价比较高，其应用也最为广泛。因而，本书将以 AT89C51 为例介绍 51 单片机内核，同时书中的仿真项目中均使用 AT89C51 单片机为主控芯片。

4．STC 系列单片机简介

STC89 系列单片机是 MCS-51 系列单片机的派生产品，是一种增强功能的单片机。它们在指令系统、硬件结构和片内资源上与标准 8051 单片机完全兼容，DIP40 封装系列与 8051 为 pin-to-pin 兼容，因此，可替代 MCS-51 系列单片机使用。

STC89 系列单片机高速、低功耗，在系统/应用可编程（ISP/IAP），不占用户资源，用户可以很方便地进行程序的擦写操作，无需专用编程器，无需专用仿真器，可通过串口（RXD/P3.0，TXD/P3.1）直接下载用户程序，数秒即可完成一片，因此在嵌入式控制开发和应用领域中被广泛应用。

此外，STC 单片机还开发出不同型号的新型单片机，如 STC12 系列、STC15 系列单片机。STC 单片机均具备与传统 51 单片机兼容的内核，内部集成了 A/D 转换、PWM 模块、SPI 接口模块、内部 EEPROM 存储模块、晶振电路等，用户可根据系统需要，选择合适的型号。本书在部分任务的扩展环节将介绍部分常用功能的应用，便于读者在开发过程中参考。

知识 2　计算机中的数

计算机中的处理对象都是数，因此在学习单片机之前，首先应对单片机中数的表示及运算规则有所了解。

1．常用进制

人类在计算过程中习惯于十进制计数，但在计算机中，最常用的却是二进制数。但由于二进制数书写冗长，阅读不便，为此在代码设计中常用十六进制数来书写。十进制数，二进制数，十六进制数，它们之间的对应关系如表 1.2 所示。

表 1.2　　　　　　　　　　　　　　十进制、二进制、十六进制数对照表

十进制	十六进制	二进制	十进制	十六进制	二进制
0	0	0000	8	8	1000
1	1	0001	9	9	1001
2	2	0010	10	A	1010
3	3	0011	11	B	1011
4	4	0100	12	C	1100
5	5	0101	13	D	1101
6	6	0110	14	E	1110
7	7	0111	15	F	1111

为了区别所表示数的数制，在汇编语言中一般是在数字后面跟一个英文字母。通常用 B（Binary）表示二进制数，H（Hexadecimal）表示十六进制数，D（Decimal）表示十进制数。十进制数的后跟字母"D"一般可省略不写。在 C 语言代码中通常规定如下：

（1）十进制数：用一串连续的数字来表示。如 12，−1，0 等。

（2）八进制数：用数字 0 开头。如 010，−056，011 等。

（3）十六进制数：用数字 0 和字母 x 或 X 开头。如 0x5a，−0x9c 等。

2．计算机中数的表示

（1）位（bit）和字节（byte）。"位"是计算机能够表示的最小的数据单位，位用 b 表示。字节由 8 个二进制位组成，通常一个存储单元中存放着 1 个字节的数据，字节用 B 表示。

（2）字（word）和字长。"字"是微处理器内部进行数据处理的基本单位，通常它也是微处理器与存储器之间和输入/输出电路之间传送数据的基本单位。字用 W 表示。

"字长"是指一个字所包含的二进制数的位数，它是微处理器的重要指标之一，通常用数据总线的位数来决定微处理器的字长。

8 位微处理器的字长是 8 位，每一个字由 1 个字节组成，如图 1.1（a）所示。在字节中，最左边的位（D_7）为最高位（MSB），最右边的位（D_0）为最低位（LSB）。16 位微处理器的字长是 16 位，每一个字由 2 个字节组成，如图 1.1（b）所示，左边的字节是高位字节，最左边的位为最高位，右边的字节是低位字节，最右边的位为最低位。

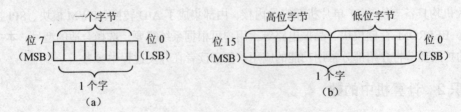

图 1.1　字和字节

（3）机器数与真值。在计算机中，对于一个不带正、负号的数，称无符号数。它将字长的所有位均用于表示数值位。一个 n 位字长的数据可用来表示 2^n 个正整数。例如，一个 8 位数据可表示的数值范围为：

00000000B～11111111B，即 0～255 共 256 个数。

通常数还有正、负之分，并用符号"+"、"−"来表示，称为带符号数。

在计算机中，数的正、负号与数一起存放在寄存器或内存单元中，因此数的符号在机器中已"数码化"了，通常规定在数的前面增设一位符号位，并规定正号用"0"表示，负号用"1"表示。

若以 8 位字长的存数单元为例，设有数：

$N_1 = +1010101$，$N_2 = -1010101$

N_1 和 N_2 在计算机中原码的表示形式为：

$N_1 = 01010101$，十进制数为+85

$N_2 = 11010101$，十进制数为−85，而不是 213。

在计算机中，把放在寄存器、存储器、或数据端口中的数称为机器数。机器数所对应的值称为真值。机器数的真值到底是多少，取决于机器数所对应的是无符号数还是有符号数以及所对应的是什么码制表示的数。

知识 3　51 单片机结构与引脚

1. AT89C51 单片机结构

AT89C51 单片机的内部结构框图如图 1.2 所示。它包含了作为微型计算机所必需的功能部件，各功能部件通过片内单一总线连成一个整体，集成在一块芯片上。

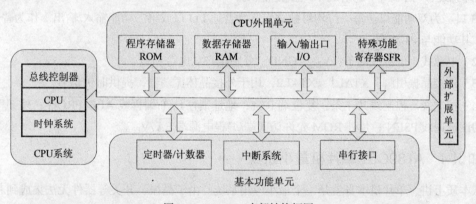

图 1.2　AT89C51 内部结构框图

其中，CPU 系统与 CPU 外围单元组成单片机最小系统，最小系统与各功能单元构成单片机的基本结构，基本结构的基础上还可进行外部功能的扩展，形成各种不同的单片机应用系统。

2. AT89C51 单片机引脚

AT89C51 与 MCS-51 系列单片机引脚是兼容的，可分为 I/O 端口线、电源线、控制线、外接晶体线四部分。其封装形式有两种：双列直插式封装（DIP）和方形封装，如图 1.3 所示。

在图 1.3 中，NC 为空引脚。为便于初学者记忆，将 40 条引脚分为以下 4 大类：

（1）I/O 端口。P0～P3 四组 I/O 端口，共 32 条引脚，他们的主要用途如下：

P0 口：可以作为普通 I/O；当系统外接存储器和扩展 I/O 口时，通常作为低 8 位地址/数据总线分时复用口，低 8 位地址由地址锁存信号 ALE 下跳沿锁存到外部地址锁存器中，高 8 位地址由 P2 口输出。

P1 口：通常作为普通 I/O 口，每一位都能作为可编程的输入或输出口线。

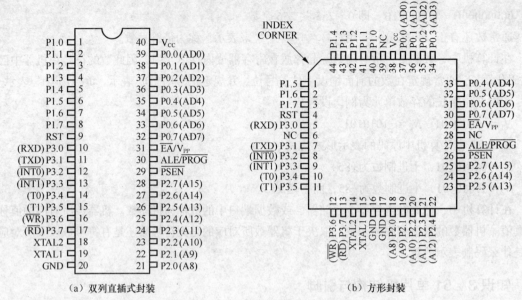

（a）双列直插式封装　　　　　　　　　　（b）方形封装

图 1.3　AT89C51 封装和引脚分配图

P2 口：可以作为普通 I/O 口使用；当系统外接存储器和扩展 I/O 口时，又作为扩展系统的高 8 位地址总线，与 P0 口一起组成 16 位地址总线。

P3 口：为双功能口。每一位均可独立定义为普通 I/O 或第二功能输入/输出。作为普通 I/O 口时，其功能与 P1 相同。

（2）电源线。电源线两条：V_{CC}、GND，分别接+5V 电源和地。

（3）外接晶振引脚。XTAL1、XTAL2，用于外接晶体振荡器，提供时钟信号。

（4）控制线。控制线共 4 条：复位端 RST；地址锁存允许/编程线 ALE/$\overline{PROG}$；外部程序存储器的读选通线 $\overline{PSEN}$；片外 ROM 允许访问端/编程电源端 $\overline{EA}$/V_{PP}。

知识 4　AT89C51 单片机最小系统

从本质上讲，单片机本身就是一个最小应用系统。由于晶振、开关等器件无法集成到芯片内部，这些器件又是单片机工作所必需的器件，因此，由单片机、晶振电路及由开关、电阻、电容等构成的复位电路共同构成单片机的最小应用系统。

AT89C51 片内有 Flash 程序存储器，由它构成的最小应用系统简单可靠。由于集成度高的原因，最小应用系统只能是基本控制单元。换句话说，AT89C51 的最基本工作条件离不开晶振电路和复位电路，这也是所有单片机必需的两个基本电路。

1. 晶振电路

AT89C51 单片机内部有一个用于构成振荡器的单级反相放大器，如图 1.4 所示。

当在放大器两个引脚上外接一个晶体（或陶瓷振荡器）和电容组成的并联谐振电路作为反馈元件时，便构成一个自激振荡器，如图 1.5 所示。

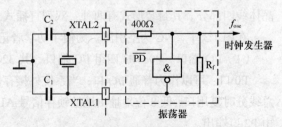

图 1.4　AT89C51 内部振荡器电路图

此振荡器由 XTAL1 端向内部时钟电路提供一定的频率时钟源信号。另外振荡器的工作还可由软件控制，当对单片机内电源控制寄存器 PCON 中的 PD 位置 1 时，可停止振荡器的工作，使单片机进入省电工作状态，此振荡器称为内部振荡器。

单片机也可采用外部振荡器向内部时钟电路输入一固定频率的时钟源信号。此时，外部信号接至 XTAL1 端，输入给内部时钟电路，而 XTAL2 端浮空即可，如图1.6所示。

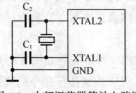

图 1.5　内部振荡器等效电路图

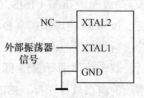

图 1.6　外部时钟电路图

片内振荡器的频率是由外接石英晶体的频率决定的，其频率值为 4～24MHz，当频率稳定性要求不高时，可选用陶瓷谐振器。

片内振荡器对构成并联谐振电路的外接电容 C_1 和 C_2 要求并不严格，外接晶体时，C_1 和 C_2 的典型值为 20～30pF。外接陶瓷谐振器时，C_1 和 C_2 的典型值为 47pF 左右。而且在设计印制电路板时，晶体（或陶瓷）谐振器和电容应尽可能安装得靠近单片机，以减少寄生电容，保证振荡器的稳定性和可靠性。

2. 复位电路

（1）上电复位。系统刚刚接通电源时，由于电源有可能有抖动或者系统中可能有其他器件没有进入稳定工作状态，因此单片机需要在上电时进行复位。

上电复位电路中考虑到振荡器有一定的起振时间，复位引脚上高电平必须持续 10 ms 以上才能保证有效复位。因此，一般采用专用的复位芯片或简单的 RC 电路来实现。图 1.7（a）所示为一种常用的简易 RC 复位电路，通过对电容的充电在接通电源的同时完成系统的复位工作。R、C 的参数可以调整复位的时间。

（2）按键复位。单片机在运行期间出现非正常状态则可以通过人工强制干预的方法进行复位。常用电路如图 1.7（b）所示，S 键按下时，RST 端经电阻 R_1 接通 V_{CC} 电源实现复位。同时，上电时即使没有 S 按键按下，由于 R_2C 电路对电容 C 充电，RST 端也会出现一段高电平，实现上电复位。

（3）看门狗复位。单片机系统在工作时，由于干扰等各种因素的影响，有可能出现死机或者

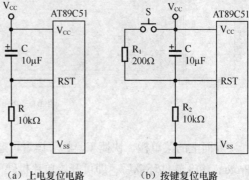

（a）上电复位电路　　（b）按键复位电路

图 1.7　单片机复位电路图

程序"跑飞"现象，导致单片机系统无法正常工作。为了克服这一现象，部分型号的单片机内部提供了专门的看门狗定时器，此时，只需在控制程序中不断对该定时器清零（"喂狗"）操作。一旦程序跑飞，则无法对看门狗定时器清零，当该定时器内的值一直累加至溢出，系统则会自动复位。对于无看门狗定时器的单片机，则需外加看门狗电路来实现该功能。常用的看门狗芯片如 MAX813L，它的应用请参阅任务扩展知识 6。

知识 5　单片机硬件仿真开发工具 Proteus ISIS

Proteus 是英国 Lab Center Electronics 公司推出的用于仿真单片机及其外围元器件的 EDA 工具软件。Proteus 与 Keil C51 配合使用，可以在不需要硬件投入的情况下，完成单片机 C 语言应用系统的仿真开发，从而缩短实际系统的研发周期，降低开发成本。

Proteus 具有高级原理布图（ISIS）、混合模式仿真（PROSPICE）、PCB 设计以及自动布线（ARES）等功能。Proteus 的虚拟仿真技术（VSM），第一次真正实现了在物理原型出来之前，对单片机应用系统进行设计开发和测试。

正确安装后，双击程序图标，即可进入 Proteus ISIS，可以看到如图 1.8 所示的 ISIS 用户界面，与其他常用的窗口软件一样，ISIS 设置有菜单栏、可以快速执行命令的按钮工具栏和各种各样的窗口（如原理图编辑窗口、原理图预览窗口、对象选择窗口等）。

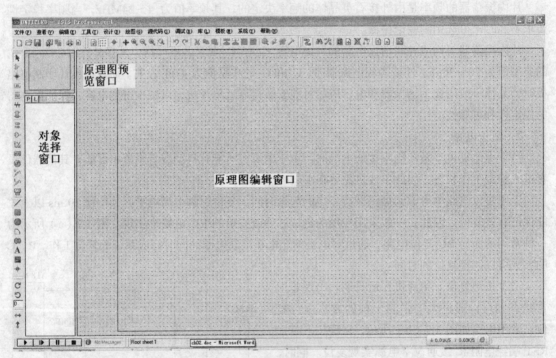

图 1.8　Proteus ISIS 的用户界面

界面上的菜单栏、快捷工具栏等读者可通过附录 2 查阅，尽快熟悉该软件的界面操作。熟悉 Proteus ISIS 软件环境后，即可开始单片机硬件系统的设计与仿真，具体包括以下步骤：

（1）新建设计文件。

（2）选择、放置元器件。元器件分类及名称详见附录 2。

（3）布线。

（4）电路的电气规则检查。

（5）为单片机装载 HEX 文件，并进行软硬件仿真。

具体的操作请读者参照"任务实施"完成。

任务实施

软件仿真是单片机初学者进行系统设计和测试最方便快捷的方法之一。本书中的各个教学项目，读者均可先在 Protues 中创建仿真系统，调试正确后，再着手进行实物的制作和测试。因此本书的任务实施环节，都将介绍仿真的过程，同时提供实物制作的清单，便于读者的全方位训练。

【跟我做】

分析：单片机最小系统电路由电源电路、复位电路、晶振电路构成，如图 1.9 所示。打开 Proteus ISIS 软件，由于是第一个设计仿真任务，下面详细介绍设计过程，请读者迅速熟悉过程。

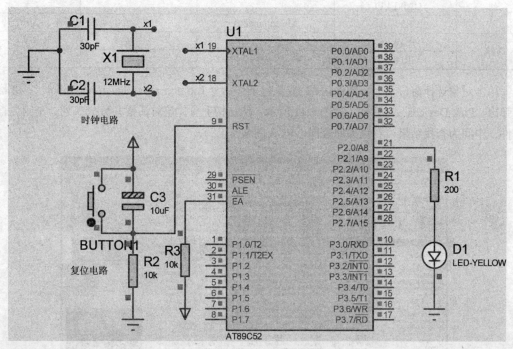

图 1.9　单片机最小系统电路

1. 新建设计文件

执行菜单命令 File→New Design...，在弹出的"Create New Design"对话框（见图 1.10）中选择 DEFAULT 模板，单击"OK"按钮后，即进入 ISIS 用户界面。此时，对象选择窗口、编辑窗口、预览窗口均是空白的。单击主工具栏的保存文件按钮，在弹出的"Save ISIS Design File"对话框中，可以选择新建设计文件的保存目录，输入新建设计文件的名称，如 MyDesign，保存类型采用默认值。完成上述工作后，单击保存按钮，就可以开始电路原理图的绘制工作。

图 1.10　"Create New Design"对话框

2. 对象的选择与放置

本任务的最小系统电路原理图中的对象按属性可分为两大类：元器件（Component），终端（Terminals）。表 1.3 所示为它们的清单，对象所属类和子类读者可通过元器件性质查阅附录 2 得到。下面简要介绍这两类对象的选择和放置方法。

表 1.3 任务 1 对象清单

对象属性	对象名称	对象所属类	对象所属子类	图中标识
元器件	AT89C52	Microprocessor ICs	8051 Family	U1
	RES	Resistors	Generic	R1～R3
	LED-YELLOW	Optoelectronics	LEDs	D1
	CAP	Capacitors	Ceramic	C1，C2
	CAP-ELEC			C3
	CRYSTAL	Miscellaneous		X1
终端	POWER			+5V
	GROUND			

单击对象选择窗口左上角的按钮 P 或执行菜单命令 Library→Pick Device/Symbol…，屏幕都会弹出 "Pick Devices" 对话框，如图 1.11 所示。从结构上看，该对话框共分成 3 列，左侧为查找条件，中间为查找结果，右侧为原理图、PCB 图预览。

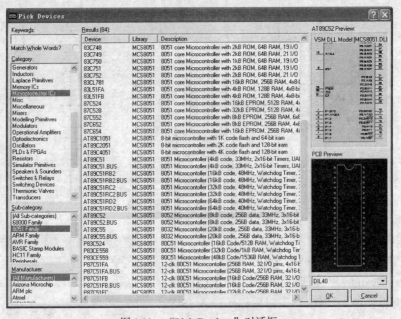

图 1.11 "Pick Devices" 对话框

（1）Keywords 文本输入框：在此可以输入待查找的元器件的全称或关键字，其下面的 Match、Whole 和 Words 选项表示是否全字匹配。在不知道待查找元器件的所属类时，可采用此法进行搜索。

（2）Category 窗口：在此给出了 Proteus ISIS 中元器件的所属类。

（3）Sub-Category 窗口：在此给出了 Proteus ISIS 中元器件的所属子类。

（4）Manufacturer 窗口：在此给出了元器件的生产厂家分类。

（5）Results 窗口：在此给出了符合要求的元器件的名称、所属库以及描述。

（6）Preview 窗口：在此给出了所选元器件的电路原理图预览、PCB 预览及其封装类型。

在图 1.11 所示的"Pick Device"对话框中，按要求选好元器件（如 AT89C52）后，所选元器件的名称就会出现在对象选择窗口中，如图 1.12 所示。在对象选择窗口中单击 AT89C52 后，AT89C52 的电路原理图就会出现在预览窗口中，如图 1.13 所示。此时还可以通过方向工具栏中的旋转、镜像按钮，改变原理图的方向。然后将鼠标指针指向编辑窗口的合适位置，（当鼠标指针变为笔形时）单击鼠标左键，我们就会看到 AT89C52 的电路原理图被放置到编辑窗口中。连续单击鼠标左键可连续放置，单击鼠标右键，则停止放置。

图 1.12　元器件选择窗口

图 1.13　预览窗口

同理，我们可以对其他元器件进行选择和放置。

单击 Mode 工具箱的终端按钮 ，Proteus ISIS 会在对象选择窗口中给出所有可供选择的终端类型，如图 1.14 所示。其中，DEFAULT 为默认终端，INPUT 为输入终端，OUTPUT 为输出终端，BIDIR 为双向（或输入/输出）终端，POWER 为电源终端，GROUND 为地终端，BUS 为总线终端。

终端的预览、放置方法与元器件类似。Mode 工具箱中其他按钮的操作方法又与终端按钮类似，在此不再赘述。

3．对象的编辑

在放置好绘制原理图所需的所有对象后，我们就可以编辑对象的图形或文本属性。下面以电阻元件 R1 为例，简要介绍对象的编辑步骤。

（1）选中对象。将鼠标指向对象 R1，鼠标指针由空心箭头变成手形后，单击鼠标左键即可选中对象 R1。此时，对象 R1 高亮显示，鼠标指针为带有十字箭头的手形，如图 1.15 所示。

图 1.14　终端选择窗口

图 1.15　选中对象

（2）移动、编辑、删除对象。选中对象 R1 后，单击鼠标右键，屏幕会弹出一个快捷菜单，如图 1.16 所示。通过该快捷菜单，我们可以移动、编辑、删除对象 R1。

读者可参阅附录 2 查找对应的操作，也可通过如下方法迅速操作：鼠标左键单击选中对象并拖动，实现对象的移动；鼠标左键双击选中对象，实现对象的编辑（见图 1.17）；键盘 delete 按键，实现选中对象的删除；通过方向工具栏按钮实现对象的旋转等。读者可自行尝试。

对象编辑窗口中，可实现元件标识编辑（R1）、元件值编辑（200Ω）、元件封装编辑等。

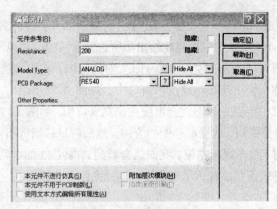

图 1.16　编辑对象快捷菜单　　　　　　　　　图 1.17　R1 对象编辑窗口

4．布线

完成上述步骤后，可以开始在对象之间布线。按连接的方式，布线可分为 3 种：使用标号的无线连接；两个对象之间的普通连接；多个对象之间的总线连接。

在两个对象之间进行简单连线的步骤如下。

（1）在第一个对象的连接点处单击鼠标左键。

（2）拖动鼠标指针到另一个对象的连接点处单击鼠标左键。在拖动鼠标指针的过程中，可以在希望拐弯的地方单击鼠标左键，也可以按鼠标右键放弃此次画线。

由于本任务电路较为简单，按照上述步骤，将元器件进行布线即可完成电路。

当电路连线较为复杂时，可选择使用标号进行无线连接。

例如，对于晶振电路部分，选择使用标号进行无线连接，步骤如下。

（1）在需要有布线的地方引出引线，或放置默认终端，如图 1.18 所示。

（2）单击 Mode 工具栏中添加"网络标号"按钮 LBL ，移动鼠标指针到需要添加网络标号的引线上，鼠标指针将变为"×"形，单击鼠标左键，弹出网络标号编辑窗口，为该标号命名，如图 1.19 所示。

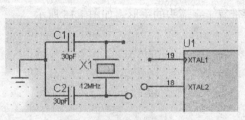

图 1.18　放置终端　　　　　　　　　　　图 1.19　添加网络标号

利用对象的编辑方法对上面两个终端进行标识，两个终端的标识（Label）必须一致。得到的电路如图 1.20 所示，图中，标号名为 x1 的两个点之间将建立可靠的电气连接，与前面的连线具有相同的效果。

总线连接方法，将在后面的相关项目中介绍。

5．添加或编辑文字描述

为了增加电路图的可读性，可对已经完成的电路图添加必要的文字说明与描述。单击 Mode

工具箱的 Text Script 按钮，在希望放置文字描述的位置处单击，屏幕弹出"Edit Script Block"对话框，如图 1.21 所示。

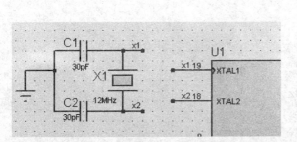

图 1.20　利用标号的无线连接　　　　图 1.21　添加或编辑文字描述

在"Script"选项卡的"Text"文本框中可输入相应的描述文字，如时钟电路等。描述文字的放置方位可以采用默认值，也可以通过对话框中的 Rotation 选项和 Justification 选项进行调整。

6. 电气规则检查

原理图绘制完毕后，必须进行电气规则检查（ERC）。执行菜单命令 Tools→Electrical Rule Check…，屏幕弹出如图 1.22 所示的电气规则检测报告单。

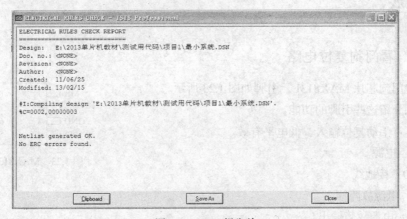

图 1.22　ERC 报告单

在该报告单中，系统提示网络表（Netlist）已生成，并且无 ERC 错误，即用户可执行下一步操作。

所谓网络表是对一个设计中有电气性连接的对象引脚的描述。在 Proteus 中，彼此互连的一组元器件引脚称为一个网络（net）。执行菜单命令 Tools→Netlist Compiler…，可以设置网络表的输出形式、模式、范围、深度及格式等。

如果电路设计存在 ERC 错误，必须排除，否则不能进行仿真。

将设计好的原理图文件存盘。同时，可执行菜单命令 Tools→Bill of Materials 输出 BOM 文档。

至此，一个简单的原理图设计完成。

　　7. 电路仿真

　　为了观察电路的运行，需在单片机的 P2.0 口连接电阻 R1 及发光二极管 D1。由于单片机的输出口在复位状态下为高电平，因此，本任务不需添加单片机控制软件，也可进行仿真。单击仿真运行工具栏中"开始运行"按钮 ▶ ，可看到发光二极管点亮。

【实物制作清单】

1. 稳压电源，+5V
2. 元器件清单：

插座	DIP40	1
单片机	STC89C52	1
晶体振荡器	6MHz 或 12MHz	1
瓷片电容	27pF	2
发光二极管		1
电解电容	10μF	1
电阻		若干

【课后任务】

请读者根据元器件清单，参照仿真电路，自行设计并焊接完成单片机最小系统的实物制作。

任务扩展

知识 6　看门狗复位电路

常用的看门狗芯片 MAX813L，引脚如图 1.23 所示。

下面分别介绍这些引脚的功能。

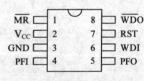

图 1.23　MAX813L 引脚图

（1）$\overline{MR}$：手动复位输入，低电平有效。

（2）V_{CC}：电源。

（3）GND：接地线。

（4）PFI：电源故障输入。

（5）PFO：电源故障输出。

（6）WDI：看门狗输入。

（7）RST：复位输出。

（8）$\overline{WDO}$：看门狗输出。

MAX813L 的典型应用电路如图 1.24 所示。单片机以 AT89C51 为例，MAX813L 的 $\overline{MR}$ 脚与 $\overline{WDO}$ 脚相连。RST 脚接单片机的复位脚（AT89C51 的 RST 脚）；WDI 脚与单片机 P1.0 相连。在软件设计中，P1.0 不断输出脉冲信号，如果因某种原因单片机进入死循环，则 P1.0 无脉冲输出。于是 1.6s 后在 MAX813L 的 $\overline{WDO}$ 脚输出低电平，该低电平加到 $\overline{MR}$ 脚，使 MAX813L 产生复位输出，使单片机有效复位，摆脱死循环的困境。

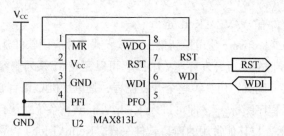

图 1.24 典型的看门狗复位电路

将看门狗复位电路与手动复位结合起来，得到如图 1.25 所示的复位电路。按键 S₁ 实现手动复位，WDI 与单片机某条引脚（如 P1.0）相连，控制软件中让该脚不断输出脉冲信号，实现看门狗功能。

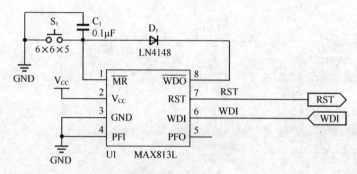

图 1.25 典型的看门狗复位电路

任务二 简易信号指示灯设计

任务要求

【任务内容】

设计一个模拟汽车转向灯控制系统，利用单片机外接 2 个按键分别模拟左转和右转输入，外接 2 个发光二极管模拟汽车转向灯，用于指示左转开关和右转开关是否按下的状态，实现转向灯控制的基本功能。

【知识要求】

了解 51 单片机 I/O 引脚的基本应用；了解单片机的工作过程；学会 Keil 开发软件的使用，并学会设计简单程序完成单片机的控制。

相关知识

知识 1 单片机软件开发工具 Keil C51

用单片机组成应用系统时，应用程序的编辑、修改、调试需要借助专门的软件开发工具。常用的单片机程序开发软件有 WAVE、Keil 等。

Keil μVision4 是 Keil Software 公司最新推出的嵌入式芯片应用软件开发工具包,其内含的 C51 编译器采用 Windows 界面的集成开发环境(IDE),可以完成 51 系列兼容单片机的 C 语言控制代码的编辑、编译、连接、调试、仿真等整个开发流程,是单片机 C 语言软件开发的理想工具。

正确安装后,双击程序图标 ，即可进入 KeilμVision4，系统默认打开的将是用户上次处理的工程,如图 1.26 所示。与其他常用的窗口软件一样,KeilμVision4 设置有菜单栏、可以快捷选择命令的按钮工具栏、一些源代码文件窗口、对话窗口、信息显示窗口等。

图 1.26 KeilμVision4 开发环境

熟悉 Keil μVision4 软件环境后,即可录入、编辑、调试、修改单片机 C 语言应用程序,具体包括以下步骤。

(1)创建一个工程,从设备库中选择目标设备(CPU),设置工程选项。

(2)用 C 语言创建源程序(.c 文件)。

(3)将源程序添加到工程管理器中。

(4)编译、链接源程序,并修改源程序中的错误。

(5)生成可执行代码(.hex 文件)。

利用专用的编程工具或借助特定的电路,将可执行代码下载到单片机中,即可运行。对于 Keil 软件的使用,将在后续项目的实施中陆续介绍。

知识 2 单片机 I/O 引脚的基本应用

任务 1 中已经学到 P0~P3 四组 I/O 口均可作为基本 I/O 口使用,它们是单片机与外界进行信息传递的重要接口。这里将以按键和 LED 作为典型输入输出元器件,介绍基本 I/O 口使用。

1. 按键输入

按键是控制系统中最常见的输入设备,根据按键硬件电路的连接,按键的闭合和打开将在单片机的输入引脚上分别加入高、低电平,这样 CPU 就可以根据读入引脚的信号来判断按键的状态。典型的按键输入电路如图 1.27 所示。

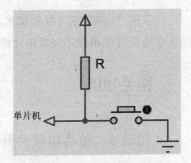

图 1.27 典型按键输入电路

图中按键按下对应输入低电平信号（单片机读入 0）；按键弹出对应输入高电平信号（单片机读入 1）。

需要注意的是：P0～P3 在作普通 I/O 口使用时，都是准双向口，输入信号时，需要先向端口写 1，再读入的信号才正确反映端口电平的输入状态。

2. LED 输出

发光二极管是控制系统中最常见、最简单的输出设备，单片机输出的电平控制其发光与否。常见的外接电路如图 1.28 所示，其中，图 1.28（a）中 P0 口由于内部无上拉电阻，因此 P0 口输出时需外接上拉电阻，通常电阻为 10kΩ，其他三组 I/O 口则不需要。

图 1.28（a）、（c）所示为正逻辑控制，即单片机输出高电平，对应 LED 点亮，反之不亮；图 1.28（b）所示为反逻辑控制，即单片机输出低电平，对应 LED 点亮。

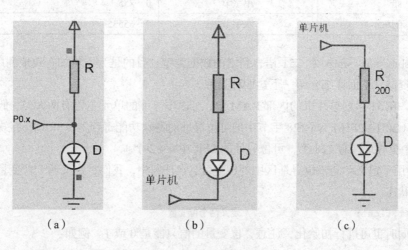

图 1.28　常见 LED 外接电路

知识 3　C51 中的数

用计算机语言编写程序的目的是用来处理数据的，因此，数据是程序的重要组成部分。C51 中的数分为常量和变量两种。

常量，即程序运行过程中其值始终不变的量。请读者参阅附录 3 详细了解。

变量，则是程序运行过程中可以随时改变取值的量。变量应该先定义后使用，其定义格式如下：

数据类型 变量标识符 [=初值]；

变量定义通常放在函数的开头部分，但也可以放在函数的外部或复合语句的开头。

1. 数据类型

数据类型是指变量的内在存储方式，即存储变量所需的字节数以及变量的取值范围。C51 语言中变量的基本数据类型如表 1.4 所示。

表 1.4　　　　　　　　　　　　C51 语言中的基本数据类型

数据类型	占用的字节数	取值范围
unsigned char	单字节	0～255
signed char	单字节	−128～+127

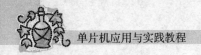

续表

数据类型	占用的字节数	取值范围
unsigned int	双字节	0～65535
signed int	双字节	−32768～+32767
unsigned long	四字节	0～4294967295
signed long	四字节	−2147483648～+2147483647
float	四字节	±1.175494E−38～±3.402823E+38
*	1～3 字节	对象的地址
bit	位	0 或 1
sbit	位	0 或 1
sfr	单字节	0～255
sfr16	双字节	0～65535

其中，bit、sbit、sfr、sfr16 为 C51 语言新增的数据类型，目的是为了更加有效地利用 51 系列单片机的内部资源。下面详细介绍一下这四种类型。

（1）bit。在 51 系列单片机的内部 RAM 中，可以位寻址的单元主要有两大类：低 128 字节中的位寻址区（20H～2FH），高 128 字节中的可位寻址的特殊功能寄存器（SFR），有效的位地址共 210 个（其中位寻址区有 128 个，可位寻址的 SFR 有 82 个）。

bit 类型用于定义存储于位寻址区中的位变量。本任务中，我们将定义两个位变量，用于存储两个开关的状态。

```
bit left,right;                 // 定义两个位变量
```

定义的同时也可进行初始化，注意，位变量的值只能是 0 或 1。例如：

```
bit flag=1;                     // 定义一个位变量 flag 并赋初值 1
```

（2）sbit。sbit 用于定义存储在可位寻址的 SFR 中的位变量，为了区别于 bit 型位变量，我们称用 sbit 定义的位变量为 SFR 位变量。SFR 位变量的值只能是 0 或 1。51 系列单片机中 SFR 位变量的存储范围只能是特殊功能寄存器（SFR）中的可位寻址位。

SFR 位变量的定义通常有以下三种用法：

使用 SFR 的位地址： sbit 位变量名 = 位地址；

使用 SFR 的单元名称：sbit 位变量名 ＝SFR 单元名称^变量位序号；

使用 SFR 的单元地址：sbit 位变量名 ＝SFR 单元地址^变量位序号；

例如，本任务中为了增加程序的可读性，定义 P3.0 和 P3.1 口两个位变量，分别对应左转灯和右转灯的控制信号，因此作如下定义：

```
sbit led_left=P3^0;             // 定义左转灯
sbit led_right=P3^1;            // 定义右转灯
```

（3）sfr。利用 sfr 型变量可以访问 51 系列单片机内部所有的 8 位特殊功能寄存器。51 系列单片机内部共有 21 个 8 位的特殊功能寄存器，其中 11 个是可以位寻址的，10 个是不可以位寻址的。

sfr 型变量的定义方法：sfr 变量名 = 某个 SFR 地址

事实上，Keil C51 编译器已经在相关的头文件中，对 51 系列单片机内部的所有 sfr 型变量和 sbit 型变量进行了定义，在编写 C51 程序时可以直接引用，如本例中的"reg51.h"。打开头文件

"reg51.h"，我们会看到以下内容：

```
/*-------------------------------------------------------------------------
REG51.H

Header file for generic 80C51 and 80C31 microcontroller.
Copyright(c)1988-2002 Keil Elektronik GmbH and Keil Software,Inc.
All rights reserved.
-------------------------------------------------------------------------*/

#ifndef __REG51_H__
#define __REG51_H__

/*  BYTE Register  */
sfr P0 = 0x80;
sfr P1 = 0x90;
sfr P2 = 0xA0;
sfr P3 = 0xB0;
sfr PSW = 0xD0;
sfr ACC = 0xE0;
sfr B = 0xF0;
sfr SP = 0x81;
sfr DPL = 0x82;
sfr DPH = 0x83;
sfr PCON = 0x87;
sfr TCON = 0x88;
sfr TMOD = 0x89;
sfr TL0 = 0x8A;
sfr TL1 = 0x8B;
sfr TH0 = 0x8C;
sfr TH1 = 0x8D;
sfr IE = 0xA8;
sfr IP = 0xB8;
sfr SCON = 0x98;
sfr SBUF = 0x99;

/*  BIT Register  */
/*  PSW  */
sbit CY = 0xD7;
sbit AC = 0xD6;
sbit F0 = 0xD5;
sbit RS1 = 0xD4;
sbit RS0 = 0xD3;
sbit OV = 0xD2;
sbit P = 0xD0;

/*  TCON  */
sbit TF1 = 0x8F;
sbit TR1 = 0x8E;
sbit TF0 = 0x8D;
sbit TR0 = 0x8C;
sbit IE1 = 0x8B;
sbit IT1 = 0x8A;
sbit IE0 = 0x89;
sbit IT0 = 0x88;
```

```
/*  IE  */
sbit EA = 0xAF;
sbit ES = 0xAC;
sbit ET1 = 0xAB;
sbit EX1 = 0xAA;
sbit ET0 = 0xA9;
sbit EX0 = 0xA8;

/*  IP  */
sbit PS = 0xBC;
sbit PT1 = 0xBB;
sbit PX1 = 0xBA;
sbit PT0 = 0xB9;
sbit PX0 = 0xB8;

/*  P3  */
sbit RD = 0xB7;
sbit WR = 0xB6;
sbit T1 = 0xB5;
sbit T0 = 0xB4;
sbit INT1 = 0xB3;
sbit INT0 = 0xB2;
sbit TXD = 0xB1;
sbit RXD = 0xB0;

/*  SCON  */
sbit SM0 = 0x9F;
sbit SM1 = 0x9E;
sbit SM2 = 0x9D;
sbit REN = 0x9C;
sbit TB8 = 0x9B;
sbit RB8 = 0x9A;
sbit TI = 0x99;
sbit RI = 0x98;

#endif
```

因此，只要在程序的开头添加了 #include <reg51.h>，对 reg51.h 中已经定义了的 sfr 型、sbit 型变量，如无特殊需要则不必重新定义，直接引用即可。值得注意的是，在 reg51.h 中未给出 4 个 I/O 口（P0～P3）的引脚定义。

不同型号的单片机内部资源不同，则头文件会有不同。例如，AT89C52 单片机在使用中需要添加 #include <reg52.h>。对于 STC 系列的不同型号的单片机，由于内部集成了一些新的硬件资源，以及用于控制的新的特殊功能寄存器，因此，编程时需要在程序中增加针对这些型号的头文件。读者可到宏晶科技的官网上下载对应型号的头文件添加。

（4）sfr16。与 sfr 类似，sfr16 可以访问 51 系列单片机内部的 16 位特殊功能寄存器（如定时器 T0 和 T1），在此不再赘述。

2. 标识符

用来标识常量名、变量名、函数名等对象的有效字符序列称为标识符（identifier）。简单地说，标识符就是一个名字。因此变量标识符其实就是用户定义的变量名。

由用户根据需要定义的标识符。一般用来给变量、函数、数组或文件等命名。

标识符命名规则：

（1）由字母、数字和下画线组成，并且第一个字符必须为字母或下画线。

（2）标识符中，大、小写字母严格区分。

（3）自定义标识符不能与系统关键字重名，如果自定义标识符与关键字相同，程序在编译时将给出出错信息；如果自定义标识符与预定义标识符相同，系统并不报错。

程序中使用的自定义标识符，除要遵循标识符的命名规则外，还应注意做到"见名知意"，即选具有相关含义的英文单词或汉语拼音，以增加程序的可读性。

C51 中的常见关键字请读者查阅附录 3。

知识 4　C51 中的运算符与表达式

C51 语言的运算符种类十分丰富，它把除了输入、输出和流控制以外的几乎所有的基本操作都作为一种"运算"来处理。而把参加运算的数据（常量、变量、库函数和自定义函数的返回值）用运算符连接起来的有意义的算式，称为表达式。

本任务中涉及的运算，主要是赋值运算、关系运算和逻辑运算。

1. 赋值运算符与赋值表达式

在 C51 语言中，符号"="称为赋值运算符。由赋值运算符组成的表达式称为赋值表达式，其一般形式如下：

变量名=表达式

赋值运算的功能是：先求出"="号右边表达式的值，然后把此值赋给"="号左边的变量，确切地说，是把数据放入以该变量为标识的存储单元中去。在程序中，可以多次给一个变量赋值，因为每赋一次值，与它对应的存储单元中的数据就被更新一次。

在使用赋值运算符时，应注意以下几点。

① "="与数学中的"等于号"是不同的，其含义不是等同的关系，而是进行"赋予"的操作。如

```
i = i + 1
```

是合法的赋值语言表达式。

② "="的左侧只能是变量，不能是常量或表达式。如：

```
a + b = c
```

是不合法的赋值表达式。

③ "="右边的表达式也可以是一个合法的赋值表达式。如：

```
a = b = 7 + 1
```

④ 赋值表达式的值为其最左边变量所得到的新值。如：

```
a =(b = 3)              // 该表达式的值是 3
x =(y = 6)+ 3           // 该表达式的值是 9
z =(x = 16)*(y = 4)     // 该表达式的值是 64
```

本任务中，假设 P2.0 口连接按键，程序中读取按键状态，并将按键状态存储于位变量 left 中，就应当使用赋值表达式：

```
left = P2^0;
```

此外，C51 语言规定可以使用多种复合赋值运算符，其中+=、-=、*=、/=比较常用（注意：两个符号之间不可以有空格）。它们的功能如下：

```
a += b                 // 等价于:a=a+b
a-= b                  // 等价于:a=a-b
```

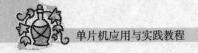

```
a*= b                        // 等价于:a=a*b
a/= b                        // 等价于:a=a/b
```

如果赋值号两边的数据类型不相同时,系统将自动进行类型转换,即把赋值号右边表达式的类型转换为左边变量的类型,然后再赋值。

2. 关系运算符与关系表达式

所谓关系运算实际上是"比较运算",即将两个数进行比较,判断比较的结果是否符合指定的条件。在 C51 语言中有 6 种关系运算符:<、<=、>、>=、==、!=。

注意　　由两个字符组成的运算符之间不能加空格。

关系运算的结果是一个逻辑值。逻辑值只有两个,在很多高级语言中,用"真"和"假"来表示。C51 语言规定:当关系成立或逻辑运算结果为非零值(整数或负数)时为"真",用"1"表示;否则为"假",用"0"表示。

用关系运算符将两个表达式连接的式子称为关系表达式。其一般形式为:

表达式 1　关系运算符　表达式 2

表达式可以是 C51 语言中任意合法的表达式。

本任务中,两按键的状态已经读入,并存储于 left、right 两个位变量中,然后程序就是根据这两个变量的值,判断左转或右转命令是否下达,并作出后续的动作。例如:

```
left==0        //用于判断左转按键是否按下,若按下,则该表达式为真
```

3. 逻辑运算符与逻辑表达式

C51 语言中有 3 种逻辑运算符:&&、||、!。其运算规则如表 1.5 所示。用逻辑运算符将关系表达式或其他运算对象连接的式子称为逻辑表达式。逻辑表达式的结果也是一个逻辑值。

表 1.5　　　　　　　　　　　　　　　　　逻辑运算规则

逻辑运算符	含　义	运算规则	说　明
&&	与运算	0&&0=0, 0&&1=0, 1&&0=0, 1&&1=1	全真则真
||	或运算	0||0=0,　　0||1=1,　　1||0=1,　　1||1=1	一真则真
!	非运算	!1=0,　　　!0=1	非假则真,非真即假

注意　　数学中常用的逻辑关系 $x \leq a \leq y$,C51 语言的正确写法为:
　　(x<=a)&&(a<=y)　或 x<=a && a<=y

本任务中,左转命令下达的条件应描述为:left==0 && right==1。

C51 中其他的运算符及运算表达式请读者查阅附录 3。

知识 5　C51 中的顺序结构与基本语句

作为结构化程序设计语言的一种,C51 语言同样具有顺序、分支、循环 3 种基本结构,并提供了丰富的可执行语句形式来实现这 3 种基本结构。

基本语句主要用于顺序结构程序的编写,包括赋值语句、函数调用语句、复合语句、空语句

等。在 C51 语言中，语句的结束符为分号"；"。

1. 赋值语句

在任何合法的赋值表达式的尾部加上一个分号"；"就构成了赋值语句。赋值语句的一般形式为：

变量 = 表达式；

例如：a=b+c   是赋值表达式，而

a=b+c；则是赋值语句。

赋值语句的作用是先计算赋值号右边表达式的值，然后将该值赋给赋值号左边的变量。

赋值语句是一种可执行语句，应当出现在函数的可执行部分。

2. 函数调用语句

在 C51 语言中，若函数仅进行某些操作而不返回函数值，这时函数的调用可作为一条独立的语句，称为函数调用语句。其一般形式为：

函数名（实际参数表）；

读者可在学完函数之后体会该类语句的应用。

3. 复合语句

在 C51 语言中，把多条语句用一对大括号"{ }"括起来组成的语句称复合语句。复合语句又称为"语句块"，其一般格式为：

{ 语句 1；语句 2；… …；语句 n；}

大括号"{ }"之后不再加分号。例如：

```
{  LedBuff=0x20; P1=LedBuff;}
```

复合语句虽然可由多条语句组成，但它是一个整体，其作用相当于一条语句，凡可以使用单一语句的位置都可以使用复合语句。在复合语句内，不仅可以有执行语句，还可以有变量定义（或说明）语句。

4. 空语句

如果一条语句只有语句结束符分号"；"则称为空语句。

空语句在执行时不产生任何动作，但仍有一定的用途。比如，预留位置或用来做空循环体。但是，在程序中随意加分号"；"也会导致逻辑上的错误，需要慎用。

知识 6   C51 中的分支结构与分支语句

分支结构又被称为条件结构，通常有单分支、双分支、多分支结构，C51 中提供了多个分支语句（if，if-else、if-else-if、switch）供选用。

1. if 语句

if 语句的一般形式：

if（表达式）语句；

其中，if 是 C51 语言的关键字，表达式两侧的圆括号不可少，最后的语句可以是 C51 语言任意合法的语句。

图 1.29 所示为 if 语句的执行过程：先计算表达式，如果表达式的值为真（非零），则执行其后的语句；否则，顺

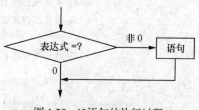

图 1.29   if 语句的执行过程

序执行 if 语句后的下一条语句。可见，if 语句是一种单分支语句。

2. if-else 语句

if-else 语句的一般形式：

$$if（表达式）语句 1;$$
$$else \quad 语句 2;$$

其中，语句 1、语句 2 可以是 C51 语言中任意合法的语句。

　　else 不是一条独立的语句，它只是 if 语句的一部分，在程序中 else 必须与 if 配对，共同组成一条 if - else 语句。

图 1.30 所示为 if-else 语句的执行过程：先计算表达式，如果表达式的值为真（非零），则执行语句 1；否则，执行语句 2。可见，if-else 语句是一种典型的双分支语句。

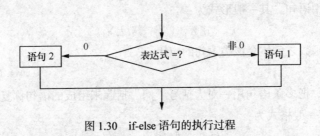

图 1.30　if-else 语句的执行过程

3. if-else-if 语句

if-else-if 语句的一般形式：

$$if(表达式 1) \quad 语句 1;$$
$$else \quad if(表达式 2) \quad 语句 2;$$
$$else \quad 语句 3;$$

if-else-if 语句又称为嵌套的 if-else 语句，其中，语句 1、语句 2、语句 3 可以是 C51 语言中任意合法的语句。图 1.31 所示为 if-else-if 语句的执行过程。可见，只要一直嵌套下去，if-else-if 语句是可以实现多分支程序设计要求的。

4. switch 语句

当程序中有多个分支时，可以使用嵌套的 if-else 语句实现，但是随着分支的增多，if-else 语句嵌套的层数就越多，这不可避免地会使程序变得冗长而且可读性降低。为此，C51 语言提供了 switch 语句直接处理多分支选择。

switch 语句的一般形式：

```
switch(表达式)
        {
        case 常量表达式 1 ： 语句 1;break;
        case 常量表达式 2 ： 语句 2;break;
        … …
        case 常量表达式 n ： 语句 n;break;
        default ：        语句 n+1;
        }
```

switch 语句的执行过程：首先计算表达式的值，当表达式的值与某一个 case 后面的常量表达式相等时，就执行此 case 后面的语句，并退出结束；若表达式的值与所有的常量表达式的值都不匹配时，就执行 default 后面的语句，并结束，如图 1.32 所示。

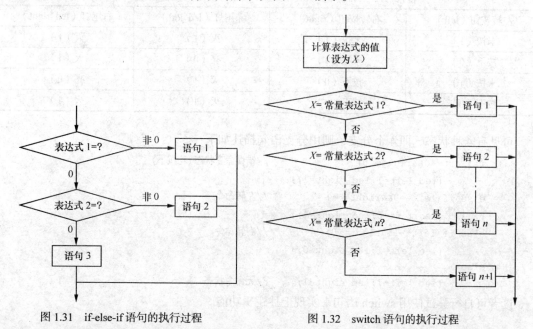

图 1.31　if-else-if 语句的执行过程　　　图 1.32　switch 语句的执行过程

特别注意的是：每个 case 分支后面的 break 语句不能少。break 语句又称为间断语句，其作用是使程序的执行立即跳出 switch 语句，从而使得 switch 语句真正起到分支的作用。若不加，switch 语句的执行过程变为：首先计算表达式的值，当表达式的值与某一个 case 后面的常量表达式相等时，就执行此 case 后面的所有语句，直到 switch 语句结束，如图 1.33 所示。显然，此时描述的多分支结构并不正确，请读者务必加以注意。

switch 语句在使用时还应注意以下几点：

① switch 后面括号内的"表达式"可以是 C51 语言中任意合法的表达式。

② case 后面的常量表达式的类型必须与 switch 后面括号内的表达式的类型相同。各常量表达式的值应该互不相同。

③ default 代表所有 case 之外的选择。default 可以出现在 switch 语句体中任何标号位置上，也可以没有或省略。

④ 语句 1～语句 n+1 可以是 C51 语言中任意合法语句。必要时，case 标号后的语句可以省略不写。

⑤ case 与常量表达式之间一定要有空格。

本例中，控制逻辑如表 1.6 所示。

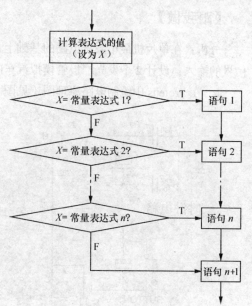

图 1.33　不加 break 语句的执行过程

表 1.6   控制逻辑

输入		输出	
左转按钮（left）	右转按钮（right）	左尾灯（led_left）	右尾灯（led_right）
未按（1）	未按（1）	灭（1）	灭（1）
按下（0）	未按（1）	亮（0）	灭（1）
未按（1）	按下（0）	灭（1）	亮（0）
按下（0）	按下（0）	灭（1）	灭（1）

可见有 4 种状态，即 4 个分支，则用分支语句描述如下：

```
if(left==0&&right==0)              //错误命令状态(均按下)
        {led_left=1;led_right=1;}
else if(left==0&&right==1)         //左转命令
        {led_left=0;led_right=1;}
else if(left==1&&right==0)         //右转命令
        {led_left=1;led_right=0;}
else
        {led_left=1;led_right=1;}  //无命令状态
```

读者可自行尝试使用 switch 语句来实现上述逻辑功能。

任务实施

【跟我做】

分析：在单片机最小系统电路的基础上，设计 2 个按键分别模拟汽车左转、右转和制动控制信号的输入；设计 2 个发光二极管模拟汽车的左右两组尾灯。

1. 在 Proteus 中绘制电路原理图（见图 1.34）。

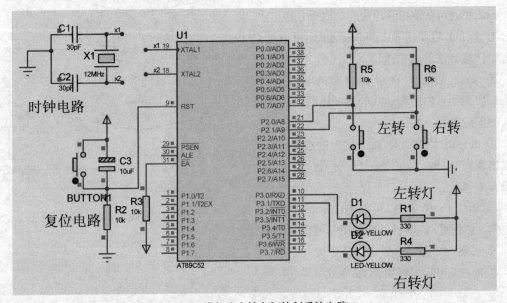

图 1.34   模拟汽车转向灯控制系统电路

2. 在 Keil 软件中编写控制代码

由于是首个任务，下面介绍在 Keil μVision4 中编写控制程序的过程，后续任务中将不再详细介绍编程步骤。

（1）建立工程。在 Keil μVision4 中，使用工程的方法进行文件管理，即将 C 语言源程序、说明性的技术文档等都放置在一个工程中。因此，首先要为任务建立新的工程。

启动 Keil μVision4，系统打开上次处理的工程，因此，首先需要关闭它，执行菜单命令 Project→Close Project。建立新工程可以通过执行菜单命令 Project→New μVision4 Project 来实现，此时将打开如图 1.35 所示的 "Create New Project" 对话框。

依次完成下列步骤：为新工程取一个名字，"rw"；保存类型选择默认值（.uvproj）；确定保存路径，建议为新建工程单独建立一个目录，rw1 文件

图 1.35　建立新工程窗口

夹，并将工程中需要的所有文件都存放在这个目录下，目录名最好不要使用中文。完成上述工作后，单击"保存"按钮，返回。

（2）为工程选择目标设备。在工程建立完毕后，keil μVision4 会立即打开如图 1.36 所示的 "Select Device for Target'Target 1'" 对话框。列表框中列出了 Keil μVision4 支持的生产厂家分组及所有型号的 51 系列单片机。这里选择的 Atmel 公司生产的 AT89C52。

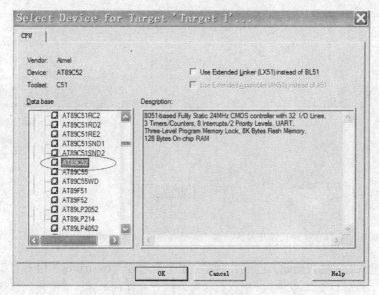

图 1.36　目标设备选择窗口

单击 "OK" 按钮后，Keil μVision4 会立即弹出提示对话框，询问是否将标准 8051 启动代码文件 STARTUP.A51 添加到所见工程中，一般单击"否"按钮。这样，就建立起一个空白工程，Source Group 1 下为空，代码编辑窗口也为空白，如图 1.37 所示。

如果在选择完目标设备后想重新改变目标设备，可以执行菜单命令 Project→Select Device for,

在随后出现的"目标设备选择"对话框中重新加以选择。

至此，已经建立了一个空白的工程 rw.uvproj，并为工程选择好了目标设备，下面需要为该工程添加源程序文件。

（3）建立 C 语言源程序，编写代码。执行菜单命令 File→New，或者单击工具栏按钮 📄，打开名为 Text1 的新文件窗口，如图 1.38 所示。

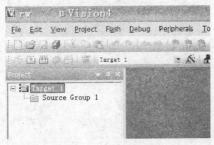

图 1.37　空白工程

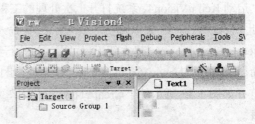

图 1.38　新建源程序文件

执行菜单命令 File→Save As，打开如图 1.39 所示的对话框，在"文件名"文本框中输入文件的正式名称 led.c，.c 为文件后缀，不能省略。另外，文件最好与其所属的工程保存在同一目录中。

单击"保存"按钮返回，可见"Text 1"变为所存储的名字"led.c"，如图 1.40 所示。下面就可以在代码编辑窗口中输入并修改源程序代码了。μVision 4 与其他文本编辑器类似，同样具有输入、删除、选择、复制、粘贴等基本的文本编辑功能。

最后，执行菜单命令 File→Save 可以保存当前文件。

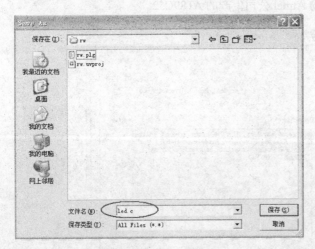

图 1.39　保存新建文件并命名

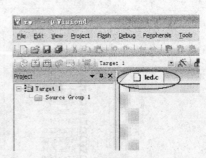

图 1.40　保存后的源代码文件

（4）为工程添加文件。至此，已经分别建立了一个工程"rw.uvproj"和一个 C 语言源程序文件"led.c"，除了存放目录一致外，它们之间还没有建立起任何关系。下面我们要将源程序文件添加到工程中。

在图中所示的空白工程中，鼠标右键单击 Source Group 1，弹出如图 1.41 所示的快捷菜单。选择 Add Files to Group'Source Group 1'（向当前工程的 Source Group 1 组中添加文件），弹出如图 1.42 所示的对话框。

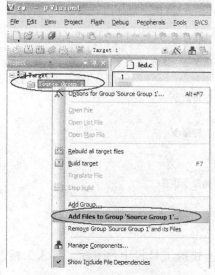

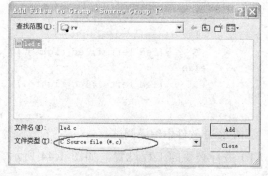

图 1.41 添加工程文件菜单
图 1.42 添加工程文件窗口

在如图 1.42 所示的对话框中，"文件类型"默认为"C Source file（*.c）"，μVision 4 给出当前文件夹下所有.c 文件列表，选择"led.c"文件，单击"Add"按钮，然后再单击"Close"按钮关闭窗口，将程序文件"led.c"添加到当前工程的 Source Group 1 中，如图 1.43 所示。可通过项目管理窗口查看到当前工程中的源代码文件，如图 1.43 所示。

（5）删除已存在的文件或组。若希望删除已经成功添加的文件或组，可在图 1.43 所示的对话框中，鼠标右键单击文件 led.c 或组 Source Group 1，在弹出的快捷菜单中选择"Remove File'led.c'"或"Remove Group'Source Group 1'and its file"选项，选中的文件或组将从工程中被删除。这种删除是逻辑删除，被删的文件仍在原目录下，如有需要，可再被添加到本工程或其他工程。

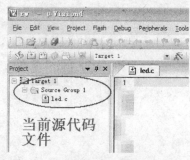

图 1.43 添加源代码文件后的工程

下面就可以开始源代码的编写了，参考代码如下：

```
#include <reg51.h>                              //预定义语句
sbit P2_0=P2^0;                                 //定义输入输出引脚
sbit P2_1=P2^1;
sbit led_left=P3^0;
sbit led_right=P3^1;
/*****************************************************
函数名称:主函数
函数功能:模拟汽车转向灯控制
*****************************************************/
void main()
{
    bit left,right;                             //定义位变量
    while(1)
    {
        P2_0=1;                                 //读入按键状态
        P2_1=1;
```

```
left=P2_0;
right=P2_1;
                                          //判断按键状态
if(left==0&&right==0)                     //错误命令状态(均按下)
        {led_left=1;led_right=1;}
else if(left==0&&right==1)                //左转命令
        {led_left=0;led_right=1;}
else if(left==1&&right==0)                //右转命令
        {led_left=1;led_right=0;}
else
        {led_left=1;led_right=1;}         //无命令状态
    }
}
```

3. 在 Keil 软件中编译调试

（1）进行必要的工程设置。如图 1.44 所示，单击快捷工具栏中 图标，进入工程设置窗口。

选择"Output"选项卡，如图 1.45 所示。在"Create HEX File"前的复选框中打勾，为工程创建目标文件。其他工程设置选择默认值即可，单击"OK"按钮退出。

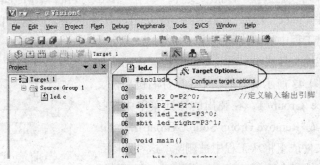

图 1.44　进入工程设置窗口

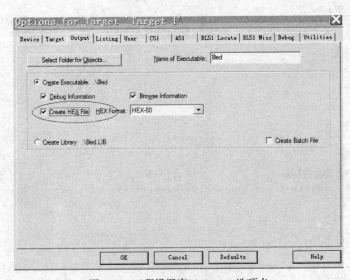

图 1.45　工程设置窗口 Output 选项卡

（2）编译、链接源程序，生成可执行代码。如图 1.46 所示，单击快捷工具栏中 图标，开始对源程序的编译链接。结果在"Build Output"窗口中显示，如图 1.47 所示，显示 0 错误、0 警告，并生成了.hex 文件。

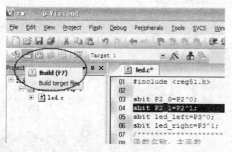

图 1.46　编译链接源程序

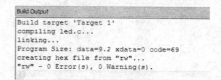

图 1.47　编译输出报告

若编译出现错误，则可在该窗口中错误提示行双击，源程序中的错误所在行的左侧会出现一个箭头标记，便于用户排错。关于错误类型，有赖于读者长期编程和调试经验的积累，在此不一一列举。修改好后，再进行编译，直至出现如图 1.47 所示的结果为止。

经过编译连接后得到目标代码，仅仅代表源程序没有语法错误，还需要经过调试才能发现源程序中存在其他的错误。Keil 软件内建了一个仿真 CPU 用来模拟执行程序，该仿真 CPU 功能强大，可以在没有硬件和仿真机的情况下进行程序的调试。

（3）进入调试状态。执行菜单命令 Debug→Start Debug Session 或单击 按钮，便进入软件仿真调试运行状态，同时弹出多个窗口，如图 1.48 所示，图中上部为调试工具条（Debug Toolbar）；下部左侧为寄存器（Register）窗口，用于显示当前工作寄存器组（R0～R7）、常用系统寄存器（A、B、SP、DPTR、PSW 等）的工作状态；右下侧分别为反汇编窗口（Disassembly）和源代码窗口。

图 1.48　调试与仿真运行窗口

在上图所示的反汇编窗口和源代码窗口中，箭头指向的是当前等待运行的程序行，一进入调试运行状态或单击复位按钮 后，指向 ROM 的 0000H 单元存储的代码。

（4）打开必需的调试工具。本项目的调试中需要监测的是并行 I/O 口 P2 的输入情况和 P3 口的输出情况，因此，执行菜单命令 Peripherals→I/O-Ports→Port 2，打开 P2 口观测窗口，如图 1.49 所示。

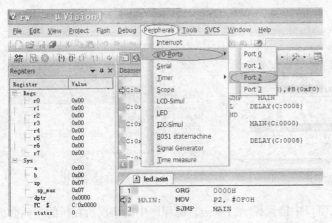

图 1.49　打开 Port 2 窗口

图 1.50　并行口 Port 2 窗口

P2 口寄存器及引脚状态，如图 1.50 所示。第一行是 P2 口寄存器的状态，第二行是 P2 口的引脚状态，√表示高电平 1，由于 P2 口的上电/复位状态是 FFH，因此图中 P2 口的 8 个引脚都是 1。同理，可打开 P3 监测窗口。

其他常用的调试和观察工具有：寄存器窗口 Register、外部设备 Peripherals（中断、定时器、串口）、Memory 窗口、Watch 窗口、断点等。

（5）运行调试。在 μVision 4 中，有 5 中程序运行方式：

🔲：Run，全速运行；

🔲：Step，单步运行，遇到子程序进入，并且继续单步执行；

🔲：Step Over，单步运行，但遇到子程序不会进入，仅将子程序作为一步完成；

🔲：Step Out，跳出子程序，当单步执行进入子程序内部时，直接执行完子程序余下部分，并返回到上一层；

🔲：Run to Cursor line，执行至光标所在行。

通常，全速运行可以看到程序执行的总体效果，即查看最终结果是否正确，如果程序有逻辑错误，则难以确认错误所在处。这时需要使用单步执行，并借助相关调试工具观察该步执行的结果是否与我们编写该行程序所想要得到的结果相同，借此找到程序中的问题所在。

回到本项目的调试中，单击全速按钮🔲，初始化时 P2 口输入状态为 FFH，此时无命令输入，因此 P3 口输出为 0FCH，对应外部硬件电路图，两 LED 为熄灭状态，如图 1.51 所示。鼠标单击 P2.0 引脚（Pins）对应的方框，模拟开关闭合状态，对应的 P3 口输出变为 0FDH，对应外部电路，即左转开关按下，左转灯亮。

（6）程序复位/停止。复位操作，单击🔲，在各种程序运行方式下，均可以对 CPU 运行，使程序从头重新开始运行；停止操作，单击⊗，在 Run 方式下，可以随时终止程序运行。

图 1.51　全速运行时 P2、P3 口的状态

4. 下载目标代码并运行

Proteus ISIS 与 Keil C51 的联合使用可以实现单片机应用系统的软硬件调试，其中 Keil C51 作为软件调试工具，Proteus ISIS 作为硬件仿真和调试工具。

首先，确保在 Keil C51 中完成 C51 应用程序的编译、链接，并生成单片机可执行的 HEX 文件；然后，在 Proteus ISIS 中绘制电路原理图，并通过电气规则检查。

做好上述准备工作后，我们必须把 HEX 文件装入单片机中，才能进行整个系统的软硬件联合仿真调试。在 Proteus ISIS 中，双击原理图中的单片机 AT89C52，屏幕弹出如图 1.52 所示的对话框。

单击 Program File 域的■按钮，在弹出的 "Select File Name" 对话框中，选择好要装入的 HEX 文件后单击 "打开" 按钮返回图 1.52，此时在 Program File 域的文本框出现 HEX 文件的名称及其存放路径。单击 "OK" 按钮，即完成 HEX 文件的装入过程。

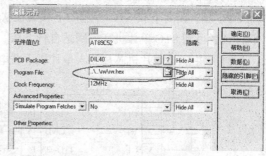

图 1.52　将 HEX 文件装入单片机

装入 HEX 文件后，单击仿真运行工具栏的 "运行" 按钮 ▶，在 proteus ISIS 的编辑窗口中可以看到单片机应用系统的仿真运行效果。其中，红色方块代表高电平，蓝色方块代表低电平。

如果发现仿真运行效果不符合设计要求，应单击仿真运行工具栏的按钮 ■ 停止运行，然后从软件、硬件两个方面分析原因。完成软、硬件修改后，按上述步骤重新开始仿真调试，直到仿真运行效果符合设计要求为止。

【实物制作清单】

1. PC、单片机开发系统、稳压电源+5V
2. 元器件清单：

插座	DIP40	1
单片机	STC89C52RC	1
晶体振荡器	6MHz	1
瓷片电容	27pF	2
发光二极管		2
电解电容	10μF	1
电阻		若干
按键		2

【课后任务】

（1）请利用任务 1 中的最小系统电路，结合本任务电路原理，搭建电路实物。读者可选择 STC89C52RC 单片机，利用任务扩展中的串口下载电路，自行下载程序，并实现实物控制。

（2）左转命令下达后，左转灯闪烁；同理，右转命令下达后，右转灯闪烁。要实现上述功能，该如何修改程序？

（3）添加故障警示按钮，按下后，左转灯和右转灯同时闪烁。请读者思考如何修改程序。

任务扩展

知识 7　STC 单片机串口下载电路及流程

STC 系列单片机各方面的性能都兼容 MCS-51，并且具备更多的功能，特别是具备 ISP 在线下载程序功能，单片机初学者只需要根据如图 1.53 所示的硬件电路，就可以直接进行编程和下载，不用购买昂贵的编程器就能学习单片机技术。

PC 端，需要下载 STC 专用的下载编程软件 STC_ISP_V480.EXE，并双击鼠标左键运行。该软件读者可到 STC 单片机官方网站自行下载。ISP 下载过程如下。

（1）将 STC 单片机芯片放入单片机下载电路中的 40 脚活动插座中。

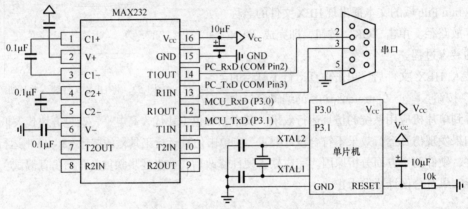

图 1.53　ISP 下载硬件电路

（2）在如图 1.54 所示的编程界面中选择与待烧写单片机相同的芯片型号，如 STC89C52RC。

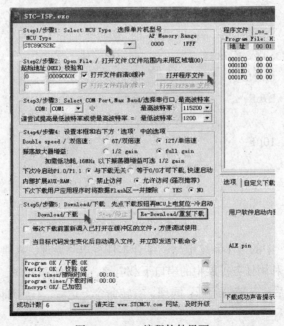

图 1.54　STC 编程软件界面

（3）单击"打开程序文件"按钮选择合适的烧写文件（.hex）。

（4）单击"Download/下载"按钮，然后接通单片机下载板的电源。

（5）3s 左右，就能完成程序下载并运行。

项目小结

（1）Keil C51 集成开发环境是基于 80C51 内核的微处理器软件开发平台，特别是 C51 编译工具是单片机 C 语言软件开发和调试的理想工具。Proteus ISIS 是用于仿真单片机及其外围设备的 EDA 工具软件，是硬件仿真和调试的理想工具。两者配合使用，可以在没有硬件投入的情况下，完成单片机 C 语言应用系统的仿真开发。

（2）51 单片机由 CPU、程序存储器、数据存储器、定时器、中断系统、串行口、I/O 口等单元构成，共 40 条引脚。单片机最小系统电路由电源电路、时钟电路和复位电路构成。

（3）C51 中的数有常量与变量之分。常量在程序运行过程中值不可改变。变量与之不同，使用时需先定义，存储变量所需的字节数以及变量的取值范围，即变量的内在存储方式称为数据类型。为了更加有效地利用 51 系列单片机的内部资源，C51 语言扩展了四种基本数据类型，即 bit、sbit、sfr、sfr16。

（4）C51 中的基本语句有：赋值语句、函数调用语句、复合语句、空语句，用于描述顺序程序结构。

（5）C51 中的分支语句有：if 语句、if-else 语句、if-else-if 语句、switch 语句，用于描述分支结构。

（6）按键和 LED 是单片机应用中最简单的输入输出设备。利用 P0 口作简单 I/O 口使用时，需外接上拉电阻。当单片机端口作输入口时，需先向端口写"1"，确保读入的电平正确。

项目二

键盘与显示系统

输入和输出系统是控制系统必须具备的最基本的功能模块，本项目将练习单片机控制系统中的键盘与显示模块的设计，其中显示系统将由浅入深地介绍 LED 状态显示器、LED 数码管显示器、LED 点阵显示器、LCD 液晶显示器的电路设计与应用；键盘系统将介绍独立键盘和矩阵键盘的设计与应用。读者可在学习和了解单片机 I/O 系统应用的同时，逐步了解单片机的内部资源、把握 C51 的编程控制技巧和应用。

任务一　流水灯系统设计

任务要求

【任务内容】

组装一个简易流水灯显示器，由单片机外接 8 个发光二极管，要求系统上电后，8 个发光二极管依次循环点亮。

【知识要求】

掌握 C51 程序循环结构及循环语句的使用；了解单片机存储结构，能够在 Keil 软件中查看变量，掌握程序调试的基本方法；学会单片机控制 LED 显示器的电路设计及控制方法。

相关知识

知识 1　51 单片机存储结构

51 系列单片机共有 4 个存储空间：片内程序存储器、片外程序存储器、片内数据存储器和片外数据存储器。其典型结构如图 2.1 所示。

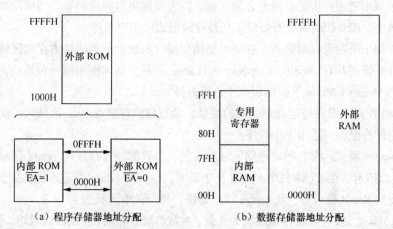

（a）程序存储器地址分配　　　　（b）数据存储器地址分配

图 2.1 AT89C51 存储器结构图

程序存储器用于存储程序或表格，片内、片外统一编址，如图 2.1（a）所示。其中，当引脚 $\overline{EA} = 1$ 时，使用 4KB 片内 ROM（0000H～0FFFH）；当引脚 $\overline{EA} = 0$ 时，使用 64KB 片外 ROM（0000H～FFFFFH）。

数据存储器用于暂存数据和运算结果，也有片内和片外之分，如图 2.1（b）所示。片内 RAM 由内部 RAM 与专用寄存器（SFR）构成，共 256B（8 位地址寻址）。其中，低 128B 又分为工作寄存器组（00H～1FH）、位寻址区（20H～2FH）、通用 RAM 区（（30H～7FH）三部分如图 2.2 所示。片外 64KB 数据存储器，16 位地址寻址，地址范围是 0000H～FFFFFH。

针对 51 系列单片机应用系统存储器的结构特点，Keil C51 编译器把数据的存储区域分为：data、bdata、idata、xdata、pdata 和 code 六种，如表 2.1 所示。在使用 C51 语言进行程序设计时，可以把每个变量明确地分配到某个存储区域中。由于对内部存储器的访问比对外部存储器的访问快许多，因此应当将频繁使用的变量放在片内 RAM 中，而把较少使用的变量放在片外 RAM 中。

图 2.2 内部数据存储器结构图

表 2.1　　　　　　　　　　　　　　C51 语言中变量的存储区域

存储区域	说　　明
data	片内 RAM 的低 128B，可直接寻址，访问速度最快
bdata	片内 RAM 的低 128B 中的位寻址区（20H～2FH），即可字节寻址，也可以位寻址
idata	片内 RAM（256B，其中低 128B 与 data 相同），只能间接寻址
xdata	片外 RAM（最多 64kB）
pdata	片外 RAM 中的 1 页或 256B，分页寻址
code	程序存储区（最多 64kB）

有了存储区域的概念后，变量的定义格式变为：

数据类型 [存储区域] 变量名称

其中，存储区域用于用户指定变量的存储区域，[ ]表示该项内容可缺省。当该项缺省时，变量存储于哪个区域呢？Keil C51 编译器提供了三种存储模式供用户选择。

存储模式用于决定没有明确指定存储类型的变量、函数参数等的缺省存储区域。Keil C51 编译器提供的存储模式共有 Small、Compact 和 Large 三种。具体使用哪一种模式，可以在 Target 设置窗口中的 Memory Mode 下拉列表框中进行选择。

（1）Small 模式。没有指定存储区域的变量、参数都缺省放在 data 区域内。优点是访问速度快，缺点是空间有限，只适用于小程序。

（2）Compact 模式。没有指定存储区域的变量、参数都缺省放在 pdata 区域内。具体存放在哪可由 P2 口指定，在 STARTUP.A51 文件中说明，也可用 pdata 指定。优点是空间比 Small 模式宽裕，速度比 Small 模式慢，比 Large 模式要快，是一种中间状态。

（3）Large 模式。没有指定存储区域的变量、参数都缺省存放在 xdata 区域内。优点是空间大，可存变量多，缺点是速度较慢。

在使用存储区域时，还应注意以下几点。

① 标准变量和用户自定义变量都可存储在 data 区中，只要不超过 data 区范围即可。由于 51 系列单片机没有硬件报错机制，当设置在 data 区的内部堆栈溢出时，程序会莫名其妙地复位。为此，要根据需要声明足够大的堆栈空间以防止堆栈溢出。

② Keil C51 编译器不允许在 bdata 区中声明 float 和 double 型的变量。

③ 对 pdata 和 xdata 的操作是相似的。但是，对 pdata 区的寻址要比对 xdata 区的寻址快，因为对 pdata 区的寻址只须装入 8 位地址；而对 xdata 区的寻址须装入 16 位地址，所以要尽量把外部数据存储在 pdata 区中。

④ 程序存储区的数据是不可改变的，编译的时候要对程序存储区中的对象进行初始化；否则就会产生错误。

读者了解存储区域的概念后，在调试环节可方便灵活地查看各变量值，大大提高程序调试的效率。请读者在调试过程细细加以体会。

知识 2　C51 中的循环结构与循环语句

在程序设计中经常会遇到需要重复执行的操作，如延时、累加、累乘、数据传递等，利用循环结构来处理各类重复操作既简单又方便。C51 语言中提供了三种语句来实现循环结构，它们是：while 语句，do-while 语句，for 语句。其中 while 又称为"当"型循环，do-while 又称为"直到"型循环。

1. while 语句

while 语句的一般形式：

while（表达式）循环体

其中，表达式可以是 C51 语言中任意合法的表达式，其作用是控制循环体是否执行；循环体是循环语句中需要重复执行的部分，它可以是一条简单的可执行语句，也可以是用大括号括起来的复合语句。while 语句的执行过程如图 2.3 所示。

① 先计算表达式的值（设为 X）。

② 若 X 为非 0，则执行循环体后转步骤①；若 X 为 0，则退出 while 循环。

while 语句的特点：先判断，后执行。

2. do-while 语句

do-while 语句的一般形式：

do 循环体 while（表达式）；

其中，表达式可以是 C51 语言中任意合法的表达式，其作用是控制循环体是否执行；循环体可以是 C51 语言中任意合法的可执行语句；最后的";"不可丢，它表示 do-while 语句的结束。do-while 语句的执行过程如图 2.4 所示。

① 执行循环体中的语句。

② 计算表达式的值（设为 X）。若 X 为非 0，则转步骤①；若 X 为 0，则退出 while 循环。

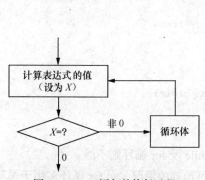

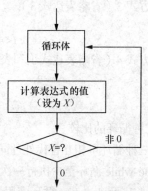

图 2.3 while 语句的执行过程　　　　图 2.4 do-while 语句的执行过程

do-while 语句的特点：先执行，后判断。

3. for 语句

for 语句的一般形式：

for（表达式 1；表达式 2；表达式 3）循环体

其中，表达式 1、表达式 2 和表达式 3 可以是 C51 语言中任意合法的表达式，三个表达式之间用";"隔开，它们的作用是控制循环体是否执行；循环体可以是 C51 语言中任意合法的可执行语句。

for 语句的典型应用形式：for（循环变量初值；循环条件；循环变量增值）循环体

for 语句的执行过程如图 2.5 所示。

① 计算"表达式 1"的值。

② 计算"表达式 2"的值（设为 X）。若 X 为非 0，转步骤③；若 X 为 0，转步骤⑤。

③ 执行一次循环体。

④ 计算"表达式 3"的值，转步骤②。

⑤ 结束循环，执行 for 循环之后的语句。

在使用 for 语句时应注意以下两点。

① for 语句中的表达式可以部分或全部省略，但两个";"不可省略。例如：

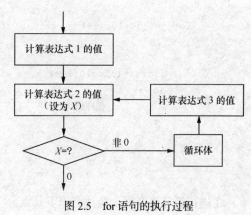

图 2.5 for 语句的执行过程

for(;;) D0= !D0;

三个表达式均省略，但因缺少条件判断，循环将会无限制地执行，而形成无限循环（通常称死循环）。此时，等同于

while(1)D0= !D0;

② 所谓省略只是在 for 语句中的省略。实际上是把所需表达式挪到 for 的循环体中或 for 的语句前去了。例如，下面几种 for 语句的表达方式是等价的。

表达方式 1（正常情况）：

```
sum=0;
for(i=1;i<=100;i++)   sum+=i;
```

表达方式 2（省略表达式 1）：

```
sum=0;
i=1;
for(   ;i<=100;i++)   sum+=i;
```

表达方式 3（省略表达式 3）：

```
sum=0;
for(i=1;i<=100;   )  { sum+=i;i++;}
```

表达方式 4（省略表达式 1 和表达式 3）：

```
sum=0;
i=1;
for(   ;i<=100;   )  { sum+=i;i++;}
```

4．几种循环的比较

（1）三种循环可相互替代处理同一问题。

（2）do-while 循环至少执行一次循环体，而 while 及 for 循环则不然。

（3）while 及 do-while 循环多用于循环次数不可预知的情况，而 for 循环多用于循环次数可以预知的情况。

5．循环的嵌套

在一个循环体内又完整地包含了另一个循环，称为循环嵌套。前面介绍的三种循环都可以互相嵌套，循环的嵌套可以多层，但每一层循环在逻辑上必须是完整的。

在编写程序时，嵌套循环的书写要采用缩进形式，使程序层次分明，例如：

```
for(i=1;i<=10;i++)                    // 外层循环
{
      ......
      for(j=1;j<=10;j++)             // 中层循环
      {
          ......
          for(k=1;k<=10;k++)         // 内层循环
          {
                  循环语句
          }
          ......
      }
      ......
}
```

在进行循环嵌套时，应注意以下几点。

（1）内外循环的循环变量不应相同。

（2）内外循环不应交叉。

（3）只能从循环体内转移到循环体外，反之不行。

在单片机控制程序中，常常涉及延时操作，都是用循环嵌套结构来实现的。例如，在本任务中，流水灯的每一个状态之间都需要一个短暂的延时，假设为 1s，则设计代码如下：

```
void Delay1s()
{
    unsigned char x,i,j;
    for(x=10;x>=1;x--)                    //最外层循环,次数 10 次
        for(i=200;i>0;i--)                //第二层循环,次数 200 次
            for(j=250;j>0;j--);           //最内层循环,次数 250 次,
}
```

当单片机使用 12MHz 晶振时，机器周期为 1μs，则延时时间为 2μs×250×200×10=1s。

知识 3　C51 中的辅助控制语句

在循环过程中，有时候不一定要执行完所有的循环后才终止，每次循环也不一定要执行完循环体中所有语句，可能在一定的条件下跳出循环或进入下一轮循环。

为了方便对程序流程的控制，除了前面介绍的流程控制语句外，C51 语言还提供了两种辅助控制语句：break 和 continue 语句。

1．break 语句

break 语句的一般形式：

$$break;$$

break 语句的功能：① 终止它所在的 switch 语句；② 跳出本层循环体，从而提前结束本层循环。

例如：求其平方数小于 100 的所有整数，核心代码如下，预先设定循环次数为 40 次，当出现从 1 开始，出现平方大于 100 时，则通过 break 语句提前结束循环。

```
for(i=1;i<=40;i++)
{
    j=i*i;
    if(j>=100)   break;
    printf("%d",i);
}
```

读者可通过串行口观察程序的运行结果，但必须先对串口进行初始化设置。单片机的串口相关应用将在后续项目中专门介绍，本项目中读者就直接利用子函数即可。完整的代码如下：

```
#include <reg51.h>
#include <stdio.h>
/***************************************************************
函数名称:Serial_Init(void)
函数功能:初始化单片机的串行口,以便在 Serial #1 窗口中观察程序运行结果
***************************************************************/
void Serial_Init(void)
{
    SCON = 0x50;                       // 串口以方式 1 工作
    TMOD= 0x20;                        // 定时器 T1 以方式 2 工作
    TH1 = 0xf3;                        // 波特率为 2400 时 T1 的初值
    TR1 = 1;                           // 启动 T1
    TI = 1;                            // 允许发送数据
}
/***************************************************************
函数名称:main(void)
函数功能:主函数,演示 break 语句的使用方法。
***************************************************************/
```

```
void main(void)
{
    int  i,j;
    Serial_Init();                          //串口初始化
    for(i=1;i<=40;i++)
    {
        j=i*i;
        if(j>=100)   break;
        printf("%d",i);                     //输出
    }
    printf("\n-----end-----");
    while(1);
}
```

在 Keil μ Vision4 中建立工程，单片机选择 AT89C51，输入上述程序，通过编译、链接后，启动仿真，打开 Serial #1 窗口，全速运行，在 Serial #1 窗口中即可观察到程序运行的结果，如图 2.6 所示。通过串口查看运行结果的调试技巧，在很多场合有着重要的应用，读者可多加练习体会。

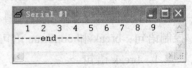

图 2.6　串口输出结果

2. continue 语句

continue 语句的一般形式：

$$continue;$$

continue 语句的功能：用于循环体内结束本次循环，接着进行下一次循环的判定。

例如：求 1～100 之间不能被 3 整除的数。核心代码如下：

```
for(i=1;i<=100;i++)
{
    if(i%3==0) continue;      //若能被 3 整除,则提前结束本轮循环
    printf("%d",i);           //若不能被 3 整除,则输出
}
```

请读者参照上面的例子，编写完整代码，并通过串口观察程序运行结果。

知识 4　C51 中的函数

与标准 C 语言一样，C51 语言程序是由一个个函数构成的。所谓函数是指可以被其他程序调用的具有特定功能的一段相对独立的程序。引入函数的主要目的有两个：一个是为了解决代码的重复；另一个是结构化模块化编程的需要。

C51 语言中函数定义的一般格式如下：

［return_type］funcname(［args］)[{small | compact | large}]［reentrant］［interrupt n］
［using n］
{
　局部变量定义
　可执行语句
}

其中，大括号以外的部分称为函数头；大括号以内的部分称为函数体，[]中的内容可缺省。如果函数体内无语句，则称为空函数。空函数不执行任何操作，定义它的目的只是为了以后程序功能的扩充。函数头中各部分的含义如下。

① return_type：函数返回值的类型即函数类型（缺省为 int）。

② funcname：函数名。在同一程序中，函数名必须唯一。

③ args：函数的参数列表。参数可有可无。若有，则称为有参函数，各参数之间要用"，"分隔；若无，则称为无参函数。

④ small、compact 或 large：指定函数的存储模式。

⑤ reentrant：指定函数是递归的或可重入的。

⑥ interrupt n：指定函数是一个中断函数。n 为中断源的编号（0～4）。

⑦ using n：指定函数所用的工作寄存器组。n 为工作寄存器组的编号（0～3）。

从函数的定义格式可以看出，C51 语言在四个方面对标准 C 语言的函数进行了扩展：指定函数的存储模式；指定函数是可重入的；指定函数是一个中断函数；指定函数所用的工作寄存器组。

用 C51 语言设计程序，就是编写函数。在构成 C51 语言设计程序的若干个函数中，有且仅有一个是主函数 main()。因为 C51 语言程序的执行都是从 main() 函数开始的，也是在 main() 函数中结束整个程序运行的，其它函数只有在执行 main() 函数的过程中被调用才能被执行。

同变量一样，函数也必须先定义后使用。所有函数在定义时都是相互独立的，一个函数中不能再定义其它函数，但可以相互调用。函数调用的一般规则是：主函数可以调用其它普通函数；普通函数之间可以相互调用；普通函数不能调用主函数。

从用户使用的角度看，函数可以分成两大类：标准库函数和用户自定义函数。常用的标准库函数参见附录 3；用户自定义函数则是用户根据功能需要，自行编写的函数，本任务中要使用的延时函数，就是典型的用户自定义函数。

任务实施

【跟我做】

1. 硬件电路设计

本任务中设计的流水灯，在单片机最小系统电路的基础上，选择 P2 口连接 8 个 LED 输出即可。设计电路图如图 2.7 所示。

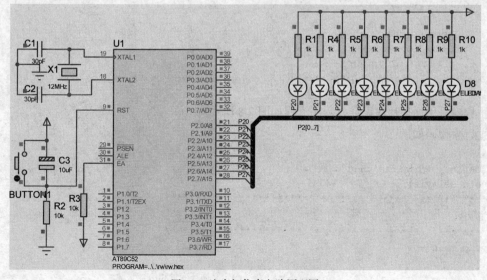

图 2.7　流水灯仿真电路原理图

为了简化图中的连线，采用了总线连接。Proteus ISIS 中总线（Bus）连接的步骤如下：

① 放置总线。单击 Mode 工具箱中的 Bus 按钮 ，在期望总线起始端（一条已存在的总线或空白处）出现的位置单击鼠标左键；在期望总线路径的拐点处单击；若总线的终点为一条已存在的总线，则在总线的终点处单击鼠标右键，可结束总线放置；若总线的终点为空白处，则先单击鼠标左键，后单击鼠标右键结束总线的放置。

② 放置或编辑总线标签。单击 Mode 从工具箱中 Wire Label 按钮 ，在期望放置标签的位置处单击鼠标左键，屏幕弹出"Edit Wire Label"对话框，在"Label"选项卡的"String"文本框中输入相应的文本，如 P2[0..7]。如果忽略指定范围，系统将以 0 为底数，将连接到其总线的范围设置为其默认范围。单击"Ok"按钮，结束文本的输入。

③ 单线与总线的连接。由对象连接点引出的单线与总线的连接方法与普通连接类似。在建立连接之后，必须对进出总线的同一信号的单线进行同名标注，以保证信号连接的有效性。图中，通过总线 P2[0..7]将 AT89C52 的 P2.0 引脚与 D1 的负极连接在一起，与总线 P2[0..7]相连的两条单线的标签均为 P20。

2. 控制软件设计

（1）对照电路连接，确定 LED 的控制信号：单片机输出高电平 LED 灭，单片机输出低电平 LED 亮。

对于设定的从左到右的流水方式，单片机应该给出的信号为：

11111110B → 11111101B → 11111011B → 11110111B → 11101111B → 11011111B → 10111111B → 01111111B 即：FEH→FDH→FBH→F7H→EFH→DFH→BFH→7FH。

观察上述信号的特征，考虑使用移位运算<<实现，但使用该运算左移后，右边补 0，与汇编语言中的循环左移指令是不同的。请读者思考如何实现上述的功能。

（2）流水灯流水速度的设定使用延时程序来实现。延时子函数如下：

```
/***********************************************
函数名称：Delay1s(void)
函数功能：延时。f_osc=12MHz,则延时 1s
***********************************************/
void Delay1s()
{
    unsigned char x,i,j;
    for(x=10;x>=1;x--)
        for(i=200;i>0;i--)
            for(j=250;j>0;j--);
}
```

主程序采用循环程序设计，程序流程如图 2.8 所示。

主程序代码如下：

```
#include <reg51.h>                      /* define 8051 registers */
#define  uchar unsigned char
void Delay1s();
/***********************************************
主程序
***********************************************/
void main(void)
{
    uchar i,signal;                 //定义循环变量和信号变量
```

```
while(1)
{
    signal=0x01;                          //给信号赋初始值
    for(i=0;i<8;i++)
    {
        P2=~signal;
        signal<<=1;
        Delay1s();
    }
}
```

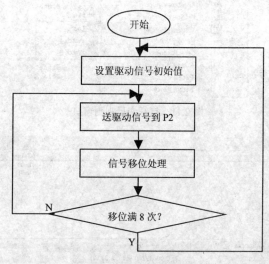

图 2.8 流水灯控制流程图

3. 程序调试与仿真

执行菜单命令 Peripherals→I/O-Ports→Port 2,如图 2.9 所示,弹出并行口 P2 观测窗口如图 2.10 所示,对应端口的小框中,空格表示端口信号为 0,否则表示端口信号为 1,可用于调试过程中随时观测 P2 口的输出状态。

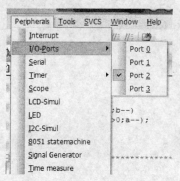

图 2.9 打开并行口 P2

图 2.10 并行口 P2 观测窗口

执行菜单命令 View→Watch Windows→Locals,如图 2.11 所示,弹出程序变量观测窗口,如图 2.12 所示,可用于程序运行过程中随时观测关键变量的变化情况。

图 2.12 中最下面还有仿真时间显示,用于了解程序运行的时间状态。

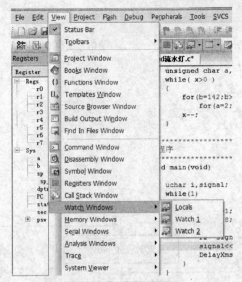

图 2.11　打开变量观测窗口

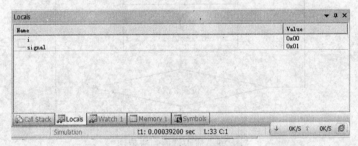

图 2.12　本地变量观测窗口

不断单击单步运行按钮，可观察到 P2 口及变量 signal 的变化状态。

将 Keil 中生成的 HEX 文件，导入到 Proteus 中，运行，流水灯工作正常，调试成功。

【实物制作清单】

1. PC、单片机开发系统、稳压电源+5V
2. 元器件清单：

插座	DIP40	1
单片机	STC89C52RC	1
晶体振荡器	12MHz	1
瓷片电容	27pF	2
发光二极管		8
电解电容	10μF	1
按键		1
电阻		若干

【课后任务】

（1）根据元器件清单，自行设计并焊接完成本任务的实物制作。

（2）更换其他的流水花色，请读者自行完成控制程序的设计。

（3）用单片机控制路口东西南北四个方向的红绿黄共 12 盏交通信号灯，不考虑左转和倒计时牌，请设计简单的城市道口交通灯控制系统，设红灯 20s，黄灯 2s，绿灯 18s。

任务二　数码管显示器设计

任务要求

【任务内容】

组装一个模拟城市交通灯系统，由单片机外接 12 个发光二极管，分别代表东南西北四个道口的红、绿、黄信号灯，红灯亮 9s，黄灯亮 2s，绿灯亮 7s，黄灯期间黄灯闪烁 5 次。同时外接 1 位数码管，用于倒计时。

【知识要求】

掌握数码管内部结构及数码管结构电路的设计；掌握 C51 数组的使用方法；学会单片机控制数码管显示器的电路设计；理解数码管静态显示和动态显示原理，学会设计控制代码；学会并掌握 Keil 中利用 Watch 窗口查看变量值辅助程序调试的方法。

相关知识

知识 1　数码管结构及段选码

在单片机系统中，经常用到 LED（发光二极管）数码显示器来显示单片机系统的工作状态、运算结果等。

LED 数码显示器的构造简图如图 2.13（a）所示。它实际是由 8 个发光二极管构成，其中 7个发光二极管排列成"日"字形的笔画段，另一个发光二极管为圆点形状，作为小数点使用。

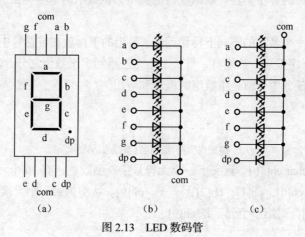

图 2.13　LED 数码管

LED 数码显示器的内部结构有两种形式：一种是共阴极显示器，即 8 个发光二极管的负极连在一起，如图 2.13（b）所示；另一种是共阳极显示器，即 8 个发光二极管的正极连在一起，如图 2.13（c）所示。

每个数码管有 8 个段选线，命名为 a、b、c、d、e、f、g、dp（或.），用来控制字符内容的显示；每个数码管有两根位选线 com 连在一起，来控制该数码管是否显示。

如果将 LED 数码显示器的各段与数据线按照表 2.2 所示连接，则段选码与显示字符的对应关系如表 2.3 所示。

表 2.2 　　　　　　　　　　LED 数码显示器的各段与数据线的连接

段位码	D_7	D_6	D_5	D_4	D_3	D_2	D_1	D_0
显示码	dp	g	f	e	d	c	b	a

表 2.3 　　　　　　　　　　段选码与显示字符的对应关系表

显示字符	0	1	2	3	4	5	6	7	8
	0.	1.	2.	3.	4.	5.	6.	7.	8.
共阴极	3F	06	5B	4F	66	6D	7D	07	7F
段选码	BF	86	DB	CF	F6	ED	FD	87	FF
共阳极	C0	F9	A4	B0	99	92	82	F8	80
段选码	40	79	24	30	19	12	02	78	00
显示字符	9	A	B	C	D	E	F	—	熄灭
	9.	A.	B.	C.	D.	E.	F.	—.	.
共阴极	6F	77	7C	39	5E	79	71	40	00
段选码	EF	F7	FC	B9	DE	F9	F1	C0	80
共阳极	90	88	83	C6	A1	86	8E	BF	FF
段选码	10	08	03	46	21	06	0E	3F	7F

知识 2　　C51 中的一维数组

C 语言具有使用户定义一组有序数据项的能力，这组有序的数据即数组。数组是一组具有固定和相同类型数据成员的有序集合，数据成员的类型为该数组的基本类型，各数据成员称为数组元素。

数组数据是用同一个名字的不同下标访问的，数组的下标放在方括号中，是从 0 开始（0，1，2，3…，n）的一组有序整数。数组有一维、二维、三维和多维数组之分。C51 中常用的有一维、二维和字符数组。本任务中介绍一维数组的概念和应用。

1. 一维数组的定义

定义格式：

类型说明符 数组名[整型表达式]

例如：unsigned char ch[10]，定义了一个无符号字符型数组，有 10 个元素，每个元素由不同的下标表示，分别是 ch[0]、ch[1]、ch[2]、……、ch[9]。数组的第一个元素的下标是 0 而不是 1，即第一个元素是 ch[0]，而第十个元素是 ch[9]。

2. 数组的初始化

数组中的值，可以在程序运行期间，用循环和键盘输入语句进行赋值，但这样做将耗费许多机器运行时间，对大型数组而言，这种情况更加突出。对此可以用数组初始化的方法加以解决。

多位数组初始化，就是在定义说明数组的同时，给数组赋新值，这项工作是在程序编译中完成的。数组初始化可用以下方法实现。

（1）在定义数组时对数组的全部元素赋值。例如，本任务中，数码管的 0～9 的码字表可用一维数组定义并初始化：

unsigned char tab[10]={0x3f, 0x06, 0x5b, 0x4f, 0x66, 0x6d, 0x7d, 0x07, 0x7f, 0x6f};

0～9 的码字被依次列入数组中，那数组的下标（对应显示字符）和数组元素（对应段选码）之间建立一一对应的关系。

例如，在 P0 口显示字符 2，则执行代码 P0=tab[2]即可。

通常，表格存放于 ROM 中，因此在数组定义的时候，同样可以指定存储区域：

unsigned char code tab[10]={0x3f, 0x06, 0x5b, 0x4f, 0x66, 0x6d, 0x7d, 0x07, 0x7f, 0x6f};

这样，在程序编译中，就把数组中的 10 个元素存储到 ROM 中。

（2）只对数组的部分元素初始化。例如：

int a[10]={0, 1, 2, 3, 4, 5};

该数组共 10 个元素，但括号中仅 6 个初值，则数组的前 6 个元素被赋初值，而后面的 4 个元素值为 0。

（3）若定义数组时，不对元素赋值，则数组的全部元素都被默认地赋值为 0。

知识 3　数码管显示方式

LED 数码显示器通常有静态显示与动态显示两种方式，在不同的显示方式下，LED 数码管与单片机的接口不同，单片机的控制也不同，下面分别介绍。

1. 静态显示方式

静态显示是指数码管显示某一字符时，相应的 LED 恒定导通或恒定截止。静态显示时，各位数码管相互独立，公共端接固定电平（共阴极公共端接地，共阳极公共端接 Vcc），各位的 8 根段码线则分别与一个 8 位 I/O 口相连，只要保持各位对应的段码线上电平不变，则该位显示的字符就保持不变。项目三中的简易秒表采用的就是这种显示方式，如图 2.14 所示，两位共阴数码管静态显示，段码分别由单片机 P0 和 P2 口控制，公共端接地。

因此，当显示位数较少时，可直接使用单片机的 I/O 口连接，此时，51 单片机最多可外接 4 位数码管，如图 2.15 所示，这种电路连接下控制软件编写较为简单。如果并行 I/O 接口资源受限，可采用并行接口元件（如 8255A）进行扩展，也可采用具有三态功能的锁存器（如74LS373）等。

考虑到直接采用并行 I/O 接口占用资源较多，静态显示也可采用串行口来实现。利用单片机的串口，与外接移位寄存器 74LS164 构成显示接口电路，如图 2.16 所示。

图 2.16 中的共阳极数码管公共端接+5V，段码由单片机通过串行口送到相应的移位寄存器74LS164 中。单片机控制程序读者在学完串口通信后自行编写。

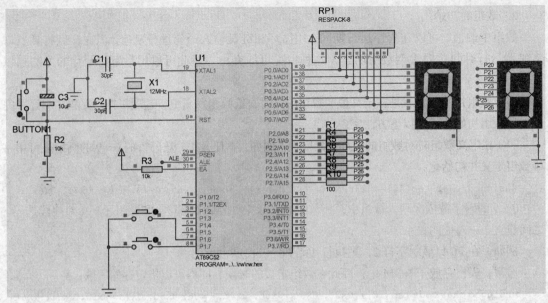

图 2.14　静态显示原理图

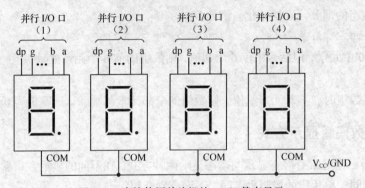

图 2.15　直接使用单片机的 I/O 口静态显示

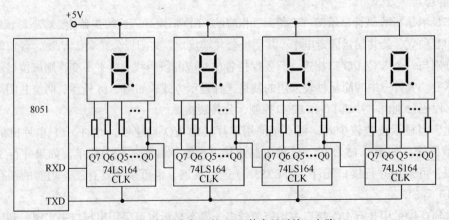

图 2.16　使用串行口的 LED 静态显示接口电路

采用静态显示方式，较小的电流即可获得较高的亮度，且占用 CPU 时间少，编程简单，显示便于监测和控制，但其占用的口线多，且要求该口具有锁存功能，硬件电路复杂，成本高，只适用于显示位数较少的场合。

2. 动态显示方式

动态显示是一位一位地轮流点亮各位数码管，这种逐位点亮显示器的方式称为位扫描。通常，各位数码管的段选线相应并联在一起，由一个 8 位的 I/O 口控制，各位的位选线（公共阴极或阳极）由另外的 I/O 口控制。动态方式显示时，各数码管分时轮流选通，即在某一时刻只选通一位数码管，并送出相应的段码，在另一时刻选通另一位数码管，并送出相应的段码。依此规律循环，即可使各位数码管显示将要显示的字符。虽然这些字符是在不同的时刻分别显示的，但由于人眼存在视觉暂留效应，只要每位显示间隔足够短（<10ms，通常选择 2ms），就可以给人以同时显示的感觉。采用动态显示方式比较节省 I/O 口资源，硬件电路也较静态显示方式简单，但其亮度不如静态显示方式，而且在显示位数较多时，CPU 要依次扫描，占用 CPU 较多的时间。

采用 51 单片机 I/O 口连接 6 位数码管动态显示电路如图 2.17 所示。

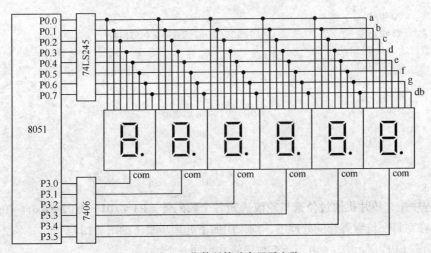

图 2.17　6 位数码管动态显示电路

图中，数码管采用共阴极 LED，单片机的 P0 口输出段码，通过 8 双向总线缓冲器 74LS245 驱动 LED，6 个数码管的段选线分别并接于 74LS245 的输出端对应连接；单片机的 P3 口作 LED 位选输出口，通过 6 路集电极开路反相器 7406 提供位选驱动信号。当要显示信息时，由 P0 口输出字形段码，P3.0～P3.5 每次仅选通一路输出高电平，反相后为低电平有效，选中相应的数码管，则要显示的字符在该 LED 上显示出来。

假设要在图 2.17 中显示 012345，可运行如下程序：

```
#include <reg51.h>                              /* define 8051 registers */
#define uchar unsigned char
uchar code tab[10]={0x3f,0x06,0x5b,0x4f,0x66,0x6d,0x7d,0x07,0x7f,0x6f};/*共阴数码管
0~9的码字*/
/******************************************************/
函数名称:延时子程序
功能描述:延时 count*1ms
入口参数:count
******************************************************/
void delay(int count)
{
    int i,j;
    for(i=0;i<count;i++)
```

```
            for(j=0;j<120;j++);
    }
/****************************************************
主程序
****************************************************/
void main(void)
{
    while(1)
    {
        P0=0x0;                    //段码口清零(共阴管的清零信号为全低电平 00000000B)
        P3=1;                      //00000001B,选通第 1 位数码管
        P0=tab[0];                 //送第一位数码管待显字符(0)的段码
        delay(2);                  //延时 2ms

        P0=0x0;
        P3=2;                      //00000010B,选通第 2 位数码管
        P0=tab[1];
        delay(2);

        P0=0x0;
        P3=4;                      //00000100B,选通第 3 位数码管
        P0=tab[2];
        delay(2);
        ......
    }
}
```

在主程序中，单片机通过位选口轮流选通各个数码管（P3=0x01→0x02→0x04→0x08→0x10 →0x20），在对每一位数码管的处理中，均采用如下处理步骤（见图 2.18）。

这种动态 LED 显示方法，由于所有数码管共用同一个段码输出口，分时轮流导通，大大简化了硬件电路，降低了成本。不过在这种方式的数码管接口电路中，数码管不宜太多，否则每个数码管所分配的实际导通时间太短，导致的视觉效果将是亮度不够。另外，显示的位数太多，也将大大占用 CPU 的时间。因此实质上，动态显示是以牺牲 CPU 时间来换取器件减少的。在实际使用中，可使用定时器定时 2ms 来实现动态扫描的延时，读者可在学完定时器后练习这种解决方案。

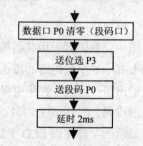

图 2.18　每位数码管显示处理流程

任务实施

【跟我做】

1. 硬件电路设计

模拟交通灯仿真电路如图 2.19 所示。

电路中自左向右，自上到下，依次为红、黄、绿灯，LED 按照共阳极形式连接，即单片机输出低电平时点亮。由于东西向两组红绿灯状态相同，南北向两组红绿灯状态相同，因此，12 盏信号灯实际上由 6 根信号线控制即可。同时，P1 口连接 1 位数码管用于显示南北向倒计时时间，读

者可再连接 1 位数码管用于显示南北向倒计时时间。

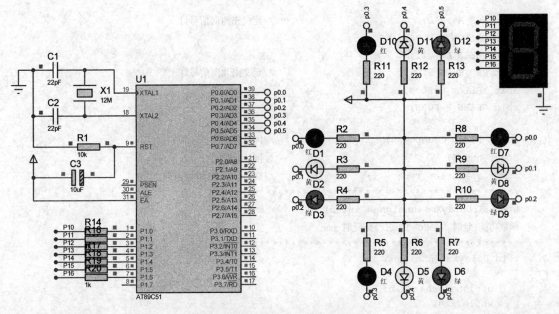

图 2.19　模拟交通灯电路原理图

2．控制软件设计

使用 sbit 对东西向和南北向的红、黄、绿指示灯分别进行定义，这样便于对它们进行单独控制，采用 P0 口对 LED 进行控制，当输出低电平时，点亮 LED。交通灯状态如表 2.4 所示。

表 2.4　　　　　　　　　　　　　交通灯状态

东西方向（A组）			南北方向（B组）			状态
红灯	黄灯	绿灯	红灯	黄灯	绿灯	
灭	灭	亮	亮	灭	灭	状态 1：东西通行，南北禁行，9s
灭	闪烁	灭	亮	灭	灭	状态 2：东西警告，南北禁行，2s
亮	灭	灭	灭	灭	亮	状态 3：东西禁行，南北通行，7s
亮	灭	灭	灭	闪烁	灭	状态 2：东西禁行，南北警告，2s

交通灯状态之间的切换顺序为状态 1→状态 2→状态 3→状态 4→状态 1……循环往复，因此程序的整体结构为循环结构，状态描述和状态的切换则是典型的多分支结构，用 switch 语句处理。参考代码如下：

```
/***************************************************
名称：模拟交通灯设计
功能：东西向绿灯亮 7s 后，黄灯闪烁，闪烁 5 次(2s)后红灯亮，红灯亮后，南北向由红灯变为绿灯，7s 后，南北向
黄灯闪烁 5 次(2s)后，红灯亮，东西向绿灯亮，如此重复。
***************************************************/
#include <reg51.h>
#define uchar unsigned char
#define uint unsigned int
```

```c
uchar code tab[10]={0x3f,0x06,0x5b,0x4f,0x66,0x6d,0x7d,0x07,0x7f,0x6f};
/* 共阴极数码管 0～9 的码字 */

sbit RED_A=P0^0;                          //定义东西向信号灯
sbit YELLOW_A=P0^1;
sbit GREEN_A=P0^2;
sbit RED_B=P0^3;                          //定义南北向信号灯
sbit YELLOW_B=P0^4;
sbit GREEN_B=P0^5;

uchar Flash_Count = 0;                    //闪烁标志位
uchar num=0;                              //倒计时时间
uchar Operation_Type = 1;                 //交通灯状态,取值范围1～4
/*************************************************
函数名称:DelayXms(unsigned int x)
函数功能:延时。fOSC=12MHz,则延时 xms
*************************************************/
void DelayXms(unsigned int x)
{
    unsigned char a,b;
    while(x>0)
    {
        for(b=142;b>0;b--)
            for(a=2;a>0;a--);
        x--;
    }
}
/*************************************************
名称:Traffic_lignt
功能:交通灯切换子程序
*************************************************/
void Traffic_lignt()
{
    switch(Operation_Type)
    {
        case 1:                           //交通灯状态1
            RED_A=1;YELLOW_A=1;GREEN_A=0;
            RED_B=0;YELLOW_B=1;GREEN_B=1;
            Operation_Type = 2;
            for(num=9;num>2;--num)
            {
                P1=tab[num];
                DelayMS(1000);
            }
            break;
        case 2:                           //交通灯状态2
            for(Flash_Count=1;Flash_Count<=10;Flash_Count++)
            {
                P1=tab[num];
                DelayMS(200);
                YELLOW_A=~YELLOW_A;
                if(Flash_Count%5==0)num--;
```

```
        }
        Operation_Type = 3;
        break;
    case 3:                              //交通灯状态3
        RED_A=0;YELLOW_A=1;GREEN_A=1;
        RED_B=1;YELLOW_B=1;GREEN_B=0;
        for(num=7;num>0;num--)
        {
            P1=tab[num];
            DelayMS(1000);
        }
        Operation_Type = 4;
        break;
    case 4:                              //交通灯状态4
        num=2;
        for(Flash_Count=1;Flash_Count<=10;Flash_Count++)
        {
            P1=tab[num];
            DelayMS(200);
            YELLOW_B=~YELLOW_B;
            if(Flash_Count%5==0)num--;
        }
        Operation_Type = 1;
        break;
    }
}
/**********************************************
主程序
**********************************************/
void main()
{
    while(1)
    {
        Traffic_lignt();
    }
}
```

3. 仿真调试

Keil 中进入调试状态，程序中交通灯状态变量 Operation_Type 是程序执行中非常重要的变量，因此，需要重点监测。在 Watch 1 窗口双击鼠标，添加 Operation_Type 变量，Value 栏将显示它的值，初始化时其值为 1。同时，num 是东西方向倒计时值，也添加进来进行监测，其初始值为 0，如图 2.20 所示。

图 2.20　Watch 1 窗口添加监测变量

此外，P0 和 P1 口是信号输出端，执行菜单命令 Peripherals→I/O-Ports→Port 0 和 Port1，单击单步执行，箭头指示当前程序执行位置。由于 Operation_Type 变量初始值为 1，因此 switch 语句执行 1 分支，单步运行至如图 2.21 所示状态时，P0、P1 输出如图 2.21 右侧所示，读者根据电路连接，判断 LED 和数码管的输出。

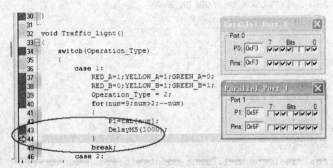

图 2.21　P0、P1 输出口

同时，num 值和程序执行时间如图 2.22 所示，num=9 的状态维持时间约为 0.97s。

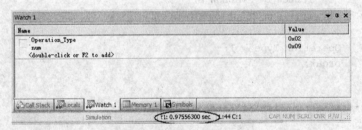

图 2.22　Watch1 窗口

Keil 中调试成功后，生成 HEX 文件。在 Proteus 中双击单片机，将 HEX 文件加载进去，运行，观察电路的仿真输出结果。调试结束。

【实物制作清单】

1. PC、单片机开发系统、稳压电源+5V
2. 元器件清单：

插座	DIP40	1
单片机	STC89C52RC	1
晶体振荡器	12MHz	1
瓷片电容	27pF	2
发光二极管		12
电解电容	10μF	1
电阻		若干
数码管	共阴	1

【课后任务】

（1）根据元件清单，自行设计并焊接完成本任务的实物制作。

（2）修改红绿灯的亮灯时间，红灯 28s，绿灯 25s，黄灯 3s，硬件电路该如何修改，控制程序如何修改？请读者尝试完成。

（3）设计单片机显示系统，外接 5 个数码管，显示"HELLO"。

任务三　8×8点阵显示器设计

任务要求

【任务内容】

组装一个点阵显示器，由单片机外接一个 8×8 点阵，轮流显示 0～9 十个字符。

【知识要求】

掌握点阵显示器内部结构及工作原理；掌握点阵与单片机接口电路设计；巩固 C51 数组的使用方法；学会用 8×8 点阵显示器显示单个字符、多个字符。

相关知识

知识 1　点阵显示器的结构与工作原理

LED 数码管不能显示汉字和图形信息。为了显示更为复杂的信息，人们把很多高亮度的发光二级管按矩阵方式排列在一起，形成点阵式 LED 显示结构。最常见的 LED 点阵有 4×4、4×8、5×7、5×8、8×8、16×16、24×24、40×40 等。LED 点阵显示器单独使用时，既可代替数码管显示数字，也可显示各种中西文字及符号。如 5×7 点阵显示器用于显示西文字母；5×8 点阵显示器用于显示中西文，8×8 点阵既可用于汉字显示，也可用于图形显示。用多块点阵显示器组合则可构成大屏幕显示器。

8×8LED 点阵显示器外观及引脚图如图 2.23 所示，内部结构如图 2.24 所示，其中，行线 X0～X7 对应图 2.23（b）中引脚 0～7；列线 Y0～Y7 对应图 2.23（b）中引脚 A～H。

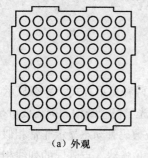
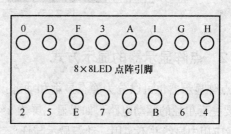

（a）外观　　　　　　　　　　　　　　　（b）引脚图

图 2.23　8×8LED 点阵显示器外观及引脚图

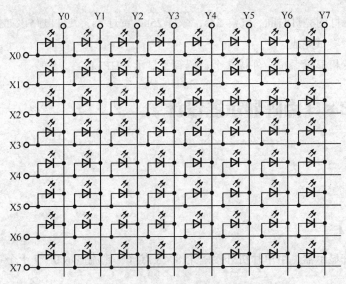

图 2.24 8×8LED 点阵显示器的内部结构

从图 2.24 中可以看出：8×8 点阵共由 64 个发光二极管组成，且每个发光二极管放置于行线和列线的交叉点上，当对应的某一列置低电平，某一行置高电平，则对应的二极管点亮。

对点阵的编码就是根据待显示字符在点阵屏上的显示形状，将每一列对应的 8 个 LED 状态用两位十六进制代码表示。例如，数字"1"的显示形状如图 2.25 所示，对照点阵的内部结构行选通信号和每行的列信号分别对应如下：

行线信号（P2）：0x01，0x02，0x04，0x08，0x10，0x20，0x40，0x80

列线信号（P3）：0xE7，0xC7，0xE7，0xE7，0xE7，0xE7，0xE7，0xC3

用同样的方法可以得到其他待显示图案的点阵编码。

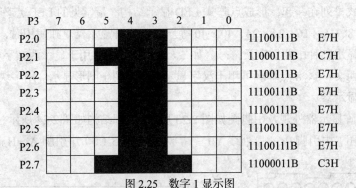

图 2.25 数字 1 显示图

知识 2 点阵显示器的显示方式

LED 点阵显示器也可以分为静态显示和动态扫描显示两种显示方式。静态显示时，每一个 LED 点需要一套单独的驱动电路，如果显示屏为 $n×m$ 个发光二极管结构，则需要 $n×m$ 套驱动电路，在实际应用中显然并不实用。动态显示与任务二中多位数码管动态显示非常相似，点阵的每一行相当于一只共阳数码管，点阵屏的行线相当于数码管的位选线，点阵屏的列线相当于数码管的段码线，两者的逻辑结构是完全一样的。因此，只需要对点阵的行线和列线进行驱动，对于 $n×m$

的显示屏，仅需要 *n+m* 套驱动电路。

在 Proteus 中设计单片机控制 8×8 点阵电路原理图，如图 2.26 所示。图中，P2 口控制 8 条行线，P1 口控制 8 条列线。列线上串接的电阻为限流电阻，起保护 LED 作用。为提高 P2 口输出电流，保证 LED 亮度，在点阵行引脚和单片机 P2 口之间增加了缓冲驱动器芯片 74LS245，该芯片同时还起到保护单片机端口引脚作用。

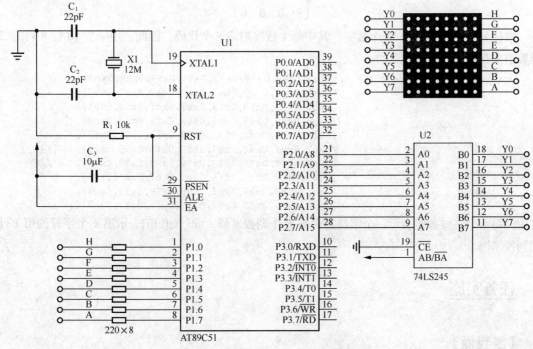

图 2.26　单片机控制 8×8 点阵电路原理图

动态显示的过程是：送行码到行线，选通第一行（高电平选通），同时将第一行要显示的信号编码（低电平点亮），送到列线，延时 2ms 左右；再选通第二行，同时将第二行要显示的信号编码送到列线，并延时 2ms。如此类推，直至最后一行被选通并显示，再从头开始这个过程。

知识 3　C51 中的二维数组

1. 二维数组的定义

定义格式：

类型说明符 数组名[整型表达式] [整型表达式]

例如：unsigned char ch[3][10]，定义了一个无符号字符型二维数组，有 3 个元素，其中每个元素都是一个一维数组，分别是 ch[0][10]，ch[1][10]，ch[2][10]。

2. 二维数组的初始化

二维数组的初始化与一维数组类似，可在数组定义的时候进行赋值。可用以下两种方法对数组的全部元素赋值。

（1）分行给二维数组全部元素赋值。例如：

```
unsigned char ch[3][4]={{1, 2, 3, 4}, {5, 6, 7, 8}, {9, 10, 11, 12}};
```

（2）将所有数据元素写在一个花括号里，按数组的排列顺序对全部元素赋值。例如：

```
unsigned char ch[3][4]={1, 2, 3, 4, 5, 6, 7, 8, 9, 10, 11, 12};
```

（3）对部分元素赋值。例如：

```
unsigned char ch[3][4]={{1}, {5}, {9}};
```

则数组元素如下：

$$\begin{pmatrix} 1 & 0 & 0 & 0 \\ 5 & 0 & 0 & 0 \\ 9 & 0 & 0 & 0 \end{pmatrix}$$

本任务中，轮流显示 10 个数字，其中每个数字对应 8 个代码，因此，用一个 10 行 8 列的二维数组来存储码字是最合适的。

```
unsigned char tab_lie[10][8]={{0xc3,0x99,0x99,0x99,0x99,0x99,0x99,0xc3},   //0
                              {0xe7,0xc7,0xe7,0xe7,0xe7,0xe7,0xe7,0xc3},   //1
                              {0xc3,0x99,0xf9,0xf3,0xe7,0xcf,0x9d,0x81},   //2
                              {0xc3,0x99,0xf9,0xe3,0xe3,0xf9,0x99,0xc3},   //3
                              {0xf3,0xe3,0xc3,0x93,0x93,0x93,0x81,0xf3},   //4
                              {0x81,0x9f,0x9f,0x83,0xf9,0xf9,0x99,0xc3},   //5
                              {0xe3,0xcf,0x9f,0x83,0x99,0x99,0x99,0xc3},   //6
                              {0x81,0x99,0xf9,0xf3,0xe7,0xe7,0xe7,0xe7},   //7
                              {0xc3,0x99,0x99,0xc3,0x99,0x99,0x99,0xc3},   //8
                              {0xc3,0x99,0x99,0x99,0xc1,0xf9,0xf3,0xc7}};  //9
```

其中，每一个一维数组表示一个字符的全部 8 个列控制码，tab_lie[k][i] 表示第 k 个字符的第 i 行的列控制码。

任务实施

【跟我做】

1. 硬件电路设计

直接使用 AT89C51 的 P2 口和 P1 口分别驱动 8×8LED 点阵屏的行线和列线，在实际应用时，行线上应加上驱动元件（如 74LS245），不可缺少。但用 Proteus 仿真时，缺少驱动元件并不影响仿真结果。若使用 P0 口连接，上拉电阻不能忘记，可选择 1kΩ。

Proteus 中绘制硬件电路原理图如图 2.27 所示。

2. 程序设计

首先，设计程序，采用动态扫描的方式轮流导通各行，稳定显示某一个字符"1"，动态扫描延时用延时子程序的方式实现（也可用定时器中断方式实现 2ms 定时，读者可在学完定时器后自行编码实现）。

根据上述流程图，设计代码如下：

```
/*********************************
功能描述:单个字符"1"显示
控制信号:P2 行控制线,P3 列控制线
*********************************/
#include<reg51.h>
unsigned char hang[8]={0x01,0x02,0x04,0x08,0x10,0x20,0x40,0x80};  //8 个行选码
unsigned char tab_lie[8]={ 0xe7,0xc7,0xe7,0xe7,0xe7,0xe7,0xe7,0xc3};   //字符"1"的列
线控制信号
unsigned char i;
```

```
/*************************************
功能描述:延时 1ms*z
入口参数:z
*************************************/
void delayxms(unsigned char z)
{
    unsigned char k,j;
    for(;z>=1;z--)
        for(k=20;k>0;k--)
            for(j=25;j>0;j--);
}
```

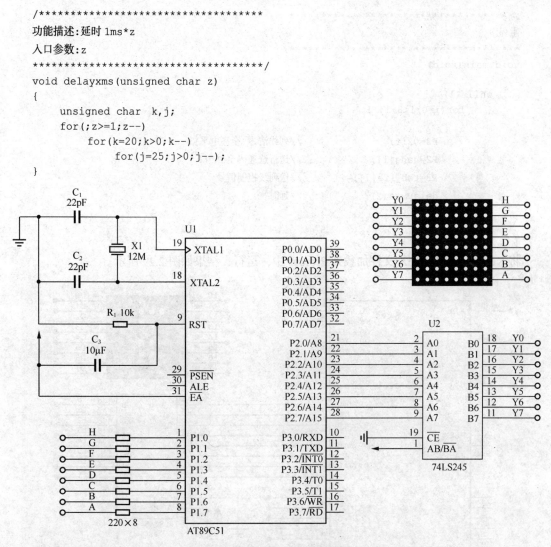

图 2.27 硬件仿真电路原理图

动态扫描控制流程如图 2.28 所示,根据该流程图完成主程序控制代码如下:

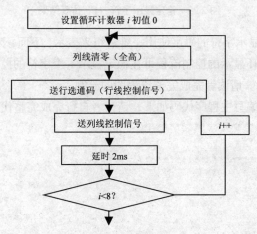

图 2.28 稳定显示某一字符控制流程(显示一屏)

```
/*************************************
主程序
*************************************/
void main(void)
{
    while(1)
    {   for(i=0;i<8;i++)
        {
            P3=0xff;              //列线清零(全高电平)
            P2=hang[i];           //送行选通码至 P2 口
            P3=tab_lie[i];        //送列线控制信号
            delayxms(2);          //延时
        }
    }
}
```

将 Keil 中生成的 HEX 文件加载到 Proteus 中，运行，结果如图 2.29 所示。

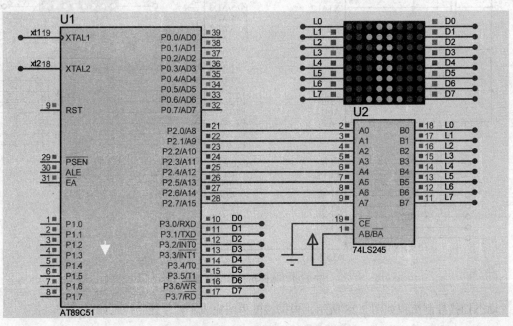

图 2.29 稳定显示字符"1"仿真结果

在上述代码中，某一显示字符的码字使用一维数组来表示，下面，为了完成显示字符的切换，多个字符（多幅图像）循环显示的控制流程可在稳定显示一个字符的控制流程（见图 2.28）的基础上完成，如图 2.30 所示。请读者完成完整流程图的绘制。

根据上述控制流程，编写主程序代码如下，请读者自行完成完整代码的设计。

```
/*************************************
主程序
*************************************/
void main(void)
{
    while(1)
    {
        for(k=0;k<10;k++)
```

```
            {
                for(j=0;j<60;j++)
                {
                    for(i=0;i<8;i++)
                    {
                        P3=0xff;
                        P2=hang[i];
                        P3=tab_lie[k][i];
                        delayxms(2);}
                }
            }
        }
    }
```

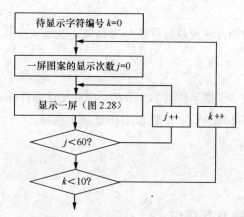

图 2.30 循环显示多个字符控制流程

将 Keil 中生成的 HEX 文件加载到 Proteus 中，运行，观察仿真结果。

【实物制作清单】

1. PC、单片机开发系统、稳压电源+5V
2. 元器件清单：

插座	DIP40	1
单片机	STC89C52RC	1
晶体振荡器	12MHz	1
瓷片电容	27pF	2
电解电容	10μF	1
电阻		若干
点阵	8×8	1
缓冲器	74LS245	1

【课后任务】

（1）根据元器件清单，自行设计并焊接完成本任务的实物制作。

（2）若想加快每屏图案的切换速度，如何修改程序？

（3）修改显示内容，显示"电子设计"四个汉字，请读者修改程序。

（4）若希望显示内容逐行上移，如何设计程序？

（5）尝试使用 4 个 8×8 点阵扩展，设计一个 16×16 点阵，并实现显示。

任务四　液晶显示器设计

任务要求

【任务内容】

组装一个显示系统，由单片机液晶显示器 LCD1602，显示字符串"Hello!"

【知识要求】

了解液晶显示器的分类，了解字符型 LCD1602；学会阅读器件 datasheet；掌握液晶显示器与单片机接口电路设计；能够熟练进行字符型 LCD1602 显示控制。

相关知识

知识 1　液晶显示器及其接口

液晶显示器（LCD）由于功耗低、抗干扰能力强等优点，日渐成为各种便携式产品、仪器仪表以及工控产品的理想显示器。LCD 种类繁多，按显示形式及排列形状可分为字段型、点阵字符型和点阵图形型。单片机应用系统中主要使用后两种。

本节重点介绍 1602 点阵字符型 LCD（Protues ISIS 中的 LM016L），"16"代表每行可显示 16 个字符；"02"表示共有 2 行，即这种 LCD 显示器可同时显示 32 个字符，如图 2.31 所示。

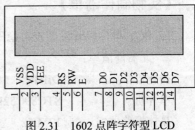

图 2.31　1602 点阵字符型 LCD

各引脚的功能如下：

VSS：电源，接地。

VDD：电源，接+5V。

VEE：电源，LCD 亮度调节。电压越低，屏幕越亮。

RS：输入，寄存器选择信号。RS=1（高电平），选择数据寄存器；RS=0（低电平），选择指令寄存器。

R/W：输入，读/写。R/W=1，把 LCD 中的数据读出到单片机上；R/W=0，把单片机中的数据写入 LCD。

E：输入，使能（或片选）。E=1，允许对 LCD 进行读/写操作；E=0，禁止对 LCD 进行读/写操作。

D0～D7：输入/输出，8 位双向数据总线。值得注意的是 LCD 以 8 位或 4 位方式读/写数据，若选用 4 位方式进行数据读/写，则只用 D4～D7。

知识 2　LCD1602 的内部结构

1602 点阵字符型 LCD 显示模块（LCM）由 LCD 控制器、LCD 驱动器、LCD 显示装置（液晶屏）等组成，主要用于显示数字、字母、图形符号及少量自定义符号，其内部结构如图 2.32 所示。

1. I/O 缓冲器

由 LCD 引脚送入的信号及数据会存储在此。

2. 指令寄存器 IR

指令寄存器 IR 即可寄存清除显示、光标移位等命令的指令码，也可寄存 DDRAM 和 CGRAM 的地址。指令寄存器 IR 只能由单片机写入信息。

3. 数据寄存器 DR

数据寄存器 DR 在 LCD 和单片机交换信息时，用来寄存数据。

当单片机向 LCD 写入数据时，写入的数据首先寄存在 DR 中，然后才能自动写入 DDRAM 或 CGRAM 中。数据是写入 DDRAM 还是写入 CGRAM，由当前操作而定。

当从 DDRAM 或 CGRAM 读取数据时，DR 也用来寄存数据。在地址信息写入 IR 后，来自 DDRAM 或 CGRAM 的相应数据移入 DR 中，数据传送在单片机执行读 DR 内容指令后完成。数据传送完成后，来自相应 RAM 的下一个地址单元内的数据被送入 DR，以便单片机进行连续的读操作，如图 2.32 所示。

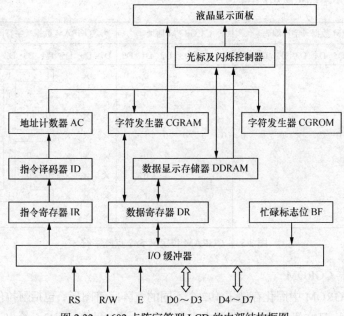

图 2.32　1602 点阵字符型 LCD 的内部结构框图

4. 忙碌标志位 BF

当 BF=1 时，表示 LCD 正在进行内部操作，不接受任何命令。单片机要写数据或指令到 LCD 之前，必须先查看 BF 是否为 0，当 BF=0 时，LCD 才会执行下一个命令。BF 的状态由数据线 D7 输出。

5. 地址计数器 AC

地址计数器 AC 的内容是 DDRAM 或 CGRAM 单元的地址。当确定地址指令写入 IR 后，DDRAM 或 CGRAM 单元的地址就送入 AC，同时存储器是 CGRAM 还是 DDRAM 也被确定下来。当从 DDRAM 或 CGRAM 读出数据或向其写入数据后，AC 自动加 1 或减 1，AC 的内容由数据线 DB0～DB6 输出。

6. 字符发生器 CGRAM

字符发生器 CGRAM 的地址空间共有 64 个字节（见表 2.5），可存储 8 个自定义的任意 5×7 点阵字符或图形。由于仅提供 8 个编码，因此地址的第 3 位是无关位，因此编码"00H"和"08H"指向同一个自定义字符或图形。

图 2.33 给出了 5×7 点阵字符"王"的字符编码、CGRAM 地址、字符图样之间的关系，其中"×"表示无关位，可以为"0"也可以为"1"。

从图 2.33 中可以看出，字符"王"的图样由 5 列 7 行 0 与 1 的组合数据表示出来，占用 CGRAM 的 8 个字节。字节地址的 D0～D2 位与各行相对应；D3～D5 位与 DDRAM 中的字符代码的 D0～D2 位相同，表示这 8 个 CGRAM 单元是用来存放同一字符代码所表示的字符图形数据的。一个 DDRAM 字符编码（00H 或 08H）就确定了一个自定义字符"王"的图样。

图样第 8 行数据用来确定光标位置，用逻辑或的方式实现光标控制：当第 8 行的数据全为"0"时，显示光标；当第 8 行的数据全为"1"时，不显示光标。

CGRAM 数据的 D0～D4 位对应字符图样的各列数据；D5～D7 位与显示图形无关，对应的存储区可作为一般 RAM 使用。

DDRAM 数据（字符编码）								CGRAM 地址						GGRAM 数据（字符图样）							
D7	D6	D5	D4	D3	D2	D1	D0	D5	D4	D3	D2	D1	D0	D7	D6	D5	D4	D3	D2	D1	D0
											0	0	0	×	×	×	1	1	1	1	1
											0	0	1	×	×	×	0	0	1	0	0
											0	1	0	×	×	×	0	0	1	0	0
0	0	0	0	×	0	0	0	0	0	0	0	1	1	×	×	×	1	1	1	1	1
											1	0	0	×	×	×	0	0	1	0	0
											1	0	1	×	×	×	0	0	1	0	0
											1	1	0	×	×	×	1	1	1	1	1
											1	1	1	×	×	×	×	×	×		

图 2.33　CGRAM 自定义 5×7 点阵字符

7. 字符发生器 CGROM

字符发生器 CGROM 中固化存储了 192 个不同的点阵字符图形，包括阿拉伯数字、大小写英文字母、标点符号、日文假名等。点阵的大小有 5×7、5×10 两种。表 2.5 给出了部分常用的 5×7 点阵的字符代码。CGROM 的字形经过内部电路的转换才能传送到显示器上，只能读出不可写入。字形或字符的排列与标准的 ASCII 码相同。

例如：字符码 31H 为"1"字符，字符码 41H 为"A"字符。要在 LCD 中显示"A"，就可将"A"的 ASCII 代码 41H 写入 DDRAM 中，同时电路到 CGROM 中将"A"的字形点阵数据找出来显示在 LCD 上。

表 2.5　　　　　　　　　　　字符发生器中部分常用的 5×7 点阵字符代码

高4位 低4位	0000 （CGRAM）	0010	0011	0100	0101	0110	0111
0000	（1）		0	@	P	\	p
0001	（2）	!	1	A	Q	a	q
0010	（3）	"	2	B	R	b	r
0011	（4）	#	3	C	S	c	s
0100	（5）	$	4	D	T	d	t
0101	（6）	%	5	E	U	e	u
0110	（7）	&	6	F	V	f	v
0111	（8）	'	7	G	W	g	w
1000	（1）	(	8	H	X	h	x
1001	（2）	)	9	I	Y	i	y
1010	（3）	*	:	J	Z	j	z
1011	（4-）	+	;	K	[	k	{
1100	（5）	,	<	L	¥	l	|
1101	（6）	-	=	M	]	m	}
1110	（7）	.	>	N	^	n	→
1111	（8）	/	?	O	—	o	←

8. 数据显示存储器 DDRAM

DDRAM 用来存放 LCD 显示的数据（即点阵字符代码）。DDRAM 的容量为 80B，可存储多至 80 个的单字节字符代码作为显示数据。没有用上的 DDRAM 单元可被单片机用做一般存储区。

DDRAM 的地址用十六进制数表示，与显示屏幕的物理位置是一一对应的，图 2.34 所示为 1602 点阵字符型 LCD 的显示地址编码。要在某个位置显示数据时，只要将数据写入 DDRAM 的相应地址即可。

第 1 行的地址（00H～0FH）与第 2 行的地址（40H～4FH）是不连续的。

地址　列号 行号	1	2	3	4	5	6	7	8	9	10	11	12	13	14	15	16
1	00	01	02	03	04	05	06	07	08	09	0A	0B	0C	0D	0E	0F
2	40	41	42	43	44	45	46	47	48	49	4A	4B	4C	4D	4E	4F

图 2.34　1602 点阵字符型 LCD 的显示地址编码

9. 光标/闪烁控制

此控制可产生 1 个光标，或者在 DDRAM 地址对应的显示位置处闪烁。由于光标/闪烁控制器不能区分地址计数器 AC 中存放的是 DDRAM 地址还是 CGRAM 地址，总认为 AC 内存放的是 DDRAM 地址，为避免错误，在单片机和 CGRAM 进行数据传送时应禁止使用光标/闪烁功能。

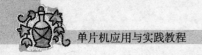

知识 3　LCD1602 的指令系统

LCD1602 的内部控制器有以下 4 种工作状态：

（1）当 RS=0，R/W=1，E=1 时，从控制器中读出当前的工作状态。

（2）当 RS=0，R/W=0，E 为下降沿时，向控制器写入控制命令。

（3）当 RS=1，R/W=1，E=1 时，从控制器读取数据。

（4）当 RS=1，R/W=0，E 为下降沿时，向控制器写入数据。

使能位 E 对执行 LCD 指令起着关键作用，E 有两个有效状态，高电平和下降沿。当 E 为高电平时，如果 R/W 为 0，则单片机向 LCD 写入指令或者数据；如果 R/W 为 1，则单片机可以从 LCD 中读出状态字（BF 忙状态）和地址。而 E 的下降沿指示 LCD 执行其写入的指令或者显示其写入的数据。

1602 内部控制器共有 11 条控制指令，如表 2.6 所示。

表 2.6　　　　　　　　　　　1602 指令表

序号	指令	RS	R/W	D7	D6	D5	D4	D3	D2	D1	D0
1	清显示	0	0	0	0	0	0	0	0	0	1
2	光标返回	0	0	0	0	0	0	0	0	1	×
3	置输入模式	0	0	0	0	0	0	0	1	I/D	S
4	显示开/关控制	0	0	0	0	0	0	1	D	C	B
5	光标或字符移位	0	0	0	0	0	1	S/C	R/L	×	×
6	置功能	0	0	0	0	1	DL	N	F	×	×
7	置字符发生存储器地址	0	0	0	1	字符发生存储器 CGRAM 地址					
8	置显示数据存储器地址	0	0	1	显示数据存储器（缓冲区）DDRAM 地址						
9	读忙标志或地址	0	1	计数器地址（AC）							
10	写数到 CGRAM 或 DDRAM	1	0	要写的数							
11	从 CGRAM 或 DDRAM 读数	1	1	读出的数据							

各指令详细说明如下：

1. 清屏

指令编码：01H。

指令功能：将 DDRAM 的内容全部填入代码为 20H 的"空格"，同时将光标移到屏幕的左上角，地址计数器 AC 的值设置为 00H。

2. 光标复位

指令编码：02H 或 03H。

指令功能：将光标移到屏幕的左上角，同时清零地址计数器 AC，而 DDRAM 的内容不变。

3. 设置字符/光标移动模式

指令编码：04H～07H。

指令功能：用于设定每次写入 1 位数据后光标的移位方向，并设定每次写入的一个字符是否移动，设定情况如表 2.7 所示。

表 2.7		模式参数设置情况
I/D	S	设定的情况
0	0	光标左移一格且地址计数器（AC）值减 1
0	1	显示器字符全部右移一格，但光标不动
1	0	光标右移一格且地址计数器（AC）值加 1
1	1	显示器字符全部左移一格，但光标不动

4. 显示器开/关控制

指令编码：08H～0FH。

指令功能：

① D：显示器开关，D=0 关显示；D=1，开显示。

② C：光标开关，C=1，有光标；C = 0，无光标。

③ B：光标闪烁开关，B=1，光标闪烁；B = 0，不闪烁。

5. 光标或字符移位

指令编码：10H～1FH。

指令功能：使光标移位或使整个显示屏幕移位。设定情况如表 2.8 所示。

表 2.8		光标或显示移位参数设置情况
S/C	R/L	设定的情况
0	0	光标左移一格，且 AC 值减 1
0	1	光标右移一格，且 AC 值加 1
1	0	显示器字符全部左移一格，但光标不动
1	1	显示器字符全部右移一格，但光标不动

6. 设置功能

指令编码：20H～3FH。

指令功能：

① DL = 1，8 位总线；DL = 0，4 位总线，使用 D7～D4 位，分 2 次送入 1 个完整的字符数据。

② N = 1，双行显示；N = 0，单行显示。

③ F = 1，采用 5×10 点阵字符；F = 0，采用 5×7 点阵字符。

7. 设置 CGRAM 地址

指令编码：0x40+ "CGRAM 地址"

指令功能：设定下一个要读/写数据的 CGRAM 地址，可设定 00～3FH 共 64 个地址。

8. 设置 DDRAM 地址

指令编码：0x80+ "DDRAM 地址"

指令功能：设定下一个要读/写数据的 DDRAM 地址，第一行的地址范围为 00～0FH；第二行的地址范围为 40H～4FH，如图 2.34 所示。

因此，希望在 LCD 的某个特殊位置显示特定字符时，一般遵循"先指定地址，后写入内容"的原则。

9. 读忙标志位 BF 或 AC 的值

忙标志位 BF 用来指示 LCD 目前的工作情况，当 BF=1 时，表示正在进行内部数据的处理，不接收单片机送来的指令或数据；当 BF=0 时，则表示已准备接收命令或数据。

当程序读取此数据的内容时，D7 表示 BF，D6～D0 的值表示 CGRAM 或 DDRAM 中的地址。至于是指向哪一地址，则根据最后写入的地址设定指令而定。

10. 写数到 CGRAM 或 DDRAM

先设定 CGRAM 或 DDRAM 地址，再将数据写入 D7～D0 中，以使 LCD 显示出字形，也可使用户自定义的字符图形存入 CGRAM 中。

11. 从 CGRAM 或 DDRAM 中读数

先设定 CGRAM 或 DDRAM 地址，再读取其中的数据。

任务实施

【跟我做】

1. 硬件电路设计

LCD1602 的双向数据线直接与 P0 口相连，用于数据的传递。需要注意的是，P0 口需要外接上拉电阻，为了连线方便，采用排阻。LCD1602 的控制端 RS、R/W 和 E 分别连接于 P2.0、P2.1 和 P2.2。LCD1602 的液晶显示偏压信号通过电位器对+5V 分压获得。由此在 Proteus 中绘制硬件接口电路如图 2.35 所示。

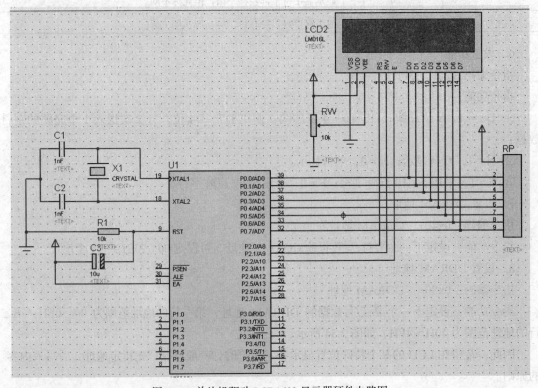

图 2.35 单片机驱动 LCD1602 显示器硬件电路图

2. 软件设计

根据硬件连接，完成如下程序首部。

```c
#include <reg51.h>                    /* define 8051 registers */
#include <stdio.h>                    /* define I/O functions */
#include <intrins.h>
sbit RSPIN = P2^0;                    //RS 对应单片机引脚
sbit RWPIN = P2^1;                    //RW 对应单片机引脚
sbit EPIN = P2^2;                     //E 对应单片机引脚
```

对 LCD1602 的编程分下面两步完成。

（1）初始化，包括设置液晶控制模块的工作方式，如显示模式控制、光标位置控制等。

（2）显示控制，包括对 LCD1602 写入待显示的地址、对 LCD1602 写入待显示字符数据。因此，应将"写指令"和"写数据"这两个相对独立的操作以子程序的形式写出，便于主程序中频繁的调用。参照 LCD1602 的 datasheet，编写上述两个子程序如下。

```c
//---------------------------------------------------------------------
//子程序名称:void lcdwc(unsigned char c).
//功能:送控制字到液晶显示控制器.
//入口参数:控制指令/显示地址
//---------------------------------------------------------------------
void lcdwc(unsigned char c)              //送数据到液晶显示控制器子程序
{
    lcdwaitidle();                       //液晶显示控制器忙检测
    RSPIN=0;                             //RS=0  RW=0  E=高电平
    RWPIN=0;
    P0=c;
    EPIN=1;
    _nop_();
    EPIN=0;
}
//---------------------------------------------------------------------
//子程序名称:void lcdwd(unsigned char d).
//功能:送数据到液晶显示控制器.
//入口参数:待显示字符(ASCII 码)
//---------------------------------------------------------------------
void lcdwd(unsigned char d)              //送控制字到液晶显示控制器子程序
{
    lcdwaitidle();                       //液晶显示控制器忙检测
    RSPIN=1;                             //RS=1  RW=0  E=高电平
    RWPIN=0;
    P0=d;
    EPIN=1;
    _nop_();
    EPIN=0;
}
//---------------------------------------------------------------------
//子程序名称:void lcdwaitidle(void).
//功能:忙检测.
//---------------------------------------------------------------------
void lcdwaitidle(void)                   //忙检测子程序
{   unsigned char i;
```

```
        P0=0xff;
        RSPIN=0;                              //RS=0 RW=1 E=高电平
        RWPIN=1;
        EPIN=1;
        for(i=0;i<20;i++)
            if((P0&0x80)== 0)break;          //D7=0 表示 LCD 控制器空闲,则退出检测
        EPIN=0;
}
```

参照 datasheet,对 LCD1602 的初始化操作,就是将表 2.6 中对应控制指令写入 LCD1602 的过程。本任务中初始化程序如下:

```
/*******************************************************
子程序名称:void lcdreset(void)
功能:液晶显示控制器初始化
*******************************************************/
void lcdreset(void)                          //SMC1602 系列液晶显示控制器初始化子程序
{                                            //1602 的显示模式字为 0x38
        lcdwc(0x38);                         //显示模式设置(写指令 0x38)第一次
        delay3ms();                          //延时 3ms
        lcdwc(0x38);                         //显示模式设置第二次
        delay3ms();                          //延时 3ms
        lcdwc(0x38);                         //显示模式设置第三次
        delay3ms();                          //延时 3ms
        lcdwc(0x38);                         //显示模式设置第四次
        delay3ms();                          //延时 3ms
        lcdwc(0x08);                         //显示关闭
        lcdwc(0x01);                         //清屏
        delay3ms();                          //延时 3ms
        lcdwc(0x06);                         //显示光标移动设置
        lcdwc(0x0c);                         //显示开及光标设置
}
void delay3ms(void)                          //延时 3ms 子程序
{    unsigned char i,j,k;
     for(i=0;i<3;i++)
     for(j=0;j<64;j++)
     for(k=0;k<51;k++);
}
```

下面,先测试在 LCD1602 上显示一个字符 "H" 的功能:

```
/*******************************************************
主程序:显示一个字符 H
*******************************************************/
void main(void)
{    unsigned char i;
     lcdreset();                             //初始化
     while(1)
     {
          lcdwc(0x00|0x80);                  //显示位置为:第 1 行第 1 位
          lcdwd('H');
     }
}
```

在 Keil 中编译连接，生成 HEX 文件，并加载到 Proteus 软件中，运行，得到如图 2.36 所示结果。请读者尝试修改显示位置，分别在第 1 行居中和第 2 行居中显示该字符。

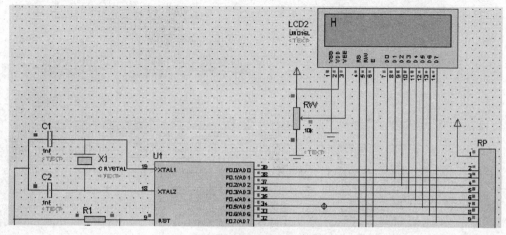

图 2.36　Proteus 仿真结果

下面，尝试在液晶上显示字符串，假设要求的显示效果为：第 1 行显示"HELLO!"第 2 行显示"Welcome To ZHCPT"，均居中显示。

利用 C 语言中的字符串数组功能完成，因此，首先定义两个字符串数组：

```
unsigned char str1[]="HELLO!";
unsigned char str2[]="Welcome To ZHCPT";
```

由于在初始化程序中写入了控制字 0x06（光标自动右移，地址计数器自动+1 方式），因此，在每行显示字符串时，只需对 LCD1602 写入显示的初始位置，后续循环写入待显示字符即可。主程序设计如下：

```
/*******************************************************
主程序:显示字符串
*******************************************************/
void main(void)
{    unsigned char i;
     lcdreset();                          //初始化
     while(1)
     {
         lcdwc(0x05|0x80);                //设置第 1 行显示的初始位置
         for(i=0;i<6;i++)                 //显示字符串 1
         {
             lcdwd(str1[i]);
         }

         lcdwc(0x40|0x80);                //设置第 2 行显示的初始位置
         for(i=0;i<16;i++)                //显示字符串 2
         {
             lcdwd(str2[i]);
         }
     }
}
```

在 Keil 中编译连接，生成 HEX 文件，并加载到 Proteus 软件中，运行，得到如图 2.37 所示结果。

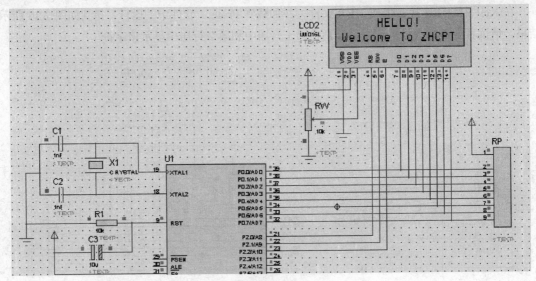

图 2.37　Proteus 仿真结果

【实物制作清单】

1. PC、单片机开发系统、稳压电源+5V
2. 元器件清单：

插座	DIP40	1
单片机	STC89C52RC	1
晶体振荡器	12MHz	1
瓷片电容	27pF	2
电解电容	10μF	1
排阻		1
字符型 LCD	1602	1

【课后任务】

（1）根据元器件清单，自行设计并焊接完成单片机控制 LCD 显示的小系统。

（2）若想显示的内容出现依次左移的动态效果，如何设计控制程序？

任务扩展

知识 4　图形型 LCD12864

图形型 LCD 的显示信息更为丰富，广泛应用于各类仪器仪表及电子设备中。下面选择自带字库的图形点阵型液晶 SMG12864ZK，介绍单片机对其的控制方法。

SMG12864ZK 标准中文字符及图形点阵型液晶显示模块，采用点阵型液晶显示器（LCD），可显示 128×64 点阵或 4 行每行 8 个汉字，内置 ST7920 接口型液晶显示控制器，内带 GB2312 码简体中文字库（16×16 点阵），可与 MCU 单片机直接连接，具有 8 位并行及串行的连接方式。

各引脚的功能如下：

VSS：电源，接地。

VDD：电源，接+5V。

VEE：电源，LCD 亮度调节。电压越低，屏幕越亮。

RS（CS）：输入，数据/命令选择端。RS=1（高电平），选择数据寄存器；RS=0（低电平），选择指令寄存器。

R/W（STD）：输入。读/写控制信号。R/W=1，把 LCD 中的数据读出到单片机上；R/W=0，把单片机中的数据写入 LCD。串行连接方式下，作为串行数据输入端。

E（SCLK）：输入，使能（或片选）。E=1，允许对 LCD 进行读/写操作；E=0，禁止对 LCD 进行读/写操作。串行连接方式下，作为串行移位脉冲输入端。

D0～D7：输入/输出，8 位双向数据总线。

PSB：输入，数据传输模式选择。PSB=1，选择并行数据模式；PSB=0，选择串行数据模式。

$\overline{\text{RST}}$：输入，复位端，低电平有效。

BLA、BLK：背光源正极、负极。

LCD12864 的内部控制器有以下 4 种工作状态。

（1）当 RS=0，R/W=1，E=1 时，从控制器中读出当前的工作状态。

（2）当 RS=0，R/W=0，E 为下降沿时，向控制器写入控制命令。

（3）当 RS=1，R/W=1，E=1 时，从控制器读取数据。

（4）当 RS=1，R/W=0，E 为下降沿时，向控制器写入数据。

使能位 E 对执行 LCD 指令起着关键作用，E 有两个有效状态，高电平和下降沿。当 E 为高电平时，如果 R/W 为 0，则单片机向 LCD 写入指令或者数据；如果 R/W 为 1，则单片机可以从 LCD 中读出状态字（BF 忙状态）和地址。而 E 的下降沿指示 LCD 执行其写入的指令或者显示其写入的数据。

12864 液晶的内部结构与 LCD1602 基本相同，请读者结合知识 2、3 学习。下面介绍 12864 的具体使用。

1. 12864 的控制指令

12864 内部控制器共有 11 条基本控制指令，与 LCD1602 类似，如表 2.9 所示。

表 2.9　　　　　　　　　　　　12864 基本指令集表

序号	指令	RS	R/W	D7	D6	D5	D4	D3	D2	D1	D0
1	清显示	0	0	0	0	0	0	0	0	0	1
2	光标返回	0	0	0	0	0	0	0	0	1	×
3	置输入模式	0	0	0	0	0	0	0	1	I/D	S
4	显示开/关控制	0	0	0	0	0	0	1	D	C	B
5	光标或字符移位	0	0	0	0	0	1	S/C	R/L	×	×
6	置功能	0	0	0	0	1	DL	×	RE	×	×
7	置字符发生存储器地址	0	0	0	1	字符发生存储器 CGRAM 地址					
8	置显示数据存储器地址	0	0	1	显示数据存储器（缓冲区）DDRAM 地址						
9	读忙标志或地址	0	1	BF	计数器地址（AC）						
10	写数到 CGRAM 或 DDRAM	1	0	要写的数							
11	从 CGRAM 或 DDRAM 读数	1	1	读出的数据							

各指令详细说明如下：

（1）清屏。

指令编码：01H。

指令功能：将 DDRAM 的内容全部填入代码为 20H 的"空格"，同时将光标移到屏幕的左上角，地址计数器 AC 的值设置为 00H。与 LCD1602 相同。

（2）光标复位。

指令编码：02H 或 03H。

指令功能：将光标移到屏幕的左上角，同时清零地址计数器 AC，而 DDRAM 的内容不变。与 LCD1602 相同。

（3）设置字符/光标移动模式。

指令编码：04H～07H。

指令功能：用于设定每次写入 1 位数据后光标的移位方向，并设定每次写入的一个字符是否移动，设定情况如表 2.10 所示。与 LCD1602 相同。

表 2.10　　　　　　　　　　　　　　　模式参数设置情况

I/D	S	设定的情况
0	0	光标左移一格且地址计数器（AC）值减 1
0	1	显示器字符全部右移一格，但光标不动
1	0	光标右移一格且地址计数器（AC）值加 1
1	1	显示器字符全部左移一格，但光标不动

（4）显示器开/关控制。

指令编码：08H～0FH。

指令功能（与 LCD1602 相同）：

① D：显示器开关，D=0 关显示；D=1，开显示。

② C：光标开关，C=1，有光标；C=0，无光标。

③ B：光标闪烁开关，B=1，光标闪烁；B=0，不闪烁。

（5）光标或字符移位。

指令编码：10H～1FH。

指令功能：使光标移位或使整个显示屏幕移位，与 LCD1602 类似。设定情况如表 2.11 所示。

表 2.11　　　　　　　　　　　　　光标或显示移位参数设置情况

S/C	R/L	设定的情况
0	0	光标左移一格，且 AC 值减 1
0	1	光标右移一格，且 AC 值加 1
1	0	显示器字符全部左移一格，光标跟随移动，AC 值不变
1	1	显示器字符全部右移一格，光标跟随移动，AC 值不变

（6）设置功能。

指令编码：30H～3FH。

指令功能：

① DL = 1（必须设定为 1，与 LCD1602 不同）。

② RE=1，采用扩充指令集动作；RE=0，采用基本指令集动作（与LCD1602不同）。当变更RE值后，程序中使用的指令集将维持在最后的状态，除非再次变更RE的值，否则使用相同指令集时，不必每次重设RE的值。

（7）设置CGRAM地址。

指令编码：0x40+"CGRAM地址"

指令功能：设定下一个要读/写数据的CGRAM地址，可设定00～3FH共64个地址。

（8）设置DDRAM地址。

指令编码：0x80+"DDRAM地址"

指令功能：设定下一个要读/写数据的DDRAM地址，在汉字显示模式下，每行显示8个汉字，则第1行的地址范围为00～07H；第2行的地址范围为10H～17H；第3行的地址范围是08～0FH；第4行的地址范围是18～1FH，如表2.12所示。

因此，希望在LCD的某个特殊位置显示特定字符时，一般遵循"先指定地址，后写入内容"的原则。

表2.12　　　　　　　　　　　　　　12864汉字显示坐标与地址

	地址							
第1行	80H	81H	82H	83H	84H	85H	86H	87H
第2行	90H	91H	92H	93H	94H	95H	96H	97H
第3行	88H	89H	8AH	8BH	8CH	8DH	8EH	8FH
第4行	98H	99H	9AH	9BH	9CH	9DH	9EH	9FH

（9）读忙标志位BF或AC的值。忙标志位BF用来指示LCD目前的工作情况，当BF＝1时，表示正在进行内部数据的处理，不接收单片机送来的指令或数据；当BF＝0时，则表示已准备接收命令或数据。

当程序读取此数据的内容时，D7表示BF，D6～D0的值表示CGRAM或DDRAM中的地址。至于是指向哪一地址，则根据最后写入的地址设定指令而定。

（10）写数到CGRAM或DDRAM。先设定CGRAM或DDRAM地址，再将数据写入D7～D0中，以使LCD显示出字形，也可使用户自定义的字符图形存入CGRAM中。

（11）从CGRAM或DDRAM中读数。先设定CGRAM或DDRAM地址，再读取其中的数据。12864的扩充指令集如表2.13所示。

表2.13　　　　　　　　　　　　　　12864扩充指令集表

序号	指令	RS	R/W	D7	D6	D5	D4	D3	D2	D1	D0
1	待命模式	0	0	0	0	0	0	0	0	0	1
2	卷动地址或IRAM地址选择	0	0	0	0	0	0	0	0	1	SR
3	反白选择	0	0	0	0	0	0	0	1	R1	R0
4	睡眠模式	0	0	0	0	0	0	1	SL	×	×
5	扩充功能设定	0	0	0	0	1	1	×	RE	G	0
6	设定IRAM地址或卷动地址	0	0	0	1	地址					
7	设定绘图RAM地址	0	0	1	设定CGRAM地址到地址计数器AC						

对扩充指令集简要说明如下：

（1）待命模式。

指令编码：01H。

指令功能：在待命模式下，执行其他命令均可终止待命模式。

（2）卷动位置或 IRAM 位置选择。

指令编码：02H～03H。

指令功能：SR=1（即指令 03H）：允许输入卷动位置；SR=0（即指令 02H）：允许输入 IRAM 位置。

（3）反白选择。

指令编码：04H～05H。

指令功能：选择第 1、3 行同时作反白显示，或者第 2、4 行作反白显示。

（4）睡眠模式。

指令编码：08H/0CH。

指令功能：SL=1（即指令 0CH），脱离睡眠模式；SL=0（即指令 08H），进入睡眠模式。

（5）扩充功能设定。

指令编码：36H/30H/34H。

指令功能：RE=0（即指令 30H），使用基本指令集动作；RE=1，G=1（即指令 36H），扩充指令集动作，打开绘图显示功能；RE=1，G=0（即指令 34H）关闭绘图显示功能。

2. SMG12864ZK 与单片机的接口

由于 Proteus 仿真软件中的 12864 的仿真模型均不带字库，因此使用并不方便，读者可利用前面项目中的最小系统，按照如图 2.38 所示的电路连接实物，直接完成 12864 液晶显示器的设计。

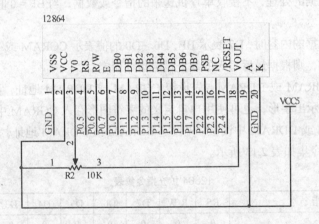

图 2.38   SMG12864ZK 与 51 单片机的接口电路

根据硬件连接，完成如下程序首部。

```c
#include <reg51.h>          /* define 8051 registers */
#include <stdio.h>          /* define I/O functions */
#include <intrins.h>
sbit    RSPIN =P0^5;        //RS 对应单片机引脚
sbit    RWPIN=P0^6;         //RW 对应单片机引脚
sbit    EPIN = P0^7;        //E 对应单片机引脚
```

```
sbit    PSB=P2^2;
sbit    RES=P2^4;
```

与 LCD1602 的编程步骤类似，12864 的控制也分下面两步完成。

（1）初始化，包括设置液晶控制模块的工作方式，如显示模式控制、光标位置控制等。

（2）显示控制，包括对 12864 写入待显示的地址、对 12864 写入待显示字符数据。因此，应将"写指令"和"写数据"这两个相对独立的操作以子程序的形式写出，便于主程序中频繁的调用。参照 12864 的 datasheet，编写上述两个子程序如下：

```
//-----------------------------------------------------------------------
//子程序名称:void lcdwc(unsigned char c).
//功能:送控制字到液晶显示控制器.
//入口参数:控制指令/显示地址
//-----------------------------------------------------------------------
void lcdwc(unsigned char c)          //向液晶显示控制器送指令
{   lcdwaitidle();                   //ST7920 液晶显示控制器忙检测
    P1=c;
    RSPIN=0;                         //RS=0 RW=0 E=高脉冲
    RWPIN=0;
    EPIN=1;
    _nop_();
    EPIN=0;
}
//-----------------------------------------------------------------------
//子程序名称:void lcdwd(unsigned char d).
//功能:送数据到液晶显示控制器.
//入口参数:待显示字符(ASCII 码)
//-----------------------------------------------------------------------
void lcdwd(unsigned char d)          //送数据到液晶显示控制器子程序
{
    lcdwaitidle();                   //液晶显示控制器忙检测
    RSPIN=1;                         //RS=1 RW=0 E=高电平
    RWPIN=0;
    P1=d;
    EPIN=1;
    _nop_();
    EPIN=0;
}
//-----------------------------------------------------------------------
//子程序名称:void lcdwaitidle(void).
//功能:忙检测.
//-----------------------------------------------------------------------
void lcdwaitidle(void)               //忙检测子程序
{   unsigned char i;
    P1=0xff;
    RSPIN=0;                         //RS=0 RW=1 E=高电平
    RWPIN=1;
    EPIN=1;
    for(i=0;i<20;i++)
        if((P1&0x80)== 0)break;      //D7=0 表示 LCD 控制器空闲,则退出检测
    EPIN=0;
```

```
}
```

参照 datasheet，对 12864 的初始化操作，就是将表中对应控制指令写入 12864 的过程。本任务中初始化程序如下：

```
/*******************************************************
子程序名称:void lcdreset(void)
功能:液晶显示控制器初始化
*******************************************************/
void lcdreset(void)              //液晶显示控制器初始化子程序
{
    RES=1;                       //复位端置高
    PSB=1;                       //选择并行数据传输模式
lcdwc(0x33);                     //接口模式设置
    delay3ms();                  //延时 3ms
    lcdwc(0x30);                 //基本指令集
    delay3ms();                  //延时 3ms
    lcdwc(0x30);                 //重复送基本指令集
    delay3ms();                  //延时 3ms
    lcdwc(0x01);                 //清屏
    delay3ms();                  //延时 3ms
    lcdwc(0x0c);                 //开显示
}
void delay3ms(void)              //延时 3ms 子程序
{   unsigned char i,j,k;
    for(i=0;i<3;i++)
    for(j=0;j<64;j++)
    for(k=0;k<51;k++);
}
```

根据项目要求，首先定义下面待显示的字符串数组：

```
unsigned char str1[]="HELLO!";
unsigned char str2[]="Welcome To ZHCPT";
unsigned char str3[]="我爱单片机";
```

控制过程与 LCD1602 类似,主程序设计如下：

```
/*******************************************************
主程序:显示字符串
*******************************************************/
void main(void)
{   unsigned char i;
    lcdreset();                  //初始化
    while(1)
    {
        lcdwc(0x02|0x80);        //设置第 1 行显示的初始位置
        for(i=0;i<6;i++)         //显示字符串 1
        {
            lcdwd(str1[i]);
        }

        lcdwc(0x00|0x90);        //设置第 2 行显示的初始位置
        for(i=0;i<16;i++)        //显示字符串 2
        {
```

```
            lcdwd(str2[i]);
        }

    lcdwc(0x08|0x80);              //设置第 3 行显示的初始位置
    for(i=0;i<10;i++)              //显示字符串 3
    {
        lcdwd(str3[i]);  .
    }
    }
}
```

读者可自行设计其他显示字符与显示效果，学有余力的可尝试图形显示方式。

任务五 4×4 键盘系统设计

任务要求

【任务内容】

组装一个小型单片机系统，外接 16 个按键（代表 0~F），以及 1 位数码管显示器（或点阵、液晶等其他显示器）。要求实时显示当前按下的按键值。

【知识要求】

掌握独立键盘和矩阵键盘的结构与接口电路设计；了解按键抖动的原因，掌握解决方法；掌握矩阵键盘检测方法；掌握多分支结构的编程技巧。

相关知识

知识 1 非编码键盘概述

键盘是单片机应用系统中最常用的输入设备，通过键盘输入数据或命令，可以实现简单的人机对话。键盘有编码键盘和非编码键盘之分。编码键盘除了键开关外，还需去抖动电路，防串键保护电路以及专门的、用于识别闭合键并产生键代码的集成电路（如 8255、8279 等）。编码键盘的优点是所需软件简短；缺点是硬件电路比较复杂，成本较高。非编码键盘仅由键开关组成，按键识别、键代码的产生以及去抖动等功能均由软件编程完成。非编码键盘的优点是电路简单、成本低；缺点是软件编程较复杂。目前，单片机应用系统中普遍采用非编码键盘。

按照键开关的排列形式，非编码键盘又分为线性非编码键盘和矩阵非编码键盘两种。

1. 线性非编码键盘

线性非编码键盘的键开关（K1、K2、K3、K4）通常排成一行或一列，一端连接在单片机 I/O 口的引脚上，同时经上拉电阻接至+5V 电源，另一端则串接在一起作为公共接地端，如图 2.39 所示。线行非编码键盘电路配置灵活，软件结构简单，但每个按键必须占用一根 I/O 端口，故这种形式适用于按键数量较少的场合。

2. 矩阵非编码键盘

矩阵非编码键盘又称行列式非编码键盘，I/O 端分为行线和列线接入端，按键跨接在行线和列线上。按键按下时，行线与列线相通。图 2.40 所示为一个 4×3 的矩阵非编码键盘，共有 4 根行线和 3 根列线，可连接 12 个按键（按键数=行数×列数）。与线性非编码键盘相比，12 个按键只占用 7 个 I/O 口，显然在按键数量较多时，矩阵非编码较线性非编码键盘可以节省很多 I/O 接口。

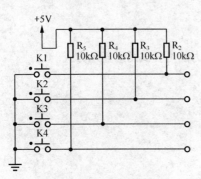

图 2.39　线性非编码键盘

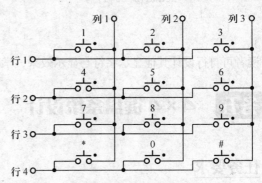

图 2.40　矩阵非编码键盘

知识 2　按键抖动与消抖

按键是控制系统中最常见的输入设备，根据按键硬件电路的连接，按键的闭合和打开将在单片机的输入引脚上分别加入高、低电平，这样 CPU 就可以根据读入引脚的信号来判断按键的状态。

但实际状况下，按键的合断都存在一个抖动的暂态过程，如图 2.41 所示。这种抖动的过程为 5～10ms，人的肉眼是觉察不到的，但对高速运行的 CPU 来说，可能产生误处理。为了保证每按一次键就作一次处理，必须采取措施来消除键的抖动。

消除抖动的措施有两种：硬件消抖和软件消抖。

1. 硬件消抖

硬件消抖可以采用简单的 R-S 触发器或单稳电路构成，如图 2.42 所示，但硬件复杂，在单片机控制系统中并不常用。

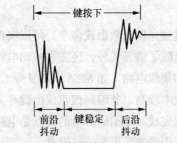

图 2.41　键合断时的电压抖动

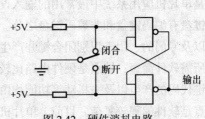

图 2.42　硬件消抖电路

2. 软件消抖

软件消抖是用延时来躲避暂态抖动过程，由于按键抖动过程仅持续 5～10ms，因此在控制软件中执行一段大约 5ms 的延时程序后再读入按键的状态，不需要硬件开销，在单片机系统设计中经常采用。

具体方法为：首先读取 I/O 口状态并第 1 次判断有无键被按下，若有键被按下则等待 5ms，然后再读取 I/O 口状态并第 2 次判断有无键被按下，若仍然有键被按下则说明某个按键处于稳定的闭合状态；若第 2 次判断时无键被按下，则认为第 1 次是按键抖动引起的无效闭合。

知识 3　线性非编码键盘的识别与处理

线性非编码键盘每个按键的一端接到单片机的 I/O 口，另一端接地。当无按键被按下时，I/O 引脚为高电平；当按下某个按键时，对应的 I/O 口引脚为低电平。单片机只要采用不断查询 I/O 口引脚状态的方法，即检测是否有键闭合，如有键闭合，则消除键抖动，判断键号并转入相应的键处理。具有 4 个按键的线性非编码键盘的状态扫描及键值处理流程图如图 2.43 所示。

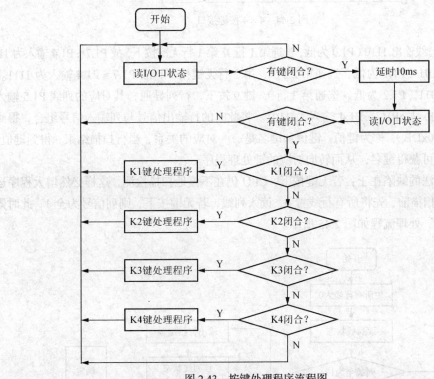

图 2.43　按键处理程序流程图

知识 4　矩阵非编码键盘的识别与处理

矩阵非编码键盘显然比线性非编码键盘要复杂一些，识别也要复杂一些。在使用矩阵键盘时，连接行线和列线的 I/O 管脚不能全部用来输出或全部用来输入，必须一个输出，另一个输入。常用方法有两种：一种是行扫描法，另一种是线反转法。

1. 行扫描法

通过行线发出低电平信号，如果该行线所连接的键没有按下的话，则列线所接的端口得到的是全 "1" 信号，如果有键按下的话，则得到非全 "1" 信号。

为了防止双键或多键同时按下，往往从第 0 行一直扫描到最后 1 行，若只发现 1 个闭合键，则为有效键，否则全部作废。

找到闭合键后，读入相应的键值，再转至相应的键处理程序。

例如：4×4 矩阵键盘，连接如图 2.44 所示，P1.0～P1.3 为行线，P1.4～P1.7 为列线。假设按键 9 按下，则行扫描法的流程如下：

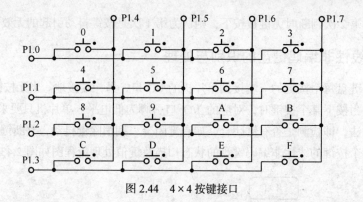

图 2.44 4×4 按键接口

P1.3～P1.0 行线输出 1110（P1.0 为低，选通第 1 行），第 1 行无键按下，故 P1.7～P1.4 输入为 1111。

行线输出 1101（P1.1 为低，选通第 2 行），第 2 行无键按下，故 P1.7～P1.4 输入为 1111。

行线输出 1011（P1.2 为低，选通第 3 行），键 9 按下，行列导通，其对应的列线 P1.5 输入为 0，其余列线为 1，故 P1.7～P1.4 输入为 1101。将此时的行输出信号与列输入信号组合，得到编码 1101 1011B（0xDB），称为键值。键值和键名是一一对应的关系，当行扫描结束，得到键值后，查阅键值表，即可获得键名，从而转向对应的键处理程序。

上述行扫描法的缺陷在于：若无键按下，CPU 仍在不停地扫描检测，这样必然增大程序运行开销。为此，行扫描前，先将所有行线置 0，读入列线，若无键按下，则列信号为全 1，此时则无需进行逐行扫描。处理流程如图 2.45 所示。

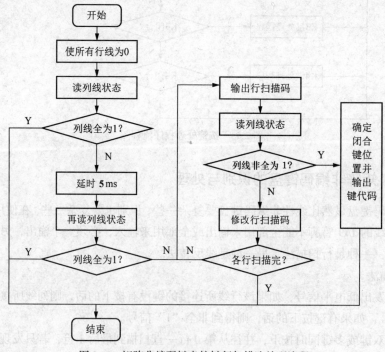

图 2.45 矩阵非编码键盘按键行扫描法处理流程

2. 线反转法

线反转法也是识别闭合键的一种常用方法，该法比行扫描速度快。

先将行线作为输出线，列线作为输入线，行线输出全"0"信号，读入列线的值，然后将行线和列线的输入输出关系互换，并且将刚才读到的列线值从列线所接的端口输出，再读取行线的输入值。那么在闭合键所在的行线上值必为 0。这样，当一个键被按下时，必定可读到一对唯一的行列值。

在上例中，仍然是键 9 按下，线反转法的处理流程如下：

P1.3～P1.0 行线输出 0000（全选通），键 9 按下，行列导通，因此其对应的列线 P1.5 输入为 0，其余列线为 1，故 P1.7～P1.4 输入为 1101。

此时，CPU 仅能确定 P1.5 对应的第 2 列有键按下。于是，信号反转，将列线作为输出线，输出 1101（选中 P1.5 对应的第 2 列），将行线作为输入线，键 9 按下，行列导通，因此其对应的行线 P1.2 输入为 0，其余列线为 1，故 P1.3～P1.0 输入为 1011。

将行码和列码组合，形成键 9 对应的键值 1101 1011B（0xDB）。

读者可根据上述方法，列出其他按键的键值编码。

综上，矩阵非编码键盘编程包括以下过程。

（1）判断是否有按键被按下（注意要调用延时 5ms 子程序判断，以消除抖动的影响）。

（2）若有键被按下，通过行扫描法或反转法识别闭合键的行值和列值。

（3）采用计算法或查表法将闭合按键的行值和列值转换成定义的键值。

（4）根据得到的不同的键值采用不同的处理程序。

任务实施

【跟我做】

1. 硬件电路设计

设计 4×4 矩阵键盘，单片机的 P1.0～P1.3 连接于矩阵的行线，P1.4～P1.7 连接矩阵的列线。单片机的 P0 口和 P2 口分别外接 2 位数码管，用于显示键名。16 个按键，分别代表 0～F。在 Proteus 中绘制电路原理图如图 2.46 所示。

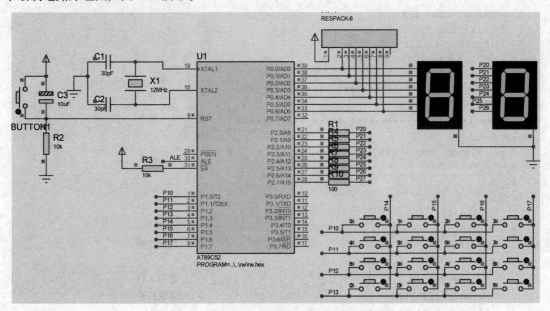

图 2.46　4×4 矩阵键盘控制系统电路原理图

2. 控制软件设计

首先，根据电路连接，列出 16 个按键键值，如表 2.14 所示。

表 2.14　　　　　　　　　　　　　　4×4 矩阵键盘键值表

键名	键值	键名	键值
0	0xee	8	0xeb
1	0xde	9	0xdb
2	0xbe	A	0xbb
3	0x7e	B	0x7b
4	0xed	C	0xe7
5	0xdd	D	0xd7
6	0xbd	E	0xb7
7	0x7d	F	0x77

按照逐行扫描的思想，编写键盘检测程序，在按键处理程序中根据键值译出键名，并送显示器显示。按键处理中，用 switch 语句是较为合适的。参考代码如下：

```
/**************************************************/
/*            矩阵键盘控制程序                    */
/*         P10～P13 行, P14～P17 列                */
/*            逐行扫描法                          */
/**************************************************/
#include <reg51.h>
unsigned char disp[10]={0x3f,0x06,0x5b,0x4f,0x66,0x6d,0x7d,0x07,0x7f,0x6f};
                                                        //共阴码字表
unsigned char scanh[4]={0xfe,0xfd,0xfb,0xf7};           //4 位行扫描
/********************************************/
/*延时子程序,延时 1ms*x,用于按键消抖        */
/********************************************/
void delay1ms(unsigned char x)
{
  unsigned char i,j;
  for(;x>=1;x--)
    for(i=20;i>0;i--)
        for(j=25;j>0;j--);
}
/******************************************/
/*主程序,逐行扫描法                       */
/******************************************/
void main()
{   unsigned char keyvalue,i,temp;
P0=0;
P2=0;
i=0;
    while(1)
{
    while(1)                                //按键监测
    {
    P1=scanh[i];                            //选通 1 行
    keyvalue=P1&0xf0;                        //读取列值
    if(keyvalue!=0xf0)
```

```
                {
                    delay1ms(5);                                    //按键消抖延时
                    keyvalue=P1&0xf0;
                    if(keyvalue!=0xf0)
                        {                                           //合成键值
                            temp=scanh[i]&0x0f;
                            keyvalue|=temp;
                            break;                                  //检测到按键后退出循环
                        }
                }
            i++;
            i%=4;
            }
        switch(keyvalue)                                            //按键处理分支
        {
            case 0xee:P0=disp[0];P2=disp[0];break;                  //键名 0
            case 0xde:P0=disp[0];P2=disp[1];break;                  //键名 1
            case 0xbe:P0=disp[0];P2=disp[2];break;                  //键名 2
            case 0x7e:P0=disp[0];P2=disp[3];break;                  //键名 3
            case 0xed:P0=disp[0];P2=disp[4];break;                  //键名 4
            case 0xdd:P0=disp[0];P2=disp[5];break;                  //键名 5
            case 0xbd:P0=disp[0];P2=disp[6];break;                  //键名 6
            case 0x7d:P0=disp[0];P2=disp[7];break;                  //键名 7
            case 0xeb:P0=disp[0];P2=disp[8];break;                  //键名 8
            case 0xdb:P0=disp[0];P2=disp[9];break;                  //键名 9
            case 0xbb:P0=disp[1];P2=disp[0];break;                  //键名 A
            case 0x7b:P0=disp[1];P2=disp[1];break;                  //键名 B
            case 0xe7:P0=disp[1];P2=disp[2];break;                  //键名 C
            case 0xd7:P0=disp[1];P2=disp[3];break;                  //键名 D
            case 0xb7:P0=disp[1];P2=disp[4];break;                  //键名 E
            case 0x77:P0=disp[1];P2=disp[5];break;                  //键名 F
        }
    }
}
```

若采用线反转法编写按键检测部分，代码如下，请读者完成完整控制代码的编写并进行硬件仿真。

```
/*********************************/
/*线反转法键盘扫描代码            */
/*********************************/
while(1)                                                            //按键监测
{
    P1=0xf0;                                                        //选通所有行
    keyvalue=P1&0xf0;                                               //读取列值
    if(keyvalue!=0xf0)
        {
        delay1ms(5);                                               //消抖延时
        keyvalue=P1&0xf0;
        if(keyvalue!=0xf0)
            {
```

```
        temp=keyvalue;                          //暂存列值
        P1=0xf;                                 //行列反转
        keyvalue=P1&0xf;
        if(keyvalue!=0xf)
            {
            delay1ms(5);
            keyvalue=P1&0xf;                     //读取行值
            if(keyvalue!=0xf)
                {
                keyvalue|=temp;                  //合成键值
                break;
                }
            }
        }
    }
}
```

在 Keil 中编译并生成 HEX 文件，并装载到 Proteus 中，仿真运行，观察运行结果。

【实物制作清单】

1. PC、单片机开发系统、稳压电源+5V
2. 元器件清单：

插座	DIP40	1
单片机	STC89C52RC	1
晶体振荡器	12MHz	1
瓷片电容	27pF	2
电解电容	10μF	1
排阻		1
数码管	共阴	2
按键		16

【课后任务】

（1）根据元器件清单，自行设计并焊接完成实物制作。

（2）在任务一的流水灯项目电路中，增加 4 位独立按键，每个按键对应一种流水花色。设计程序，每按下一个按键，就按照对应的流水花色显示。

项目小结

（1）常见的七段 LED 数码管显示器按内部结构划分，分为共阴极和共阳极两种，根据电路连接和显示器的内部结构，列出段码表，待显示的字符经过显示译码后送到输出口。显示译码在 C51 中通常使用数组来实现。

显示方式分为静态和动态两种，静态显示常用于显示位数较少于 2 位的情况，动态显示则相反，利用人眼的视觉惰性，实现多位数码管的"同时"显示，每位的延时时间常用 2ms。

　　（2）点阵显示器是由 LED 按矩阵方式排列而成的，常见的有 5×7、8×8，显示控制常用逐行动态扫描法。

　　（3）液晶显示器由于功耗低、抗干扰能力强等优点，日渐成为各种便携式产品、仪器仪表以及工控产品的理想显示器。单片机中常用的字符型、图形型液晶显示器，常用器件有 LCD1602 和 SMG12864ZK。

　　（4）键盘是单片机应用系统中最常用的输入设备，通过键盘输入数据或命令，可以实现简单的人机对话。非编码键盘是单片机系统中常用的，仅由键开关组成，按键识别、键代码的产生以及去抖动等功能均由软件编程完成。

　　按照键开关的排列形式，非编码键盘又分为线性非编码键盘和矩阵非编码键盘两种。矩阵键盘的识别有逐行扫描法和线反转法两种。

项目三

时钟系统设计

在很多测控系统中，都带有具有时钟功能的模块，或需要按一定的时间间隔对某个参数进行定时检测及控制，或对某种事件进行计数。如若通过用户编写功能程序完成该功能，必然消耗 CPU 和存储器资源，影响效率。因此，几乎所有的单片机内部都提供了可编程的定时器/计数器，独立实现定时或计数功能，不占用 CPU 时间，这样无疑简化了微机测控系统的设计。本项目将练习利用单片机的定时/计数器实现测控系统中的时钟模块设计。

任务一 报警声发生器设计

任务要求

【任务内容】

组装一个报警声发生系统，由单片机外接蜂鸣器控制发声，上电后发出"滴…嘟…滴…嘟…"高低音交错的报警声。

【知识要求】

了解 51 单片机定时器/计数器的结构、工作原理；学会用查询的方法处理定时/计数溢出的情况；了解蜂鸣器发声原理，掌握单片机控制输出不同声调的方法；学会并掌握 Proteus 中利用虚拟示波器辅助硬件调试的方法。

相关知识

知识 1 定时器/计数器的结构及工作原理

1. 定时器/计数器的结构

AT89C51 单片机内有两个 16 位二进制定时器/计数器 T0 和 T1，其逻辑结构如图 3.1 所示。

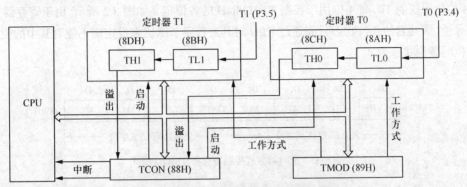

图 3.1 AT89C51 定时器/计数器逻辑结构图

两个 16 位定时器/计数器分别由两个 8 位特殊功能寄存器组成，即 T0 由 TH0 和 TL0 组成，T1 由 TH1 和 TL1 组成。TH0、TL0 和 TH1、TL1 用于存放定时或计数初始设定值。每个定时器都可由软件设置成定时器模式或计数器模式，在这两种模式下，又可单独设定为方式 0、方式 1、方式 2 和方式 3 四种工作方式。定时器/计数器的启/停由软件通过控制寄存器 TCON 来控制。

2. 定时器/计数器的工作原理

定时器/计数器是一个二进制的加 1 寄存器，当启动后就开始从设定的计数初始值开始加 1 计数，寄存器计满回零时能自动置位标志位 TF，产生溢出中断请求。但定时与计数两种模式下的计数方式却不相同。

在定时器模式下，每个机器周期寄存器加 1，即寄存器对机器周期计数。因为一个机器周期有 12 个振荡周期，所以计数频率是晶振频率的 1/12，若晶振频率为 6MHz，则定时器模式的计数频率为 1/2MHz，计数周期 T=1/（6MHz×1/12）=2μs。

在计数器模式下，该寄存器在相应的外部输入脚 P3.4/T0 和 P3.5/T1 上出现从 1 到 0 的变化时加 1 计数。由于寄存器只在每个机器周期的 S5P2 期间采样外部输入信号，这样，需要 2 个机器周期辨认一次 1 到 0 的变化。所以对外部输入信号，最大的计数频率是振荡器频率的 1/24，且外部输入信号的高低电平保持时间均需大于一个机器周期。

定时器/计数器是单片机中工作相对独立的部件，当将其设定为某种工作方式并启动后，它就会独立进行计数，不再占用 CPU 的时间，直到计满溢出，才向 CPU 申请中断处理。此时，用户又可以重新设置定时器/计数器的工作方式，以改变它的工作状态，由此可见，它是一个工作效率高且工作灵活的部件。

知识 2 定时器/计数器的控制寄存器

AT89C51 的定时器/计数器是独立可编程器件，主要由几个专用寄存器构成的。所谓可编程，就是能通过软件读/写这些专用寄存器，达到控制定时器/计数器实现不同功能的目的。使用时可以先通过初始化程序确定其工作模式和工作方式，然后才能在实用程序的适当位置控制其工作。

AT89C51 对内部定时器/计数器的控制主要是通过 TMOD 和 TCON 两个特殊功能寄存器的编程来实现的。

1. 工作方式寄存器 TMOD

定时器方式寄存器 TMOD 为特殊功能寄存器，其地址为 89H，用于控制 T0 和 T1 的工作方式，低 4 位用于控制 T0，高 4 位用于控制 T1，TMOD 的各位定义如图 3.2 所示。由于寄存器 TMOD 不能位寻址，因此它的各位状态只能通过 CPU 对其进行字节赋值来设定而不能对其中的位进行赋值，复位时各位状态为 0。

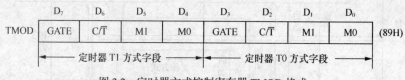

图 3.2 定时器方式控制寄存器 TMOD 格式

TMOD 各位的控制功能说明如下：

（1）M0、M1：工作方式控制位。2 位可形成四种二进制编码，可控制产生四种工作方式，如表 3.1 所示。

表 3.1 T0、T1 工作方式选择

M1	M0	工作方式	计数器功能
0	0	方式 0	13 位计数器
0	1	方式 1	16 位计数器
1	0	方式 2	自动重装初值的 8 位计数器
1	1	方式 3	T0：分为两个 8 位独立计数器；T1：停止计数

（2）C/$\overline{T}$：模式控制选择位。C/$\overline{T}$=0 为定时器模式，C/$\overline{T}$=1 为计数器模式。

（3）GATE：门选通位。当 GATE=0 时，只要使 TCON 中的 TR0（或 TR1）置 1；就可启动定时器 T0（或 T1）工作。当 GATE=1 时，只有 $\overline{INT0}$（或 $\overline{INT1}$）引脚为高电平且 TR0（或 TR1）置 1 时，定时器才能启动工作。

2. 定时器控制寄存器 TCON

定时器控制寄存器 TCON 是一个 8 位特殊功能寄存器，其地址为 88H，用于控制定时器的启动/停止以及标志定时器溢出中断申请。既可进行字节寻址又可进行位寻址。复位时所有位被清零。各位定义如图 3.3 所示。

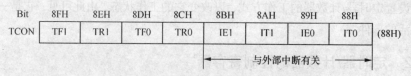

图 3.3 定时器控制寄存器 TCON 各位定义

图中 TR0 和 TR1 分别用于控制 T0 和 T1 的启动与停止；TF0 和 TF1 用于标志 T0 和 T1 是否产生了溢出中断请求，读者既可利用它们查询定时/计数的结果，也可利用中断处理。

定时器/计数器 T0 和 T1 是在 TMOD 和 TCON 的联合控制下进行定时或计数工作的，其输入时钟和控制逻辑可用图 3.4 综合表示。

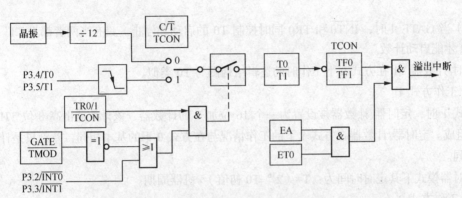

图 3.4 T0 和 T1 输入时钟与控制逻辑图

知识 3 定时/计数器的工作方式

定时器/计数器 T0 和 T1 通过 $C/\overline{T}$ 可设置成定时或计数两种工作模式。在每种模式下通过对 M1、M0 的设置又有四种不同的工作方式，T0 和 T1 在方式 0、方式 1、方式 2 下工作情况是相同的，只在方式 3 工作时，两者情况不同。

下面将详细介绍四种工作方式下的定时器逻辑结构及工作情况。

1. 工作方式 0

方式 0 时，定时器/计数器被设置为一个 13 位的计数器，由 TH 的高 8 位和 TL 中的低 5 位组成，其中 TL 中的高 3 位不用，以 T0 为例，如图 3.5 所示。

当 TL0 的低 5 位计满溢出时，向 TH0 进位，当计数器的值为全 "1" 时，下次的增 1 计数将使计数器复位为全 "0"，此时 TH0 溢出使中断标志位 TF0 置为 "1"，并申请中断。当中断被禁止时（ET0=0），可通过查询 TF0 位是否置位来判断 T0 是否计数结束。若要使 T0 再次计数，CPU 必须在中断服务程序或程序的其它位置重新装入初值。

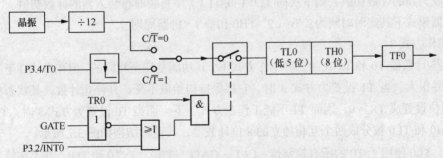

图 3.5 定时器/计数器 T0 在方式 0 下的逻辑结构图

图 3.5 中的其他逻辑控制功能如下：

（1）当 $C/\overline{T}$=0 时，T0 选择为定时器模式，对 CPU 内部机器周期加 1 计数，其定时时间为：

$T=（2^{13}-T0$ 初值）×机器周期。

（2）当 C/$\overline{T}$=1 时，T0 选择为计数器模式，对 T0（P3.4）脚输入的外部电平信号由"1"到"0"的负跳变进行加 1 计数。

（3）当 GATE=0 时，或门的另一输入信号 $\overline{INT0}$ 将不起作用，仅用 TR0 来控制 T0 的启动与停止。

（4）当 GATE=1 时，$\overline{INT0}$ 和 TR0 同时控制 T0 的启动和停止。只有当两者都为"1"时，定时器 T0 才能启动计数。

定时/计数器 T1 在方式 0 下工作时的逻辑结构图与 T0 类似。

2. 工作方式 1

方式 1 时，定时器/计数器被设置为一个 16 位加 1 的计数器，该计数器由高 8 位 TH 和低 8 位 TL 组成。定时器/计数器在方式 1 下的工作情况与在方式 0 下的基本相同，差别只是计数器的位数不同。

定时器模式下其定时时间为：$T=（2^{16}-T0$ 初值）×机器周期。

3. 工作方式 2

方式 2 时，定时器/计数器被设置成一个 8 位计数器 TL0（或 TL1）和一个具有计数初值重装功能的 8 位寄存器 TH0（或 TH1）。逻辑结构如图 3.6 所示。

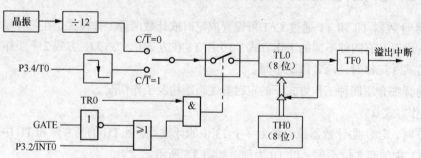

图 3.6　定时器/计数器 T0 在方式 2 下的逻辑结构图

当计数器 TL0（或 TL1）从计数初值加 1 计数并溢出时，除了把相应的溢出标志位 TF0（或 TF1）置"1"外，同时还将 TH0（或 TH1）中的计数初值重新装入 TL0（或 TL1）中，使 TL0（或 TL1）又重新开始计数。在重装过程中 TH0（或 TH1）中的数值保持不变。如果在 TH0（或 TH1）中由软件改为新的计数初值，则下次向 TL0（或 TL1）中重装时将装入新的计数初值。

定时器模式下其定时时间为：$T=（2^{8}-TH0$ 初值）×机器周期。

4. 工作方式 3

定时器/计数器 T0 和 T1 在前三种工作方式下，其功能是完全相同的，但在方式 3 下 T0 与 T1 的功能相差很大。当 T1 设置为方式 3 时，它将保持初始值不变，并停止计数，其状态相当于将启/停控制位设置成 TR1=0，因而 T1 不能工作在方式 3 下。而当 T0 设置为方式 3 时，T0 的两个寄存器 TH0 和 TL0 被分成两个互相独立的 8 位计数器，其逻辑结构如图 3.7 所示。

其中，TL0 使用了 T0 的所有控制位：C/$\overline{T}$，GATE、TR0、$\overline{INT0}$ 和 TF0，其工作情况与方式 0 和方式 1 类同。而 TH0 被规定只能用作定时器，对机器周期计数，而不能对外部事件脉冲计数，TH0 的启/停控制借用了 TR1，溢出中断使标志位 TF1 置位，并申请中断。

当把 T0 设置为工作方式 3 时，T1 虽然不能工作在方式 3 下，但可设置为方式 0、方式 1 和方式 2 下工作。由于 TR1 和 TF1 已被 TH0 占用，因而 T1 只能由控制位 C/$\overline{\text{T}}$ 的模式切换来控制运行，而且不能产生溢出中断申请，这时 T1 适于用在不需要中断控制的定时器场合，比如用于作串行口的波特率发生器等。

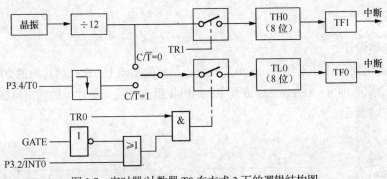

图 3.7 定时器/计数器 T0 在方式 3 下的逻辑结构图

知识 4 定时器/计数器的应用

单片机上电复位后，TMOD、TCON 等特殊功能寄存器都处于清零状态，因而要想使定时器/计数器按使用者需要正确工作，必须先进行初始化设置和计数初值的确定等工作。

1. 初始化

初始化的内容如下：

（1）根据设计需要先确定定时器/计数器的工作模式及工作方式，然后将相应的控制字用赋值语句写入 TMOD 寄存器中。

（2）计算出计数初始值并写入 TH0、TL0、TH1、TL1 中。

（3）通过对中断优先级寄存器 IP 和中断允许寄存器 IE 的设置，确定计数器的中断优先级和是否开放中断。本任务中利用查询功能处理计数/定时溢出，中断功能在任务二中使用。

（4）给定时器控制寄存器 TCON 送命令字，控制定时器/计数器的启动和停止。

2. 初值的计算

定时器/计数器 T0、T1 不论是工作在计数器模式还是定时器模式下，都是加 1 计数器，因而写入计数器的初始值和实际计数值并不相同，两者的换算关系如下：设实际计数值为 C，计数最大值为 M，计数初始值为 X，则 $X=M-C$。其中计数最大值在不同工作方式下的值不同，具体如下：

（1）工作方式 0：$M=2^{13}=8\,192$

（2）工作方式 1：$M=2^{16}=6\,5536$

（3）工作方式 2：$M=2^{8}=256$

（4）工作方式 3：$M=2^{8}=256$

这样，在计数器模式和定时器模式下，计数初值都是

$$X=M-C（十六进制数）$$

定时器模式下对应的定时时间为：

$$T=C\times T_{机}=(M-X)\times T_{机}$$

式中，$T_{机}$ 为单片机的机器周期，是晶振时钟周期的 12 倍。

任务实施

【跟我做】

1. 硬件电路设计

对于本任务电路设计并不复杂，在单片机最小系统的基础上，选择单片机的 P1.0 口作为输出口线，外接一个喇叭即可。在 Proteus 仿真中，喇叭正极直接接于单片机的输出口线，负极接地即可仿真，如图 3.8 所示。

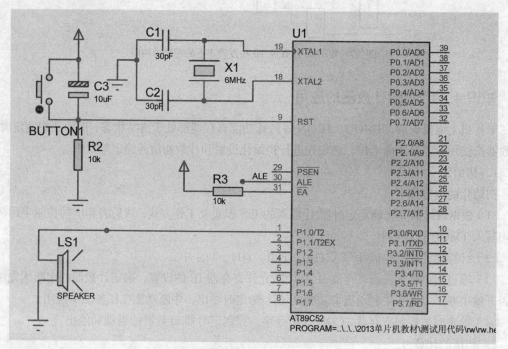

图 3.8　报警声发生器 Proteus 仿真电路图

在实际应用中，单片机输出的电流常常太小，导致喇叭声音太小甚至不响，因此，通常单片机的输出口还需要外接一个三极管驱动电路，例如，采用 PNP 三极管的驱动电路如图 3.9 所示。

2. 控制软件设计

设报警声高音为 1kHz 信号，低音为 500Hz 信号，因此问题就转变为用单片机的 P1.0 口交替输出 1kHz 和 500Hz 的方波。

首先考虑输出 500Hz 方波的问题。单片机晶振频率为 6MHz，P1.0 口输出 500Hz 方波，可用 T0 工作于方式 0，用查询方式完成。

（1）确定工作方式：使用 T0 工作于方式 0 的定时功能，GATE=0，则 TMOD 取 0x0。

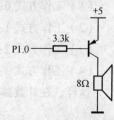

图 3.9　输出驱动电路

（2）确定定时初始值 X。欲产生 500Hz 的等宽方波脉冲，只需在 P1.0 端以 2ms 为周期交替输出高低电平即可实现，为此定时时间应为 1ms 即 1000μs。使用 6MHz 晶振，则一个机器周期为 2μs，所以计数为 1 000/2=500 次，方式 0 为 13 位计数结构，最大计数值为 8 192。则计数初

值 X 为：

$$X=2^{13}-500=7\ 695D=1E0CH=1111000001\ 100B$$

值得注意的是：方式 0 下 TH0 取高 8 位，TL0 取低 5 位（高 3 位用 0 补齐），则 T0 的初始值设置为 TH0=0xf0；TL0=0x0c。

（3）由定时器控制寄存器 TCON 中的 TR0 控制 T0 的启停。

（4）根据上述分析，设计参考代码如下：

```
/******************************************************/
/*函数名称:主函数                                      */
/*函数功能:P1.0口输出500Hz方波,晶振6MHz                */
/******************************************************/
#include <reg51.h>
sbit P1_0=P1^0;
void main()
{
    TMOD=0x0;                    //设定工作方式0
    TH0=0xF0;                    //设定初始值
    TL0=0x0c;
    TR0=1;                       //启动定时
    while(1)
    {
        if(TF0)
        {
            TH0=0xF0;            //重新设定初始值
            TL0=0x0c;
            P1_0=~P1_0;          //对P1.0口取反
            TF0=0;               //软件将TF0清零
        }
    }
}
```

（5）软件仿真：利用 Keil 软件编辑并编译上述程序，并进入软件仿真调试状态；执行菜单命令 Peripherals→Timer→Timer0，打开定时器 T0，观察 T0 窗口的变化，如图 3.10 和图 3.11 所示。

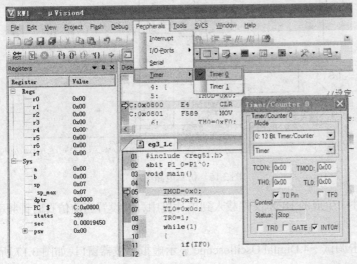

图 3.10　打开定时器 T0 窗口

图 3.11　T0 观察窗口

执行菜单命令 Peripherals→I/O-Ports→Port1，观察单片机 P1 口的变化，如图 3.12 和图 3.13 所示。

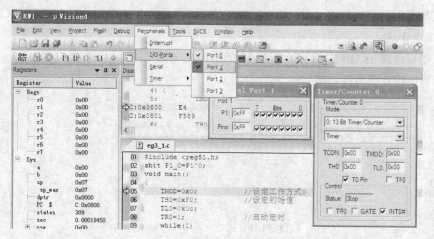

图 3.12　打开 P1 窗口

图 3.13　P1 观察窗口

从 Timer/Counter0 观察窗口中，可分别观察、控制定时器 T0 的各特殊功能寄存器 TCON、TMOD、TH0、TL0 以及各标志位 TF0、TR0、GATE、$\overline{\text{INT0}}$ 值的变化。

单击单步执行按钮，观察窗口值的变化。

（6）软硬件仿真。在 Proteus 软件中，搭建单片机最小系统电路，并在工具栏中的虚拟仪器库中选出虚拟示波器，如图 3.14 所示，将单片机的 P1.0 口连接到虚拟示波器的 A 输入通道，如图 3.15 所示。

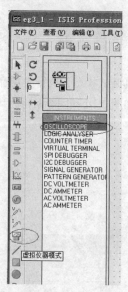

图 3.14　选择虚拟示波器

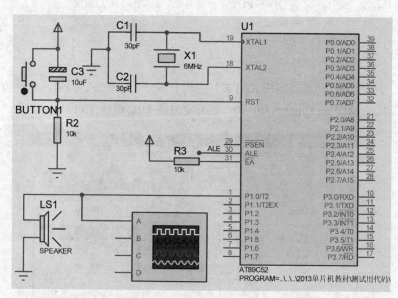

图 3.15　仿真电路图

双击单片机，将 Keil 软件中生成的.HEX 文件载入到单片机中，并设置当前仿真时钟频率为 6MHz，如图 3.16 所示。

启动仿真，在菜单栏中单击调试→4.Digital Oscilloscope 显示虚拟示波器窗口，如图 3.17 所示。观测 A 通道波形，如图 3.18 所示。

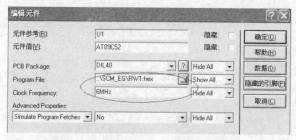

图 3.16 下载目标文件并设置仿真频率

图 3.17 打开虚拟示波器窗口

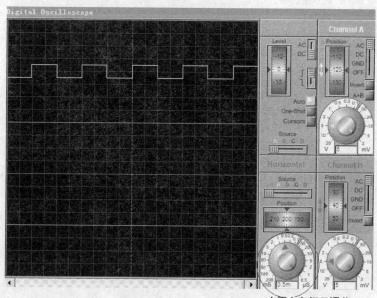

水平方向标尺调节

图 3.18 虚拟示波器显示波形

图 3.18 中可清晰观测到，当前水平方向标尺为 0.5ms/div，A 通道波形周期为 2ms。

同理，若要改变喇叭发声音调，只需要调整方波的频率即可。本任务中高音调为 1kHz，对应上述程序，只需修改定时器的定时初始值即可。此时，方波周期为 1ms，定时时间应为 500μs。6MHz 晶振，则一个机器周期为 2μs，所以计数为 500/2=250 次，则计数初值 X 为：

$$X = 2^{13} - 250 = 7\,942D = 1F06H = 1111100000110B$$

则 T0 的初始值设置为 TH0=0xf8；TL0=0x06。

请读者借鉴上述代码，修改程序并仿真调试。

此时，Proteus 仿真时，会带动电脑的声卡发声，由电脑模拟喇叭输出的声音，读者在调试时可借助音响或耳机监听。下面的任务是，让单片机控制高低音调轮流发声，设报警声高低音的切换频率为 1s，即高音 0.5s，低音 0.5s。

参考代码如下：

```
/**************************************************/
/*函数名称:主函数                                  */
/*函数功能:P1.0 口输出报警声,晶振 6MHz              */
/**************************************************/
#include <reg51.h>
#define HighH 0xF8;                    //高音初值
```

```
#define HighL 0x06;
#define LowH 0xF0;                      //低音初值
#define LowL 0x0C;
sbit P1_0=P1^0;
unsigned int i;                        //计数器
void main()
{
    TMOD=0x0;                          //设定工作方式0
    TH0=HighH;                         //设定初始值
    TL0=HighL;
    TR0=1;                             //启动定时
    while(1)
    {
        for(i=1000;i>0;i--)            //高音
        {
            while(!TF0);
            TH0=HighH;                 //重新设定初始值
            TL0=HighL;
            P1_0=~P1_0;
            TF0=0;                     //软件将TF0清零
        }
        for(i=500;i>0;i--)            //低音
        {
            while(!TF0);
            TH0=LowH;
            TL0=LowL;
            P1_0=~P1_0;
            TF0=0;
        }
    }
}
```

Keil 中编译后生成 HEX 文件，并加载到 Proteus 中，启动硬件仿真，可听到报警声。

【实物制作清单】

1. PC、单片机开发系统、稳压电源+5V
2. 元器件清单：

插座	DIP40	1
单片机	STC89C52RC	1
晶体振荡器	6MHz	1
瓷片电容	27pF	2
电解电容	10μF	1
按键		1
电阻		若干
蜂鸣器		1

【课后任务】

（1）根据元器件清单，自行设计并焊接完成本任务的实物制作。

（2）设计一个简易电子琴，外接 7 个独立按键，分别代表一个音阶 1234567（do-re-mi-fa-so-la-si），按下一个按键，喇叭发出对应的声音。

任务扩展

知识 5 音调与频率

不同的音调的声音信号对应不同频率的音频脉冲（方波信号），例如，中音 do 的频率是 523Hz，周期 T=1/523=1 912μs，半周期 956μs，若单片机的晶振为 12MHz，机器周期为 1μs，因此计数器计数 956μs/1μs=956，即每次计数 956 次将输出电平取反，即可得到频率为 523Hz 的音频信号。

定时器选择方式 1，计数初值 X=65 536−956=64 580=0xfc44。

7 个音调的频率、计数值和计数初值如表 3.2 所示。

表 3.2 音调对应频率、计数值和计数初值列表

中音	频率	计数值	计数初值
do	523	956	0xfc44
re	587	851	0xfcad
mi	659	758	0xfc0a
fa	698	716	0xfd34
so	784	637	0xfd83
la	880	568	0xfdc8
si	988	506	0xfe06

高音的对应频率是中音的两倍，计数值和计数初值请读者自行计算。

知识 6 门控位 GATE 的应用

在前面介绍的应用中，工作方式寄存器 TMOD 中 GATE 门选通位都没有真正使用。GATE 位的功能描述如下：当 GATE=0 时，只要使 TCON 中的 TR0（或 TR1）置 1；就可启动定时器 T0（或 T1）工作。当 GATE=1 时，只有 $\overline{\text{INT0}}$（或 $\overline{\text{INT1}}$）引脚为高电平且 TR0（或 TR1）置 1 时，定时/计数器才能启动工作。

由此可见：利用 GATE 位，可实现脉冲宽度的测量。待测量的脉冲从 P3.2（$\overline{\text{INT0}}$）或 P3.3（$\overline{\text{INT1}}$）口输入，设置 GATE=1，定时/计数器工作于定时模式，并启动。但此时定时器并没有真正开始计数，需等到待测量脉冲到达（即 P3.2=1 或 P3.3=1）开始工作，待脉冲结束时，定时结束。

例如：利用 T0 门控位测试 $\overline{\text{INT0}}$ 引脚上出现的正脉冲宽度（设该正脉冲宽度<65536μs），已知晶振频率为 12MHz，将所测得值高位存入片内 71H，低位存入片内 70H。如图 3.19 所示。

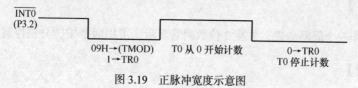

图 3.19 正脉冲宽度示意图

设计参考代码如下：

```c
#include <reg51.h>
sbit P3_2=P3^2;
unsigned char data numh _at_ 0x71;    //定义变量用于存储测得值的高位,绝对地址位于片内71H
unsigned char data numl _at_ 0x70;    //定义变量用于存储测得值的低位,绝对地址位于片内70H
void main()
{
    TMOD=0x09;                        //设定工作方式1,带门控位
    TH0=0x0;                          //设定初始值
    TL0=0x0;
    while(P3_2);                      //等待信号变低
    TR0=1;                            //启动定时,准备工作
    while(!P3_2);                     //等待信号变高,进入定时工作
    while(P3_2);                      //等待信号变低,结束定时工作
    TR0=0;
    numh=TH0;                         //保存测量结果
    numl=TL0;
    while(1);
}
```

 关键字"_at_"用于定义变量的绝对地址，格式如下：

数据类型[存储区域]变量名_at_地址常数

读者也可采用存储器指针的方法指定变量的绝对存储地址，方法是：先定义一个存储器指针，然后对该指针变量赋值为指定存储区域的绝对地址值。上例中相应位置改为：

```c
unsigned char data *p_numh;       //定义存储器指针
unsigned char data *p_numl;
……
p_numh = 0x71;                    //对指针变量赋值为具体的绝对地址
p_numl = 0x70;
……
*p_numh = TH0;                   //对该绝对地址进行数据存储
*p_numl = TL0;
……
```

请读者完成完整程序。

任务二 秒表设计

任务要求

【任务内容】

用单片机制作一个简易秒表，外接2位数码管显示，可用两个按键分别控制秒表的启停。

【知识要求】

了解51单片机中断系统的结构、工作原理；学会用中断的方法处理定时/计数溢出的情况；

学习并掌握 Keil C51 的断点调试技术；巩固数码管和按键的使用方法。

相关知识

知识 1 中断的相关概念

中断系统是单片机的重要组成部分，在实际应用中，单片机的中断功能被广泛采用。首先我们了解几个相关概念。

1. 中断

中断是指计算机在执行某一程序（一般称为主程序）的过程中，当计算机系统有外部设备或内部部件要求 CPU 为其服务时，必须中断原程序的执行，转去执行相应的处理程序（即执行中断服务程序），待处理结束之后，再回来继续执行被中断的原程序过程。

CPU 通过中断功能可以分时操作启动多个外部设备同时工作、统一管理，并能迅速响应外部设备的中断请求，采集实时数据或故障信息，对系统进行相应处理，从而使 CPU 的工作效率得到很大的提高。

2. 中断源

中断源是指在单片机系统中向 CPU 发出中断请求的来源，中断源可以人为设定，也可以是为响应突发性随机事件而设置。

单片机系统的中断源一般有外部设备中断源、控制对象中断源、定时器/计数器中断源、故障中断源等。

3. 中断优先级

一个单片机系统可能有多个中断源，且中断申请是随机的，有时可能会有多个中断源同时提出中断申请，而单片机 CPU 在某一时刻只能响应一个中断源的中断请求，当多个中断源同时向 CPU 发出中断请求时，则必须按照"优先级别"进行排队，CPU 首先选定其中中断级别高的中断源为其服务，然后按排队顺序逐一服务，完毕后返回断点地址，继续执行主程序。这就是"中断优先级"的概念。这种中断源的优先级是单片机硬件规定好的或软件事先设置好的。我们可以根据中断源在系统中的地位安排其优先级别。

当单片机系统已经响应了某一中断请求，正在执行其中断服务时，系统中的其他中断源又发出了中断请求，这时单片机是否响应呢？一般地说，优先级别同等或较低的中断请求不能中断正在执行的优先级别高的中断服务程序，而优先级别高的中断请求可以中断 CPU 正在处理的优先级别低的中断服务程序，转而执行高级别的中断服务程序，这种情况称为中断嵌套；待执行完后，先返回被中断的低级别的中断服务程序继续执行完，然后再返回到主程序。具有二级中断服务程序嵌套的中断过程如图 3.20 所示。

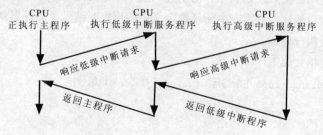

图 3.20 中断嵌套响应示意图

单片机系统中有一个专门用于管理中断源的机构，就是中断控制寄存器，我们可以通过对它的编程来设置中断源的优先级别以及是否允许某中断源的中断请求等。

知识 2　中断源与中断函数

51 单片机具有五个中断源，分为内部中断源和外部中断源：2 个外部中断，2 个定时器溢出中断及 1 个串行中断。下面将作详细介绍。

1. 外部中断

外部中断源有两个：外部中断 0/1（INT0/INT1），通常指由外部设备发出中断请求信号，从 $\overline{\text{INT0}}$、$\overline{\text{INT1}}$ 引脚输入单片机。

外部中断请求有两种信号方式：电平方式和边沿触发方式。电平方式的中断请求是低电平有效，只要在外部中断输入引脚上出现有效低电平时，就激活外部中断标志。边沿触发方式的中断请求则是脉冲的负跳变有效。在这种方式下，两个相邻的机器周期内，外部中断输入引脚电平发生变化，即在第 1 个机器周期内为高电平，第 2 个机器周期内变为低电平，就激活外部中断标志。由此可见，在边沿触发方式下，中断请求信号的高电平和低电平状态都应至少维持 1 个机器周期，以使 CPU 采样到电平状态的变化。

2. 定时器中断

51 单片机内部定时器/计数器 T0 和 T1，在计数发生溢出时，单片机内硬件自动设置一个溢出标志位，申请中断。

3. 串行中断

串行口中断是为串行通信的需要设定的。当串行口每发送或接收完一个 8 位二进制数后自动向中断系统提出中断。

4. 中断向量地址与中断函数

中断源发出中断请求，CPU 响应中断后便转向中断服务程序。中断源引起的中断服务程序的入口地址（中断向量地址）是固定的，不能更改。中断服务程序入口地址如表 3.3 所示。

表 3.3　51 单片机中断入口地址与编号

中断源	中断程序入口地址	中断编号
INT0	0003H	0
定时器 T0	000BH	1
INT1	0013H	2
定时器 T1	001BH	3
串行口中断	0023H	4

为了方便用户使用，在 C51 语言中，对上述的五个中断源进行了编号，这样编写中断函数时就无需记忆具体的入口地址，只需在中断函数定义中使用中断编号，编译器就能自动根据中断源转向对应的中断函数执行处理。

中断函数的定义格式如下：

```
void 函数名(void)interrupt 中断编号 ［using 工作寄存器组编号］
{
可执行语句
}
```

下列程序片断为定时器/计数器 0 的中断服务程序，指定使用第 2 组工作寄存器。

```
unsigned int CNT1;
unsigned char CNT2;
……
void Timer()interrupt 1 using 2
{
    if(++CNT1==1000)              // CNT1 计数到 1000
    {
        CNT2++;                   // CNT2 开始计数
        CNT1=0;                   // CNT1 清零
    }
}
```

在编写 51 系列单片机中断函数时，应特别注意下列事项。

① 中断函数为无参函数，即中断函数的形参列表为空，同时也不能在中断函数中定义任何变量，否则将导致编译错误。中断函数内部使用的参数均应为全局变量。

② 中断函数没有返回值，即应将中断函数定义为 void 类型。

③ 中断函数不能直接被调用，否则将导致编译错误。

④ 中断函数使用浮点运算时要保存浮点寄存器的状态。

⑤ 如果在中断函数中调用了其他函数，则被调用函数所使用的寄存器组必须与中断函数相同。

⑥ 由于中断的产生不可预测，中断函数对其它函数的调用可能形成递归调用，必要时可将被中断函数调用的其它函数定义成重入函数。

知识 3　中断标志与控制

AT89C51 在每一机器周期的 S5P2 时，对所有中断源都顺序地检查一遍，找到所有已激活的中断请求后，先使相应的中断标志位置位，然后在下一个机器周期的 S1 状态时检测这些中断标志位状态，只要不受阻断就开始响应其中最高优先级的中断请求。AT89C51 中断标志位集中安排在定时器控制寄存器 TCON 和串行口控制寄存器 SCON 中，下面将做详细介绍。

1. 定时器控制寄存器 TCON

定时器控制寄存器 TCON 中集中安排了两个定时器中断和两个外部中断的中断标志位，以及相关的几个控制位。

表 3.4 给出了定时器控制寄存器 TCON 各位的定义。

表 3.4　　　　　　　　　　　　　　　定时器控制寄存器 TCON

TCON	TF1	TR1	TF0	TR0	IE1	IT1	IE0	IT0
位地址	8FH	8EH	8DH	8CH	8BH	8AH	89H	88H

各位的作用如下：

（1）TF1（TCON.7）：定时器 T1 溢出中断标志位，位地址为 8FH。当定时器 T1 产生溢出时，由硬件自动置位，申请中断。待中断响应进入中断服务程序后由硬件自动清除。

（2）TR1（TCON.6）：定时器 T1 的启停控制位，位地址为 8EH。TR1 状态靠软件置位或清除。置位时，定时器 T1 启动开始计数工作，清除时 T1 停止工作。

（3）TF0（TCON.5）：T0 溢出中断标志位，位地址为 8DH。作用与 TF1 类同。

（4）TR0（TCON.4）：T0 的启停控制位，位地址为 8CH，其他操作与 TR1 类同。

（5）IE1（TCON.3）：外部中断 $\overline{INT1}$ 边沿触发中断请求标志位，位地址为 8BH。当 CPU 检测到 INT1（P3.3 脚）上有外部中断请求信号时，IE1 由硬件自动置位，请求中断；当 CPU 响应中断进入中断服务程序后，IE1 被硬件自动清除。

（6）IT1（TCON.2）：外部中断 $\overline{INT1}$ 触发类型选择位，位地址为 8AH。IT1 状态可由软件置位或清除，当 IT1=1 时，设定的是后边沿触发（即由高变低的下降沿）请求中断方式；当 IT1=0 时，设定的是低电平触发请求中断方式。

（7）IE0（TCON.1）：外部中断 $\overline{INT0}$ 边沿触发中断请求标志位，位地址为 89H。其功能与 IE1 类同。

（8）IT0（TCON.0）：外部中断 $\overline{INT0}$ 触发类型选择位，位地址为 88H。其功能与 IT1 类同。

2. 串行口控制寄存器 SCON

表 3.5 给出了串行口控制寄存器 SCON 各位的定义。其中只有 TI 和 RI 两位用来表示串行口中断标志位，其余各位用于串行口其他控制（将在项目四中详细介绍）。

表 3.5　　　　　　　　　　　　串行口控制寄存器 SCON

SCON	SM0	SM1	SM2	REN	TB8	RB8	TI	RI
位地址	9FH	9EH	9DH	9CH	9BH	9AH	99H	98H

（1）TI：为串行口发送中断标志位，位地址为 99H。在串行口发送完一组数据时，TI 由硬件自动置位（TI=1），请求中断；当 CPU 响应中断进入中断服务程序后，TI 状态不能被硬件自动清除，而必须在中断程序中由软件来清除。

（2）RI：为串行口接收中断标志位，位地址为 98H。在串行口接收完一组串行数据时，RI 由硬件自动置位（RI=1），请求中断，当 CPU 响应中断进入中断服务程序后，也必须由软件来清除 RI 标志。

通过后面的介绍我们可看出，中断源申请中断时首先要置位相应的中断标志位，CPU 检测到中断标志位之后才决定是否响应。而 CPU 一旦响应了中断请求，相应的标志位就要清除。如果不清除，CPU 退出本次中断服务程序后还要再次响应该中断请求，造成混乱，因此像串行口中断标志这种需要软件来清除中断标志位的中断源，在软件编程中应加以注意。

各中断源的中断标志被置位后，CPU 能否响应还要受到控制寄存器的控制，这种控制寄存器在 AT89C51 中有两个，即中断允许控制寄存器 IE 和中断优先级控制寄存器 IP。下面分别详细介绍。

3. 中断允许控制寄存器 IE

AT89C51 设有专门的开中断和关中断指令，中断的开放和关闭是通过中断允许寄存器 IE 各位的状态进行两级控制的。所谓两级控制是指所有中断允许的总控制位和各中断源允许的单独控制位，每位状态位靠软件来设定。表 3.6 给出了中断允许控制寄存器 IE 各位的定义。

表 3.6　　　　　　　　　　　　中断允许控制寄存器 IE

IE	EA	—	ET2	ES	ET1	EX1	ET0	EX0
位地址	AFH	—	ADH	ACH	ABH	AAH	A9H	A8H

（1）EA（IE.7）：总允许控制位，位地址为 AFH。EA 状态可由软件设定，若 EA = 0，禁止 AT89C51 所有中断源的中断请求；若 EA = 1，则总控制被开放，但每个中断源是允许还是被禁止

CPU 响应，还受控于中断源的各自中断允许控制位的状态。

（2）ET2（IE.5）：定时器 T2 溢出中断允许控制位，位地址是 ADH。若 ET2 = 0，禁止 T2 溢出中断；若 ET2 = 1，允许 T2 溢出中断。T2 定时器只有 89C52、8032 等芯片才有，AT89C51 没有这一定时器。

（3）ES（IE.4）：串行口中断允许控制位，位地址是 ACH。若 ES=0，则串行口中断被禁止；若 ES=1，则串行口中断被允许。

（4）ET1（IE3）：定时器 T1 的溢出中断允许控制位，位地址为 ABH。若 ET1=0，则禁止定时器 T1 的溢出中断请求；若 ET1 = 1，则允许定时器 T1 的溢出中断请求。

（5）EX1（IE.2）：外部中断 $\overline{INT1}$ 的中断请求允许控制位，位地址是 AAH。若 EX1 = 0，则禁止外部中断请求；若 EX1 = 1，则允许外部中断请求。

（6）ET0（IE.1）：定时器 T0 的溢出中断允许控制位，位地址是 A9H。其功能类同于 ET1。

（7）EX0（IE.0）：外部中断 $\overline{INT0}$ 的中断请求允许控制位，位地址是 A8H。其功能类同于 EX1。

AT89C51 在上电时或复位时，IE 寄存器的各位都被复位成"0"状态，因此 CPU 处于关闭所有中断的状态，要想开放所需要的中断请求，则必须在主程序中用软件指令来实现。IE 寄存器既有单元地址（A8H），各控制位又有各自的位地址（A8H～AFH），因而改变 IE 寄存器各位的状态，既可以改变整个字节，又可以通过位寻址方式直接改变某一位。

例如，现在要开放外中断 $\overline{INT0}$ 的中断请求，则改变整个字节的可用：

        IE=0x81;

而对位赋值可用：

        EA=1;

        EX0=1;

从中可看出，若要开放 $\overline{INT0}$ 中断请求，仅使 EX0 = 1 不行，还必须使 EA = 1。如果 EA = 0 则所有中断源都将被关闭。

4. 中断优先级寄存器 IP

AT89C51 的中断源优先级是由中断优先级寄存器 IP 进行控制的。五个中断源总共可分为两个优先级，每一个中断源都可以通过 IP 寄存器中的相应位设置成高级中断或低级中断。因此，CPU 对所有中断请求只能实现两级中断嵌套。IP 寄存器各位的定义如表 3.7 所示。

表 3.7　　　　　　　　　　　　　　中断优先控制寄存器 IP

IP	—	—	PT2	PS	PT1	PX1	PT0	PX0
位地址	—	—	BDH	BCH	BBH	BAH	B9H	B8H

（1）—（IP.7，IP.6）：保留位。

（2）PT2（IP.5）：定时器 T2 中断优先级控制位，位地址是 BDH。PT2=1 为高优先级，PT2=0 为低优先级。AT89C51 中没有定时器 T2。

（3）PS（IP.4）：串行口中断优先级设定位，位地址是 BCH。PS=1 为高优先级，PS=0 为低优先级。

（4）PT1（IP.3）：定时器 T1 中断优先级控制位，位地址是 BBH。PT1=1 为高优先级，PT1=0 为低优先级。

（5）PX1（IP.2）：外中断 $\overline{INT1}$ 优先级控制位，位地址为 BAH。PX1=1 为高优先级，PX1=0

为低优先级。

（6）PT0（IP.1）：定时器 T0 中断优先级控制位，位地址为 B9H，其功能与 PT1 类同。

（7）PX0（IP.0）：外部中断 $\overline{INT0}$ 优先级控制位，位地址为 B8H，其功能与 PX1 类同。

AT89C51 的五个中断源通过中断优先级寄存器 IP 的设置，可分为高级中断和低级中断，一个正在响应的低优先级的中断会由于高优先级的中断请求而自动被中断，但不会由于另一个低优先级的中断请求而中断；一个高优先级的中断不会被任何其他的中断请求所中断。

如果同时收到两个不同优先级的请求，则较高优先级的请求被首先响应。如果同样优先级的请求同时接收到，则内部对中断源的查询次序决定先接收哪一个请求，表 3.8 列出了同一优先级中断源的内部查询次序。

表 3.8　　　　　　　　　　　　　　　　中断源的内部查询次序

中断源	中断标志	优先查询次序
外中断 0	IE0	高
定时器 T0 中断	TF0	↑
外中断 1	IE1	
定时器 T1 中断	TF1	
串行口中断	RI+TI	低

这个查询次序决定了同一优先级内的第二优先结构，是一个辅助优先结构，但不能实现中断嵌套。

知识 4　中断系统结构

从前面的分析可以看出，AT89C51 的中断系统主要由中断标志、中断允许寄存器 IE、中断优先级寄存器 IP 和相应的逻辑电路组成，如图 3.21 所示。

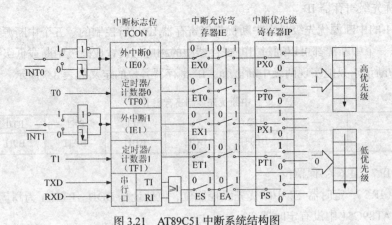

图 3.21　AT89C51 中断系统结构图

知识 5　中断请求的响应、撤除及返回

1. 中断的响应

从前面介绍的中断允许控制寄存器 IE 中可以看出一个中断源发出请求后是否被 CPU 响应，

首先必须得到 IE 寄存器的允许，即开中断。如果不置位 IE 寄存器中的相应允许控制位，则所有中断请求都不能得到 CPU 的响应。

在中断请求被允许的情况下，某中断请求被 CPU 响应还受下列条件的影响。

（1）当前 CPU 没有响应其他任何中断请求，则单片机在执行完现行指令后就会自动响应该中断。

（2）CPU 正在响应某中断请求时，如果新来的中断请求优先级更高，则单片机会立即响应新的中断请求，从而实现中断断套；如果新来的中断请求与正在响应的中断优先级相同或更低，则 CPU 必须等到现有中断服务完成以后，才会自动响应新来的中断请求。

（3）在 CPU 执行中断函数返回或访问 IE/IP 寄存器指令时，CPU 必须等到这些指令执行完之后才能响应中断请求。

单片机响应某一中断请求后要进行如下操作。

（1）完成当前指令的操作。

（2）保护断点地址，将 PC 内容压入堆栈。这个过程又称为现场保护。

（3）屏蔽同级的中断请求。

（4）将对应的中断响应程序入口地址送入 PC 寄存器，根据中断向量地址自动转入中断服务程序。

（5）执行中断服务程序。

（6）结束中断，从堆栈中自动弹出断点地址到 PC 寄存器，返回到先前断点处继续执行原程序（现场恢复）。

2．中断请求的撤除

中断源发出中断请求后，CPU 首先使相应的中断标志位置位，然后通过对中断标志位的检测决定是否响应。而 CPU 一旦响应某中断请求后，在该中断程序结束前，必须把它的相应的中断标志复位，否则 CPU 在返回主程序后将再次响应同一中断请求。

51 单片机的中断标志位的清除（复位）有两种方法，即硬件自动复位和软件复位。

（1）定时器溢出中断的自动撤除。定时器 T0 和定时器 T1 的中断请求，CPU 响应后，自动由芯片内部硬件直接清除相应的中断标志位 TF0、TF1，无需使用者采取其他任何措施。

（2）串行中断的软件撤除。对于串行口中断请求，CPU 响应后，没有用硬件直接清除其中断标志 TI（SCON.1，发送中断标志）、RI（SCON.0，接收中断标志）的功能，必须靠软件复位清除。因此在响应串行口中断请求后，必须在中断服务程序中的相应位置通过指令将其清除（复位）、例如可使用如下代码：

　　　　　　TI=0;

　　　　　　RI=0;

或　　　　　SCON|=0xfc;

（3）负边沿请求方式外部中断的自动撤除。外部中断请求的中断标志位 IEi 的激活方式有两种：负边沿激活和电平激活。CPU 响应中断后，也是由 CPU 内部硬件自动清除相应的中断标志。但由于 CPU 对 $\overline{\text{INT}i}$ 引脚位的外来信号没有控制，因而被清除的中断标志有可能再次被激活，从而重复引起中断请求，必须采用其他措施来克服这种情况。

对于负边沿激活方式，如果 CPU 在一个周期中对 $\overline{\text{INT}i}$（i 代表 0、1）端的采样值为高电平，而下一个周期的采样值为低电平，则将 IEi 置位。CPU 响应中断后自动将 IEi 复位，因外部中断

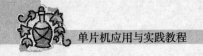

源在 CPU 执行中断服务程序时不可能再在 $\overline{\text{INT}i}$ 上产生一个负边沿而使 $\text{IE}i$ 重新置位，所以不会再次引起中断请求。

（4）电平请求方式外部中断的强制撤除。对于电平激活方式，如果 CPU 检测到 $\overline{\text{INT}i}$ 上为低电平，而将 $\text{IE}i$ 置位，申请中断，CPU 响应后自动复位中断标志 $\text{IE}i$。但如果外部中断源的低电平不能及时撤除的话，在 CPU 执行中断服务程序时，检测到 $\overline{\text{INT}i}$ 上的低电平时又会使 $\text{IE}i$ 置位，本次中断结束后又会引起中断请求。

为了使本次中断请求彻底撤除，一般可借助外部电路在中断响应后把中断请求输入端从低电平强制改为高电平，如图 3.22 所示。

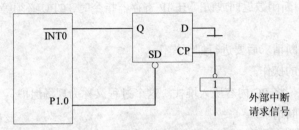

图 3.22　清除外部中断请求电路

外部中断请求信号不直接加在 INT0 端，而是加在 D 触发器的 CP 端。当外部中断源产生正脉冲中断请求时，由于 D 端接地，Q 端被复位成 "0" 状态，使 $\overline{\text{INT0}}$ 端出现低电平，激活中断标志 IE0（置 1）。单片机响应中断后，在中断服务程序中可采用下列指令在 P1.0 端输出一个负脉冲来撤除 $\overline{\text{INT0}}$ 上的低电平中断请求。

P1^0=0;
P1^0=1;
IE0=0;

上述代码中第 1 句、第 3 句是十分必要的，第 2 句不但使 $\overline{\text{INT0}}$ 上的低电位变成高电位，撤除了中断，而且使 D 触发器可以再次接受中断请求正脉冲信号。第 3 句用于清除可能已被重复置位的中断标志位 IE0，使本次中断请求被彻底撤除。

3. 中断返回

单片机响应中断后，自动执行中断函数，执行完毕，单片机就结束本次中断服务，返回原程序。

任务实施

【跟我做】

1. 硬件电路设计

本任务中设计的简易秒表，要求两位显示，并利用按键控制启停。利用单片机的 P0 口和 P2 口外接两位数码管静态显示计时结果，利用单片机的 P1.6、P1.7 口外接两个按键作为秒表的启停按键，设计电路图如图 3.23 所示。

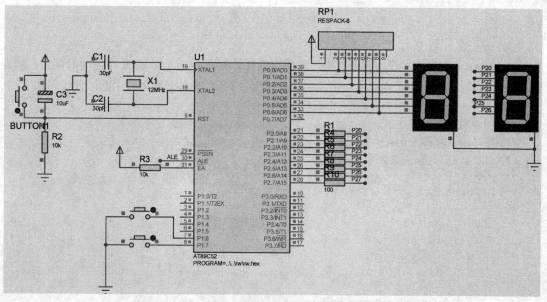

图 3.23 简易秒表电路原理图

2. 控制软件设计

首先，根据硬件电路连接，完成如下程序首部。

```
/*****************************************************/
/*简易秒表,实现 100s 之内的秒表功能                   */
/*2 位数码管静态显示,P0 控制十位,P2 控制个位           */
/*2 个按键,分别控制启停                               */
/*****************************************************/
#include <reg51.h>                      /* define 8051 registers */
#define  uchar unsigned char

sbit K_start=P1^6;                       //定义按键
sbit K_stop=P1^7;

uchar code tab[10]={0x3f,0x06,0x5b,0x4f,0x66,0x6d,0x7d,0x07,0x7f,0x6f};
                                         /* 共阴极数码管 0~9 的码字 */
```

当启动键按下后，显示结果每秒钟递增 1，因此采用定时器 T0 中断方式实现秒定时。选择定时功能方式 1，定时 50ms，设置初始值为：

$$X=65536-\frac{50ms}{1\mu s}=15536=(3CB0)_{16}$$

设计 T0 初始化子程序如下：

```
/*****************************************************/
/*T0 中断初始化                                      */
/*描述:50ms 定时                                     */
/*****************************************************/
void InitTimer0(void)
{
    TMOD = 0x01;                         //设定 T0 工作方式 1
    TH0 = 0x3c;                          //计数初值
    TL0 = 0xb0;
```

```
    EA = 1;                                    //开中断
    ET0 = 1;
}
```

每 50ms，定时结束，在中断函数中还需使用软件计数器，记满 20 表明 1s 定时时间到，秒表显示结果加 1。为此，应在主程序中定义一个全局变量 i 用作软件计数器，中断函数代码如下：

```
/****************************************************/
/*T0 中断服务程序                                   */
/*描述:50ms 中断服务程序                            */
/*入口:i(50ms 计数,记满 20 为 1s)                   */
/****************************************************/
void Timer0Interrupt()interrupt 1
{
    TH0 = 0x3c;                                //重新赋初值
    TL0 = 0xb0;
    i++;
    if(i= =20)
    {
        i=0;second++;second%=100;              //记满 1s,更新 second 变量
    }
}
```

秒计时工作交由定时器负责后，主程序中只需进行按键检测，根据启停按键情况控制定时/计数器的启停；同时负责将秒表的计数结果显示即可，程序流程如图 3.24 所示。

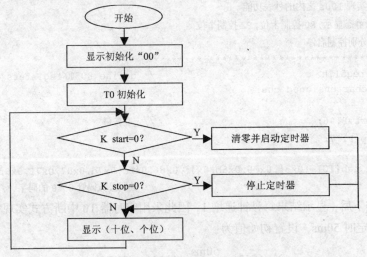

图 3.24　控制程序流程图

主程序参考代码如下：

```
/****************************************************/
/*主程序                                            */
/****************************************************/
uchar second;
uchar i;
void InitTimer0(void);
void main(void)
{
    second=0;                                  //显示初始化
```

```
    P0=tab[0];    P2=tab[0];
    InitTimer0();                          //T0 初始化
    while(1)
    {
        if(!K_start)                       //K_start 按下,从 0 开始记秒
        {
            while(!K_start);               //等待弹出
            second=0;
            TR0=1;
        }
        if(!K_stop)                        //K_stop 按下,停止计时
        {
            while(!K_stop);                //等待弹出
            TR0=0;
        }
        P0=tab[second/10];                 //显示
        P2=tab[second%10];
    }
}
```

3. 程序调试

在 Keil 中进行软件调试,步骤如下:

(1)设置仿真时钟。单击快捷工具栏中的 图标,进入 Options for Target'Target 1'窗口,将仿真用晶振频率调为 12MHz,如图 3.25 所示。

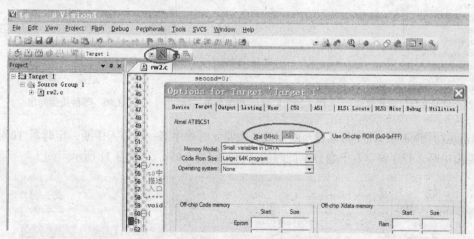

图 3.25 设置晶振频率

(2)利用单步及断点运行的方式,分段调试。在 T0 中断服务程序开头,行号前端用鼠标双击,设置一个断点,如图 3.26 所示。当程序执行至断点处,表示 T0 产生一次溢出中断,即 50ms 延时。

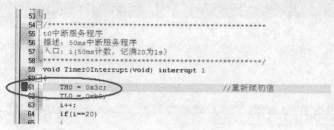

图 3.26 设置断点

113

进入调试界面，在 Watch 1 窗口中，双击鼠标左键，或单击 F2 键，将程序中的变量 second 和变量 i 加入，便于调试过程观察。如图 3.27 所示。

图 3.27　添加观察变量

菜单栏中点击 Peripherals→I/O-Ports 打开 P0、P1、P2 口，如图 3.28 所示，并将 K_start（P1.6 口）设为低电平，模拟启动按键按下的情况，如图 3.29 所示。

一直单击单步执行，此时程序将停在等待按键 K_start 弹出的位置，如图 3.30 所示，此时在图 3.29 中将 P1.6 设置为高电平，模拟按键 K_start 弹出的状态，程序将继续运行。

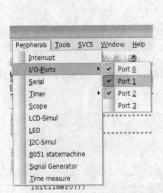

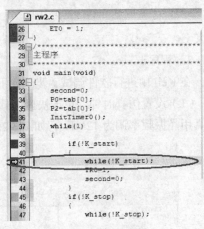

图 3.28　打开并行口观察窗口　　　图 3.29　K_start 按键设置　　　图 3.30　等待按键弹出

单击运行图标，程序将运行至断点处，表明此时程序第一次进入中断，定时器 T0 定时满 50ms 溢出中断，程序窗口右下角显示此时的运行时间为 0.05s，如图 3.31 所示。

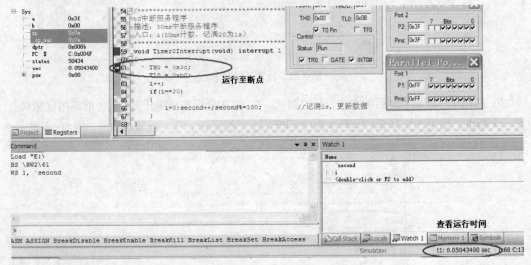

图 3.31　运行至断点并查看运行时间

此后，单击单步运行，至中断服务程序结束，查看变量窗口，变量 i 的值变为 0x01，如图 3.32 所示。

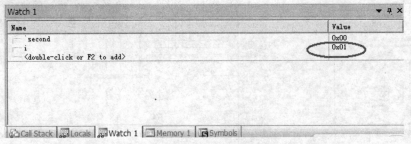

图 3.32 查看变量窗口

重复上述断点运行和单步运行的步骤，当 i 加至 0x14 后，i 变为 0，同时 second 变为 0x01，此时右下角的运行时间显示为 1.00s，P0 和 P2 口显示更新为 0x3f（数码 0）和 0x06（数码 6）。仿真结果正确。

（3）将 Keil 中生成的 HEX 文件加载至 Proteus 中，观察运行结果。

【实物制作清单】

1．PC、单片机开发系统、稳压电源+5V
2．元器件清单：

插座	DIP40	1
单片机	STC89C52RC	1
晶体振荡器	12MHz	1
瓷片电容	27pF	2
电解电容	10μF	1
数码管	共阴	2
按键		2
排阻		1
电阻		若干

【课后任务】

（1）根据元器件清单，自行设计并焊接完成本任务的实物制作。

（2）设计一个 4 位数码管动态显示器，利用定时器定时 2ms，实现动态显示某一固定的数。例如，显示"1264"。参考电路如图 3.33 所示，选用 4 位共阳极数码显示器，公选端需外接三极管驱动。请设计单片机控制程序，并实现仿真。

（3）在图 3.33 基础上的 P1.7 口添加一位按键，编写程序，控制按键每按下一次，显示结果加 1。请设计控制程序，并实现仿真。

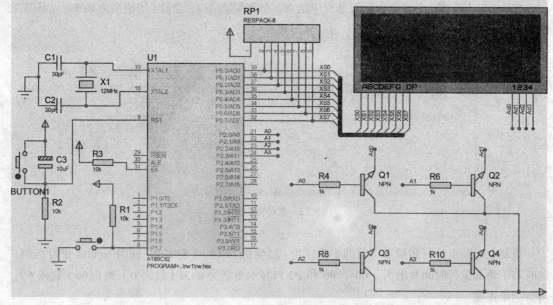

图 3.33　4 位动态显示器参考电路

任务扩展

知识 6　外部中断的应用

外部中断 0 和外部中断 1，通常用于处理外部设备发出的中断请求信号，中断请求由 P3.2 和 P3.3（即 $\overline{INT0}$ 和 $\overline{INT1}$）引脚输入单片机。读者可利用按键接于 P3.2 或 P3.3 口，模拟外部中断请求，利用外部中断处理按键。

在程序调试中，利用外部中断和按键可实现程序的单步执行。

当 CPU 正在执行某中断服务时，一个新的同等优先级的中断请求是不会得到响应的，而且在执行 RETI 指令返回后，还必须多执行一条指令才能接收新的中断请求。利用这一特点，就可以实现程序的单步执行。在没有开发系统的条件下，利用外中断实现程序的单步运行为用户调试程序带来一定的方便。具体外部电路连接如图 3.34 所示。

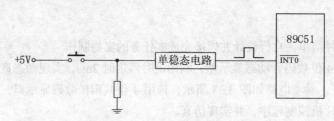

图 3.34　单步执行外部电路连接图

将外中断 $\overline{INT0}$ 设为电平触发方式，通常 $\overline{INT0}$ 端（P3.2）保持低电平，则 CPU 进入外部中断 $\overline{INT0}$ 的服务程序，并等待 $\overline{INT0}$ 端变高电平。当 $\overline{INT0}$ 端出现一个正脉冲（由低到高，再到低）时，程序就会往下执行，由中断返回用户程序，执行一条用户指令后又立刻再次响应中断。执行中断服务程序，以等待 $\overline{\text{INT0}}$ 端出现的下一个正脉冲，这样在 $\overline{\text{INT0}}$ 端每出现一次正脉冲，用户程序就被执行一条，如此重复就可实现程序单步执行。中断初始化和中断服务程序如下。

```
/*********************************************************/
/*外部中断初始化子程序                                    */
/*********************************************************/
void Init_x0(void)
{
    EA=1;                              //开总中断
    EX0=1;                             //开外部中断 0
    PX0=1;                             //设置外部中断 0 为高优先
    IT0=0;                             //清外部中断 0 标志位
}
/*********************************************************/
/*外部中断服务程序                                        */
/*********************************************************/
void Int0Interrupt()interrupt 0
{
    ……
    while(!P3.2);                      //等待信号变高
    while(P3.2);                       //等待信号变低,中断返回
}
```

知识 7 外部中断源的扩展

51 系列单片机仅提供了两个外部中断源，而在实际应用中可能需要两个以上的外部中断源，这时必须对外部中断源进行扩展。可用如下方法进行扩展。

1. 利用定时器/计数器扩展外部中断源

如果将 51 系列单片机的两个计数器的初值均设为 0xffff，那么，当从引脚 P3.4（T0）或 P3.5（T1）输入一个脉冲，就可以使其引起计数器溢出中断。这样一来，计数器的功能就类似外部中断的脉冲触发方式，从而达到扩展外部中断源的目的。

例如，可用下面的程序段来初始化定时器/计数器 0，以便将其用作外部中断源。

```
TMOD = 0x06;        // 设置 T/C0 为计数器模式且与外部中断 0 无关,计数初值自动重装
TL0 = 0xff;         // 设置计数初值
TH0 = 0xff;
EA = 1;             // 打开中断总开关
ET0 = 1;            // 允许定时器/计数器 0 申请中断
TR0 = 1;            // 启动定时器/计数器 0
```

利用定时器/计数器扩展外部中断源受到 51 单片机资源的限制，当定时器/计数器被用作其他用途时，就无法再用于外部中断源的扩展。

2. 采用中断和查询结合的方法扩展外部中断源

当系统有多个中断源时，可按照它们的轻重缓急进行中断优先级排队，将最高优先级别的中断源接在外部中断 0 上，其余中断源接在外部中断 1 及 I/O 口。当外部中断 1 有中断请求时，再通过查询 I/O 口的状态，判断哪一个中断申请。

例如：利用外部中断处理 4 个按键 K1～K4，分别单独控制 D1～D4 的发光与熄灭。按一次 K1 键 D1 发光，再按一次 K1 键 D1 熄灭，同时要保证其他发光二极管的状态不变。本例中实质

就是用一个中断口扩展 4 个中断源的问题。电路原理如图 3.35 所示。

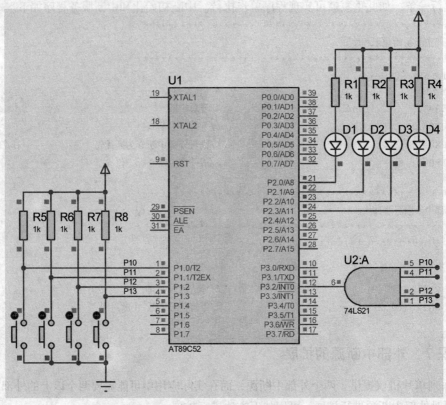

图 3.35　利用外部中断 0 扩展中断源电路原理图

参考代码如下，请读者自行调试仿真。

```
/************************************************************/
/*程序功能:通过外部中断 0,用 K1~K4 分别单独控制 D1~D4 的发光、熄灭    */
/*调用函数:Xint0(void)                                      */
/************************************************************/
# include <reg51.h>
sbit K1 = P1^0;                          //定义 4 个按键 K1~K4,用于外部中断扩展
sbit K2 = P1^1;
sbit K3 = P1^2;
sbit K4 = P1^3;

sbit D1 = P2^0;                          //定义 4 个发光二极管 D1~D4
sbit D2 = P2^1;
sbit D3 = P2^2;
sbit D4 = P2^3;

void Xint0(void);                        //外部中断 0 中断函数声明
/************************************************************/
/*功能描述:主函数,初始化 CPU                                 */
/************************************************************/
void main(void)
{
    P2 = 0xff;                           //发光二极管熄灭,准备扫描按键
```

118

```
    EA = 1;                                      //打开总中断
    EX0 = 1;                                     //允许外部中断0中断
    IT0 = 1;                                     //INT0为下降沿触发方式
    while(1);
}
/**************************************************************/
/*函数名称:void Xint0(void)Interrupt 0 using 3            */
/*功能描述:用外部中断0控制发光二极管的发光与熄灭          */
/**************************************************************/
void Xint0(void)interrupt 0 using 3
{
    P2 = P2&0xff;
    if(K1==0)D1 = !D1;                           //按一次K1,D1发光;再按一次K1,D1熄灭
    if(K2==0)D2 = !D2;                           //按一次K2,D2发光;再按一次K2,D2熄灭
    if(K3==0)D3 = !D3;                           //按一次K3,D3发光;再按一次K3,D3熄灭
    if(K4==0)D4 = !D4;                           //按一次K4,D4发光;再按一次K4,D4熄灭
}
```

采用中断和查询结合的方法扩展外部中断源,虽然不受51系列单片机资源的限制,但由于查询需要时间,而这对于实时性要求较高的控制系统显然是不合适的。为此,可在电路中使用优先权解码芯片74148,或专用的可编程中断控制芯片如8259A等。

任务三 电子万年历设计

任务要求

【任务内容】

利用专用时钟芯片DS1302制作一个简易电子万年历,单片机做主控芯片,外接液晶显示器LCD1602,显示年月日和时间。

【知识要求】

了解专用时钟芯片DS1302的结构、工作原理;学会单片机与DS1302的接口电路设计;熟练掌握子程序设计技巧;巩固液晶显示器的使用。

相关知识

知识1 DS1302概述

DS1302是一种高性能、低功耗、带RAM的实时时钟电路,它可以对年、月、日、星期、时、分和秒进行计时,具有闰年补偿功能,工作电压为2.5~5.5V。采用三线接口与CPU进行同步通信,并可采用突发方式一次传送多个字节的时钟信号或RAM数据。DS1302内部有一个31×8的

用于临时性存放数据的 RAM 寄存器。

DS1302 共有 8 条引脚，排列如图 3.36 所示。

下面分别介绍这些引脚的功能。

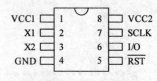

图 3.36　DS1302 引脚图

1．电源线

（1）VCC1 和 VCC2：2.5～5.5V 电源线。

（2）GND：接地线。

其中，VCC1 为后备电源，VCC2 为主电源，在主电源关闭的情况下，也能保持时钟的连续运行。DS1302 由 VCC1 或 VCC2 两者中的较大者供电。当 VCC2 大于 VCC1+0.2V 时，VCC2 给 DS1302 供电。当 VCC2 小于 VCC1 时，DS1302 由 VCC1 供电。

2．外接晶振线

X1 和 X2 是振荡源接入口，外接 32.768kHz 晶振。

3．接口线

DS1302 与 CPU 的接口线有三条。

（1）RST：复位/片选线。通过把 RST 输入驱动置高电平来启动所有的数据传送。RST 输入有两种功能：首先，RST 接通控制逻辑，允许地址/命令序列送入移位寄存器；其次，RST 提供终止单字节或多字节数据的传送手段。当 RST 为高电平时，所有的数据传送被初始化，允许对 DS1302 进行操作。如果在传送过程中 RST 置为低电平，则会终止此次数据传送，I/O 引脚变为高阻态。

上电运行时，在 VCC≥2.5V 之前，RST 必须保持低电平。只有在 SCLK 为低电平时，才能将 RST 置为高电平。

（2）SCLK：输入端，串行接口的同步时钟信号。

（3）I/O：串行数据输入输出端（双向）。数据的输入输出均从最低位开始。

知识 2　DS1302 的控制字节

1．DS1302 的控制字节

DS1302 的控制字格式如图 3.37 所示。

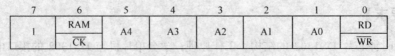

7	6	5	4	3	2	1	0
1	RAM / $\overline{CK}$	A4	A3	A2	A1	A0	RD / $\overline{WR}$

图 3.37　DS1302 的控制字节结构

控制字节的最高有效位（位 7）必须是逻辑 1，如果它为 0，则不能把数据写入 DS1302 中；位 6 如果为 0，则表示存取日历时钟数据，为 1 表示存取 RAM 数据；位 5 至位 1 指示操作单元的地址；最低有效位（位 0）如为 0 表示要进行写操作，为 1 表示进行读操作。

控制字节总是从最低位开始输出。

2．数据的输入输出

在控制指令字输入后的下一个 SCLK 时钟的上升沿时，数据被写入 DS1302，数据输入从低位即位 0 开始。同样，在紧跟 8 位的控制指令字后的下一个 SCLK 脉冲的下降沿读出 DS1302 的数据，读出数据时从低位 0 位到高位 7。

知识 3 DS1302 的寄存器

DS1302 有 12 个寄存器，其中有 7 个寄存器与日历、时钟相关，存放的数据位为 BCD 码形式，其日历、时间寄存器及其控制字如表 3.9 所示。

表 3.9　　　　　　　　　　　　日历、时间寄存器及其控制字

寄存器名称	命令字		取值范围	各位内容							
	写操作	读操作		7	6	5	4	3	2	1	0
秒寄存器	80H	81H	00～59	CH		10SEC			SEC		
分寄存器	82H	83H	00～59	0		10MIN			MIN		
时寄存器	84H	85H	01～12 或 00～23	12/24	0	10HR			HR		
日寄存器	86H	87H	01～28，29，30，31	0	0	10DATE			DATE		
月寄存器	88H	89H	01～12	0	0	0	10M		MONTH		
周寄存器	8AH	8BH	01～07	0	0	0	0	0		DAY	
年寄存器	8CH	8DH	00～99	10YEAR				YEAR			
写保护寄存器	8EH	8FH	00H/80H	WP			0				

此外，DS1302 还有控制寄存器、充电寄存器、时钟突发寄存器及与 RAM 相关的寄存器等。时钟突发寄存器可一次性顺序读写除充电寄存器外的所有寄存器内容。DS1302 与 RAM 相关的寄存器分为两类：一类是单个 RAM 单元，共 31 个，每个单元组态为一个 8 位的字节，其命令控制字为 C0H～FDH，其中奇数为读操作，偶数为写操作；另一类为突发方式下的 RAM 寄存器，此方式下可一次性读写所有的 RAM 的 31 个字节，命令控制字为 FEH（写）、FFH（读）。

需要注意的是：

①每次上电，必须把秒寄存器的最高位（CH）设置为 0，时钟才能走时。

②如果需要对 DS1302 写入数据，必须把写保护寄存器 WP 位设置成 0。

知识 4 DS1302 的应用

1. DS1302 的硬件连接

DS1302 的硬件电路较为简单，如图 3.38 所示，主要由下面三部分构成。

（1）电源电路。通常连接主电源即可，若需要掉电保持，则 VCC2 脚外接电池作为备用电源。

（2）晶振电路。外接 32.768kHz 晶体振荡器。

（3）CPU 接口电路。由于 DS1302 是串行时钟芯片，因此与 CPU 间仅有一条数据线，外加两条控制线 SCLK 与 RST。

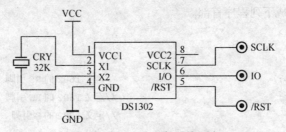

图 3.38　DS1302 硬件连接电路

2. DS1302 的控制流程

单片机对 DS1302 的控制需要根据 DS1302 的工作时序与控制字进行。涉及的信号主要是 SCLK、RST 和 I/O。典型的 DS1302 实时时间流程如图 3.39 所示。

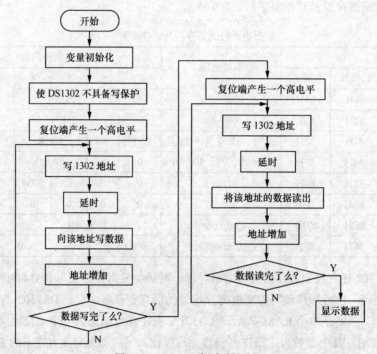

图 3.39　DS1302 实时时间流程

从 1302 中读取的实时时间均为 BCD 码形式，如表 3.9 所示，后续程序中还需要进行相应的码字转换才能进行显示等其他处理。

任务实施

【跟我做】

1. 硬件电路设计

根据 DS1302 的结构与工作原理，数据线与控制线通过上拉电阻，分别接于单片机的 P0.0、P0.1 和 P0.2 口，外接 32.768kHz 晶振。

单片机外接 LCD1602 作为显示器，电路如图 3.40 所示。

根据电路连接，完成下列程序首部。

```
#include <reg51.h>
#include <intrins.h>

sbit RSPIN = P3^0;                        //定义 1602 的 RS 引脚
sbit RWPIN = P3^1;                        //定义 1602 的 RW 引脚
sbit EPIN = P3^2;                         //定义 1602 的 E 引脚

sbit  DS1302_CLK = P0^1;                  //定义 1302 时钟线引脚
```

```
sbit  DS1302_IO = P0^0;          //定义1302数据线引脚
sbit  DS1302_RST = P0^2;         //定义1302复位线引脚
sbit  ACC0 = ACC^0;
sbit  ACC7 = ACC^7;
```

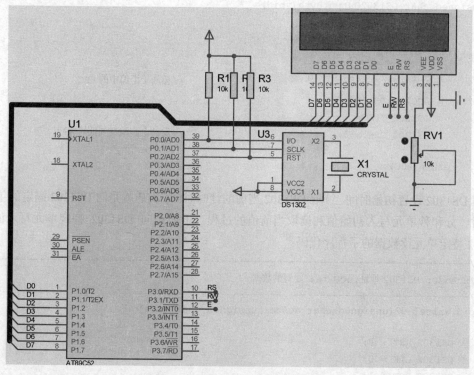

图 3.40　液晶显示万年历电路原理图

2. 控制软件设计

首先，根据 DS1302 的工作原理，完成 DS1302 几个子程序设计。

根据 DS1302 的工作时序，向 DS1302 写数据时，从低位（即位 0）开始，数据输入发生在 SCLK 时钟的上升沿。从 DS1302 读出数据时，同样从低位 0 位开始，数据读出发生在 SCLK 脉冲的下降沿。向 DS1302 写一个字节和从 DS1302 读取一个字节的子程序代码如下：

```
//-------------------------------------------------------------------------------
//子程序:向ds1302写入一字节(内部函数)
//入口参数:ds1302待写入地址
//-------------------------------------------------------------------------------
void DS1302InputByte(unsigned char d)
{
    unsigned char i;
    ACC = d;
    for(i=8;i>0;i--)
    {
        DS1302_IO = ACC0;              //写入最低位
        DS1302_CLK = 1;                //模拟产生CLK上升沿
        DS1302_CLK = 0;
        ACC = ACC >> 1;
    }
}
```

```
//------------------------------------------------------------------------------
//实时时钟读取一字节(内部函数)
//返回值:从 ds1302 读取的数据
//------------------------------------------------------------------------------
unsigned char DS1302OutputByte(void)
{
    unsigned char i;
    for(i=8;i>0;i--)
    {
        ACC = ACC >>1;                          //相当于汇编中的 RRC
        ACC7 = DS1302_IO;
        DS1302_CLK = 1;
        DS1302_CLK = 0;                         //发一个高跳变到低的脉冲
    }
    return(ACC);
}
```

对 DS1302 设置初始时间、读取 DS1302 当前的计时时间,实质就是向 DS1302 固定的年、月、日、时、分和秒单元写入初始值和读取当前值的过程。下面是向 DS1302 特定单元写入值和从 DS1302 特定单元读数据的子程序代码:

```
//------------------------------------------------------------------------------
//ucAddr: DS1302 地址,ucData: 要写的数据
//------------------------------------------------------------------------------
void Write1302(unsigned char ucAddr,unsigned char ucDa)
{
    DS1302_RST = 0;
    DS1302_CLK = 0;
    DS1302_RST = 1;
    DS1302InputByte(ucAddr);                    //对 DS1302 写入地址命令
    DS1302InputByte(ucDa);                      //写 1Byte 数据
    DS1302_CLK = 1;
    DS1302_RST = 0;                             //RST 0->1->0,CLK 0->1
}
//------------------------------------------------------------------------------
//读取 DS1302 某地址的数据
//------------------------------------------------------------------------------
unsigned char Read1302(unsigned char ucAddr)
{
    unsigned char ucData;
    DS1302_RST = 0;
    DS1302_CLK = 0;
    DS1302_RST = 1;                             //enable
    DS1302InputByte(ucAddr|0x01);               //对 DS1302 写入地址命令
    ucData = DS1302OutputByte();                //读 1Byte 数据
    DS1302_CLK = 1;                             //RST 0->1->0,CLK 0->1
    DS1302_RST = 0;
    return(ucData);
}
```

有了上述子程序,就可以开始控制程序的编写了。LCD1602 的相关子程序,请参阅项目二任务四,这里不再赘述,仅在主程序前给出对应子程序申明。

此外，使用 Proteus 仿真时，无需对 DS1302 设置初值，仿真器将会自动从 PC 上提取当前时间装入 DS1302，因此，仿真程序中没有对 DS1302 计时初始化的步骤，在实物制作时，读者可自行编写计时初始化程序。参考程序如下：

```c
unsigned char year,month,day,hour,min,sec;          //定义变量
unsigned char date[8]={0,0,'-',0,0,'-',0,0};        //年月日显示数组
unsigned char time[8]={0,0,':',0,0,':',0,0};        //时分秒显示数组
//LCD1602 子程序列表
void lcdreset();
void lcdwaitidle(void);                             //忙检测子程序
void lcdwd(unsigned char d);                        //送控制字到液晶显示控制器子程序
void lcdwc(unsigned char c);                        //送控制字到液晶显示控制器子程序
void delay3ms(void);                                //延时 3ms 子程序
//DS1302 子程序列表
void DS1302InputByte(unsigned char d);
unsigned char DS1302OutputByte(void);
void Write1302(unsigned char ucAddr,unsigned char ucDa);
unsigned char Read1302(unsigned char ucAddr);
//---------------------------------------------------------------------------
//主程序
//---------------------------------------------------------------------------
void main()
{
    unsigned char a,charpos,i,temp;
    lcdreset();                                     //1302 初始化
    Write1302(0x8E,0x00);                           //打开写保护
    Write1302(0x80,0x00);                           //对 80H 最高位 CH 写 0
    while(1)
    {
        temp=Read1302(0x80);                        //读取秒单元
        sec =((temp&0x70)>>4)*10 +(temp&0x0F);

                                                    //BCD 码转换
        temp=Read1302(0x82);                        //读取分单元
        min =((temp&0x70)>>4)*10 +(temp&0x0F);
        temp=Read1302(0x84);                        //读取小时单元
        hour =((temp&0x70)>>4)*10 +(temp&0x0F);
        temp=Read1302(0x86);                        //读取日单元
        day =((temp&0x70)>>4)*10 +(temp&0x0F);
        temp=Read1302(0x88);                        //读取月单元
        month =((temp&0x70)>>4)*10 +(temp&0x0F);
        temp=Read1302(0x8c);                        //读取年单元
        year =((temp&0x70)>>4)*10 +(temp&0x0F);

        date[0]=year/10+'0';                        //年月日转化为 ASCII 码
        date[1]=year%10+'0';
        date[3]=month/10+'0';
        date[4]=month%10+'0';
        date[6]=day/10+'0';
        date[7]=day%10+'0';

        time[0]=hour/10+'0';
```

```
time[1]=hour%10+'0';
time[3]=min/10+'0';
time[4]=min%10+'0';
time[6]=sec/10+'0';
time[7]=sec%10+'0';

charpos=0x4;                              //第1行居中显示日期
for(i=0;i<8;i++)
{
    a=date[i];
    lcdwc(charpos|0x80);
    lcdwd(a);
    charpos++;
}
charpos=0x44;                             //第2行居中显示时间
for(i=0;i<8;i++)
{
    a=time[i];
    lcdwc(charpos|0x80);
    lcdwd(a);
    charpos++;
}
}
}
```

3. 仿真调试

Keil 中编译生成 HEX 文件，并装载到 Proteus 中，运行，显示结果。执行菜单命令调试菜单→
DS1302→Clock，可查看 DS1302 中的当前计时值，与显示值相同。运行结果如图 3.41 所示。

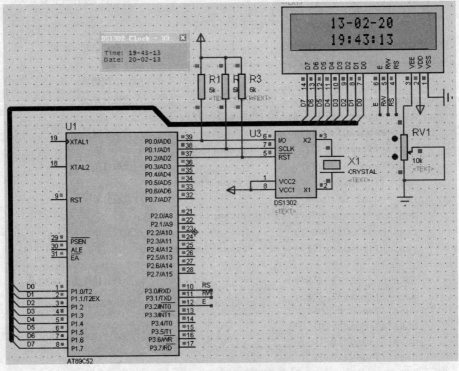

图 3.41   仿真运行结果

若仿真无显示结果，读者可尝试先编写 LCD1602 显示代码部分，显示一个字符，如能正确显示，确认 LCD1602 控制代码部分正确，再添加 DS1302 控制代码，分布调试。

【实物制作清单】

1. PC、单片机开发系统、稳压电源+5V
2. 元器件清单：

插座	DIP40	1
单片机	STC89C52RC	1
时钟芯片	DS1302	1
晶体振荡器	12MHz	1
	32.768kHz	1
瓷片电容	27pF	2
电解电容	10μF	1
液晶显示器	LCD1602	1
按键		1
电阻		若干

【课后任务】

（1）根据元器件清单，自行设计并焊接完成本任务的实物制作。

（2）在本任务的图中，添加功能按键 K0；加 1 按键 K1；减 1 按键 K2。控制过程如下：

按下 K0 后，进入设定"年"状态，通过 K1、K2 设定；再按下 K0 确认，并进入设定"月"状态，通过 K1、K2 设定；再按下 K0 确认，并进入设定"日"状态……最后设定完"分"后，按下 K0 退出设定状态，正常走时、显示。

请完成硬件电路设计和控制软件设计，并仿真或做出实物。

项目小结

（1）51 系列单片机内部有两个 16 位的定时器/计数器，通过编程可设定任意一个或两个 T/C 工作，并使其工作在定时或计数方式。

定时器/计数器的控制是通过软件设置来实现的，用于控制定时/计数器的特殊功能寄存器主要是：TMOD（工作方式寄存器），TCON（控制寄存器），可利用查询或中断的方法处理定时/计数溢出。

定时/计数器在定时控制、延时、对外部事件计数、检测等场合有着丰富的应用。

（2）中断机制是单片机实时控制、多任务控制的重要保障。引起中断的原因或能发出中断请求的来源称为中断源。51 系列单片机有 2 个外部中断源、2 个定时器/计数器中断源及 1 个串行口中断源。相对于外部中断，定时器/计数器中断源与串行口中断源又称为内部中断源。

51 系列单片机中断系统的控制分成三个层次：总开关；分开关；优先级。这些控制功能主要是通过特殊功能寄存器 IE、IP 中相关位的软件设定来实现的。

（3）利用定时/计数器可为单片机控制系统提供精确的时钟控制；也可通过专用的时钟芯片为控制系统提供时钟子系统设计。DS1302 就是常见一款专用时钟芯片，设计外部电池供电后，单片机系统掉电，仍能走时，在很多单片机系统中有着重要应用。

项目四

通信系统设计

　　串行通信是单片机与外界进行信息交换的一种方式，它在单片机双机、多机以及单片机与 PC 之间通信等方面被广泛应用。本项目在介绍串行通信基本知识的基础上，着重培养单片机 AT89C51 串行 I/O 接口的应用能力。

任务一　串行口通信状态测试

任务要求

【任务内容】

　　组装一个用于串口通信状态测试的串口自收发系统，由单片机外接 1 个数码管和 1 个按键，要求按下按键后，发送一个数据，采用偶校验，自接收后进行校验验证，接收正确则显示该数据，不正确则显示"F"。

【知识要求】

　　了解串行通信的原理、方式；掌握 51 单片机串口的结构与工作原理；掌握奇偶校验原理与实现方法；掌握串口通信测试的实现方法和步骤；了解波特率的概念，掌握计算方法；能用查询和中断的方法进行串口收发处理。

相关知识

知识 1　串行通信基础知识

1. 并行通信和串行通信

计算机与外界进行信息交换称为通信。通信的基本方式可分为并行通信和串行通信。

（1）并行通信。并行通信是指数据的各位同时进行传送的通信方式，如图 4.1 所示。

本书前两个项目中介绍的并行 I/O 口 P1～P3 与外部设备之间的数据传送，单片机与外扩存储器之间，单片机与外扩并行 I/O 口（8255）之间等的数据传送方式，都属于并行通信方式。并行通信的主要特点是传输速度快，信息数据有多少位就需要多少条传输线，因而在短距离通信中占有优势；但对于长距离通信来说，因信号线太多而处于劣势。

（2）串行通信。串行通信是指数据的各位一位一位地依次传输的通信方式，如图 4.2 所示。串行通信有专用的串行 I/O 接口，无论传送信息的长短只需一对传输线来传送。尽管比按字节（byte）的并行通信慢，但是串口可以在使用一根线发送数据的同时用另一根线接收数据。它很简单并且能够实现远距离通信。例如，IEEE488 定义并行通行状态时，规定设备线总长不得超过 20m，并且任意两个设备间的线长不得超过 2m；而对于串行通信而言，长度可达 1 200m。

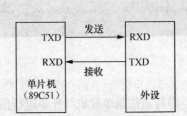

图 4.1 并行通信示意图 　　　　　　　　　 图 4.2 串行通信示意图

2. 异步通信和同步通信

串行通信又分为两种基本通信方式，即异步通信和同步通信。

（1）异步通信。在异步通信中，被传送的信息通常是一个字符代码或一个字节数据，它们以规定的相同传送格式（字符帧格式）一帧一帧地发送或接收。发送端和接收端各有一套彼此独立，又不同步的通信机构，由于它们所发送和接收数据的帧格式相同，因此可以互相识别接收到的数据信息。

字符帧格式由起始位，数据位，奇偶校验位和停止位四部分组成，如图 4.3 所示。

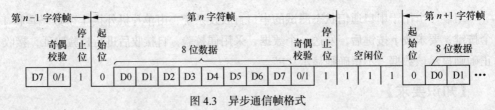

图 4.3 异步通信帧格式

① 起始位：在没有数据传送时，通信线上处于逻辑"1"状态。当发送端要发送一个字符数据时，首先发出一个逻辑"0"信号，这个低电平就是帧格式的起始位，只占一位，作用就是向接收端表示发送端开始发送一帧数据。接收端检测到这个低电平后，就准备接收数据信号。

② 数据位：在起始位之后，发送端发出（接收端接收）的是数据位。数据的位数没有严格限制，如 5 位、6 位、7 位或 8 位等，由低位到高位逐位传送。

③ 奇偶校验位：该位在串口通信中作为一种简单的检错方式。可选以下四种检错方式：偶校验、奇校验、逻辑"1"和逻辑"0"。当然没有该校验位也是可以的。

对于偶和奇校验的情况，通过设置校验位，确保传输的数据（包括校验位）有偶数个或者奇数个逻辑"1"。例如，对二进制数 01111，用偶校验，校验位为 0，传输的数据为 011110，保证逻

辑 "1" 的位数是偶数个；用奇校验，校验位为 1，传输的数据为 011111，这样就有奇数个逻辑 "1"。

也可对该校验位直接置 "1" 或清 "0"，此时该校验位不真正的检查数据，而是用以区分发送的是数据还是地址等。

④ 停止位：字符帧格式的最后部分为停止位，逻辑 "1" 电平有效，典型的值为 1，1.5 和 2 位。由于数据是在传输线上定时的，并且每一个设备有其自己的时钟，很可能在通信中两台设备间出现了小小的不同步，因此停止位不仅仅是表示传输的结束，并且提供计算机校正时钟同步的机会。选用停止位的位数越多，不同时钟同步的容忍程度越大，但是数据传输率同时也越慢。

在异步通信中，字符信息可以一帧一帧连续传送，也可以出现间隙，即空闲状态。空闲时通信线处于逻辑 "1" 状态。

（2）同步通信。串行通信中，发送设备和接收设备是相互独立、互不同步的，即接收端不知道发送端何时发送数据或发送的两组数据之间间隔多长时间，那么发送和接收之间靠什么信息协调从而同步工作呢？在异步通信中，是靠传送数据每个字符帧的起始位和停止位来协调同步的，即当接收端检测到传送线上出现 "0" 电平时，表示发送端已开始发送，而接收端也开始接收数据，两端协调同步工作，当接收端检测到停止位 "1" 时，表示一帧数据已发送和接收完毕。这种通信中，每帧数据的起始位和停止位都占用一定的时间，在传送数据块这种信息量大的通信中显得速度较慢。为了提高通信速度，常去掉这些标志位，而采用同步传送，即同步通信。

同步通信的特点是在每个数据块传送开始前先发送一个或两个事先约定好的同步字符，当接收端收到同步字符并确认后，表示发送数据开始，发送和接收两端开始协调传送数据块的具体数据字符，这期间不允许有空隙，当一个数据块传送完后，再发送一个或两个检验字符，用于接收端对接收到的数据字符的正确性检验，并表示此次传送结束。

图 4.4 所示为同步通信的数据传送格式。

同步 字符	数据 字符 1	数据 字符 2	...	数据字 符 $n-1$	数据 字符 n	校验 字符	校验 字符

图 4.4　同步通信数据传送格式

在串行通信中，无论是异步通信还是同步通信，接收和发送双方使用的字符帧格式或同步字符必须相同；可由用户自己确定也可采用统一的标准格式。异步通信传输速度较低，一般为 50～9 600 位/秒；同步通信速度较快，一般可达 80 000 位/秒。

3. 波特率

在串行通信中，发送设备和接收设备之间除了采用相同的字符帧格式（异步通信）或相同的同步字符（同步通信）来协调同步工作外，两者之间发送数据的速度和接收数据的速度也必须相同，这样才能保证数据的成功传送。

串行通信中表示数据传送速度的物理量叫波特率，是指单位时间内传送的信息量，以每秒传送的位（bit）的个数表示，单位为波特，即 1 波特=1 位/秒。而传送每位的时间 Td=1/波特率。

例如，电传打字机传送速率为 10 字符/秒，每个字符 11 位，则波特率为：11 位/字符×10 字符/秒=110 位/秒=110 波特，传送每位的时间 Td = 1/110 波特= 0.009 1 秒/位。

4. 串行通信的制式

串行通信中，信息数据在通信线路两端的通信设备之间传递，按照数据传递方向和两端通信设备所处的工作状态，可将串行通信分为单工、半双工和全双工三种工作方式。

（1）单工方式。在单工方式下，通信线的 A 端只有发送器，B 端只有接收器，信息数据只能单方向传送，即只能由 A 端传送到 B 端而不能反传。如图 4.5 所示。

（2）半双工方式。半双工方式中，通信线路两端的设备都有一个发送器和一个接收器，如图 4.6 所示。数据可双方向传送但不能同时传送，即 A 端发送 B 端接收或 B 端发送 A 端接收，A、B 两端的发送/接收只能通过半双工通信协议切换交替工作。

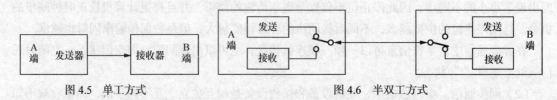

图 4.5 单工方式 图 4.6 半双工方式

（3）全双工方式。在全双工方式下，通信线路 A、B 两端都有发送器和接收器，A、B 之间有两个独立通信的回路，两端数据允许同时发送和接收。因此通信效率比前两种要高。该方式下所需的传输线至少要有三条。一条用于发送，一条用于接收，一条用于公用信号地，如图 4.7 所示。

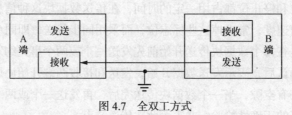

图 4.7 全双工方式

5. 串行通信数据的校验

串行通信的目的不只是传送数据信息，更关键的是要进行准确无误的传送。为此需要对传送的数据进行检验和改正，以保证信息的准确性。常用的方法有奇偶校验、和校验、异或校验、循环冗余码校验等。

（1）奇偶校验。奇偶校验的特点是按字符校验，即在数据发送时，在每一个字符的最高位之后都附加一个奇偶校验位 "1" 或 "0"，使被传送字符（包括奇偶校验位）中含 "1" 的个数为偶数（偶校验）或为奇数（奇校验）。接收端按照发送端所确定的奇偶性，对接收的每一个字符进行校验，若奇偶性一致则传输正确，若不一致则说明出了差错。

奇偶校验只能检测到那种影响奇偶位数的错误，比较低级，速度较慢，一般只用在异步通信中。

（2）和校验。和校验是针对数据块的校验。发送端在发送数据块时，对块中的数据算术求和，然后将产生的单字节的算术和作为校验字符，附加到数据块的结尾传给接收端。接收端对收到的数据块按与发送端相同的方法求算术和，其结果与接收到的校验字符比较，若两者相同，表示传送正确；若不同则表示传送出错。

和校验的缺点是无法检验出字节排序的错误。

（3）异或校验。异或校验与和校验类似，也是针对数据块的校验。发送端在发送数据块时，对块中的数据逻辑异或，然后将产生的单字节的异或结果作为校验字符，附加到数据块的结尾传给接收端。接收端对收到的数据块以及校验字符依次求异或，其结果为 0，表示传送正确；若不为 0 则表示传送出错。异或校验同样无法检验出字节排序的错误。

（4）循环冗余码校验（CRC）。CRC 检验对一个数据块校验一次，它被广泛地应用于同步串行通信方式中，例如，对磁盘信息的读/写，对 ROM 或 RAM 存储区的完整性的校验等。

还有海明码校验、交叉奇偶校验等其他校验方法，这里不再一一说明。

知识 2　AT89C51 的串行接口

AT89C51 单片机内部有一个可编程的全双工串行通信接口，可以同时进行数据发送和接收，通过软件编程设置多种波特率和工作方式，不但可实现串行异步通信，还可作为同步移位寄存器使用。其结构框图如图 4.8 所示，主要由发送器、接收器和串行控制寄存器组成。

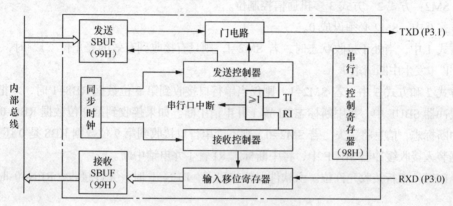

图 4.8　AT89C51 串行口结构框图

1. 发送器

主要由发送缓冲寄存器 SBUF 和发送控制器组成。发送缓冲寄存器 SBUF 用于存放将要发出的字符数据，发送控制器用于产生发送开始命令和移位控制脉冲，使 SBUF 串行移位发送字符数据，并产生中断申请。

2. 接收器

主要由接收缓冲寄存器 SBUF，接收移位寄存器和接收控制器组成。接收缓冲寄存器 SBUF 用于存放接收到的字符，接收控制器用于产生接收同步命令和移位脉冲，控制接收移位寄存器移位接收串行字符。

串行口的发送和接收操作都是通过特殊功能寄存器 SBUF 进行的，寻址地址都是 99H。但在 SBUF 内部，接收 SBUF 和发送 SBUF 在物理结构上是完全独立的。如果 CPU 写 SBUF 数据就会被送入发送缓冲器准备发送；如果 CPU 读 SBUF，则读入的数据一定来自接收缓冲器 SBUF。即 CPU 对 SBUF 的读写，实际上是分别访问两个不同的寄存器。

3. 串行控制寄存器

串行口控制寄存器 SCON 用于设置串行口的工作方式、监视串行口工作状态等。它是一个既可字节寻址又可位寻址的特殊功能寄存器。其格式如图 4.9 所示。

SCON	SM0	SM1	SM2	REN	TB8	RB8	TI	RI
位地址	9FH ·	9EH	9DH	9CH	9BH	9AH	99H	98H

图 4.9　控制寄存器 SCON 的格式

SCON 寄存器各位的功能如下：

（1）SM0、SM1：串行口工作方式选择位，可构成四种工作方式，如表 4.1 所示。

表 4.1　　　　　　　　　　　　　　　串行口工作方式选择

SM0	SM1	工作方式	功能	波特率
0	0	方式 0	同步移位寄存器	fosc/12
0	1	方式 1	10 位异步收发	可变
1	0	方式 2	11 位异步收发	fosc/64 或 fosc/32
1	1	方式 3	11 位异步收发	可变

（2）SM2：方式 2、方式 3 多机通信控制位。

在方式 0 中，SM2 必须设成 0。

在方式 1 中，当处于接收状态时，若 SM2=1，则只有接收到有效的停止位"1"时，RI 才被激活成"1"（发生中断请求）。

在方式 2 和方式 3 中，若 SM2=1，则仅当串行口接收到第 9 位数据 RB8=1 时，才把数据装入接收缓冲器 SBUF 中，将中断标志 RI 置 1 并申请中断。如果接收到第 9 位数据 RB8=0 时，则不产生中断标志，信息将丢失。若 SM2=0，则不管串行口接收到第 9 位数据 RB8 是 0 还是 1 时，都把数据装入接收缓冲器 SBUF 中，将中断标志 RI 置 1 并申请中断。

（3）REN：串行接收允许位。由软件置位或清零，REN=1 时，允许接收；REN=0 时，禁止接收。

（4）TB8：在方式 2 或方式 3 中，是将要发送的第 9 位数据，由软件置位或清零，它可作为数据奇偶校验位，也可在多机通信中作为地址帧或数据帧的标志位使用。

（5）RB8：在方式 2 或方式 3 中，是已接收到的第 9 位数据，可作为奇偶校验位。在多机通信中也可作为地址帧或数据帧的标志位。在方式 1 中，若 SM2=0，则 RB8 是接收到的停止位。在方式 0 中，该位没有用。

（6）TI：发送中断标志位。方式 0 中，在发送完第 8 位数据时由硬件置位。其他方式中，则是在停止位开始发送时由硬件置位。当 TI=1 时，向 CPU 申请中断，CPU 响应中断后，发送下一帧数据。在任何方式下 TI 都必须由软件清零。

（7）RI：接收中断标志位。方式 0 中，在接收完第 8 位数据时由硬件置位。其他方式中，在接收到停止位的中间时刻由硬件置位。当 RI=1 时，向 CPU 申请中断，CPU 响应中断后取走接收到的数据，准备接收下一帧数据。在任何方式中 RI 都必须由软件清零。

AT89C51 中，串行发送中断 TI 和接收中断 RI 的中断入口地址是同一个，因此在中断程序中必须由软件对 RI 和 TI 进行查询，确定是哪一个发出的请求，从而作出相应的处理。单片机复位时，SCON 所有位均清零。

4. 电源控制寄存器

电源控制寄存器 PCON 中的第 8 位也与串行口有关，PCON 格式如图 4.10 所示。

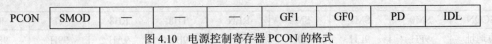

PCON	SMOD	—	—	—	GF1	GF0	PD	IDL

图 4.10　电源控制寄存器 PCON 的格式

PCON 的字节地址为 87H，没有位寻址功能，PCON 的第 7 位为 SMOD，SMOD 为波特率选择位。在工作方式 1、方式 2 和方式 3 时，若 SMOD=1，则波特率增加一倍，SMOD=0 时，波特率不加倍。

知识 3 串行通信的工作方式

AT89C51 串行口有四种工作方式，分别是方式 0、方式 1、方式 2 和方式 3，下面分别介绍各种方式的功能及特点。

1. 工作方式 0

在方式 0 下，串行口是作为同步移位寄存器使用的。其波特率固定为单片机振荡频率（f_{OSC}）的 1/12，串行传送数据 8 位为一帧（没有起始、停止、奇偶校验位），由 RXD（P3.0）端输出或输入，低位在前，高位在后。TXD（P3.1）端输出同步移位脉冲，可以作为外部扩展的移位寄存器的移位时钟，因而串行口方式 0 常用于扩展外部并行 I/O 口。

2. 工作方式 1

在方式 1 下，串行口工作在 10 位异步通信方式，发送或接收一帧信息中，除 8 位数据位外，还包含一个起始位"0"和一个停止位"1"，其波特率是可变的。

发送时，当 TI=0，并由 CPU 向发送缓冲寄存器 SBUF 写入待发送数据时，即启动串行口发送器，同时发送控制器自动将起始位"0"和停止位"1"分别加到 8 位字符前后，发送 SBUF 在移位脉冲作用下，从 TXD 端依次发送一帧数据。发送完后自动保持 TXD 端为高电平，同时硬件置位 TI，并发出中断申请，CPU 响应中断后，由软件使 TI 清零，则可发送下一帧数据。

接收数据时，通过软件将 REN 位设置为 1，允许接收，然后串行口接收器采样 RXD 端状态，当采样到从"1"到"0"的跳变并确认是起始位为"0"后，就开始接收数据。在移位脉冲的控制下，将接收到的数据移入输入移位寄存器中，在接收到停止位时，接收器还必须满足两个条件：RI=0 和 SM2=0 或接收到的停止位为"1"，8 位数据才能送入接收缓冲寄存器 SBUF，停止位才能进入 RB8 位，同时置位中断标志 RI，否则，这次接收到的数据就被舍去，造成数据丢失。RI=1 时申请中断，CPU 响应中断后读走 SBUF 中的数据，并由软件使 RI 清零，为下一次接收数据作好准备。为了防止数据丢失，在方式 1 下，SM2 最好设定为"0"。

工作方式 1 的波特率是可变的，由定时器 T1 的计数溢出率决定。相应的公式为：

$$波特率 = \frac{2^{\text{SMOD}}}{32} \times 定时器\ T1\ 溢出率 \tag{4.1}$$

式中，SMOD 是电源控制寄存器的 PCON 最高位，SMOD=1 表示波特率加倍。

定时器 TI 的计数溢出率计算公式为：

$$定时器溢出率 = \frac{f_{\text{OSC}}}{12} \cdot \frac{1}{2^K - T1的初值} \tag{4.2}$$

式中，K 为定时器 T1 的位数，与定时器 T1 的工作方式有关（详见项目三介绍），则波特率计算公式为：

$$波特率 = \frac{2^{\text{SMOD}}}{32} \cdot \frac{f_{\text{OSC}}}{12} \cdot \frac{1}{2^K - T1的初值} \tag{4.3}$$

在定时器 T1 用作波特率发生器时，通常选择定时器 T1 工作在方式 2，且不允许中断（注意：不要混淆定时器工作方式和串行口工作方式）。因为方式 2 将 TH1 和 TL1 设定为两个 8 位重装计数器，具有自动恢复定时初值的功能。从而避免了用程序反复装入计数初值而引起的定时误点，使波特率更加稳定。当定时器 T1 工作在方式 2 时，上式中的 K=8。

3. 工作方式 2

在方式 2 下，串行口工作在 11 位异步通信方式。一帧信息包含一个起始位 "0"，八个数据位，一个可编程第 9 数据位和一个停止位 "1"。其中可编程位是 SCON 中的 TB8 位，在八个数据位之后，可作奇偶校验位或地址/数据帧的标志位使用，由用户确定。方式 2 下波特率是固定的。

发送数据时，先由软件设置 TB8，然后将要发送的 8 位数据写入发送 SBUF，即启动发送器，同时发送控制器将起始位、第 9 数据位和停止位自动加入到一帧信息中，并从 TXD（P3.1）端移位输出。

接收数据时，方式 2 的接收过程与方式 1 的基本类同，所不同的是：方式 1 下 RB8 中存放的是停止位，方式 2 下 RB8 中存放的是第 9 数据位。若第 9 数据位设置为奇偶校验位，则令 SM2=0，以保证串行口能可靠接收；若第 9 数据位设置为地址/数据帧的控制位，则可令 SM2=1，这时当 RB8=1 时，串行口将接收发来的地址帧信息，当 RB8=0 时，串行口将丢弃所接收的数据帧信息。

方式 2 下的波特率只有两种固定值，且与 PCON 中的 SMOD 位状态有关，即当 SMOD=0 时，波特率为 $f_{osc}/64$ 当 SMOD=1 时，波特率为 $f_{osc}/32$。

4. 工作方式 3

在方式 3 下，串行口同样工作在 11 位异步通信方式，其通信过程与方式 2 完全相同。所不同的是波特率，方式 3 的波特率由定时器 T1 的计数溢出率决定，确定方法与工作方式 1 中的完全一样。

波特率设计时，先设定串行口的波特率和 T1 的工作方式，然后计算出 T1 的初始值。

若设波特率为 2 400b/s，单片机晶振频率 f_{osc} 为 11.059 2MHz，T1 选为方式 2，SMOD=0。

则：波特率 $= \dfrac{2^{SMOD}}{32} \cdot \dfrac{f_{osc}}{12} \cdot \dfrac{1}{2^K - T1的初值}$

即：$2\,400 = \dfrac{1}{32} \cdot \dfrac{11.059\,2\times10^6}{12} \cdot \dfrac{1}{2^8 - T1的初值}$

得：　　　　T1 的初值=244=0F4H

当波特率按照规范取 1 200、2 400、4 800、9 600 等值时，选用晶振频率为 12MHz 或 6MHz，用上述方法，计算出的初始值不是整数，取整后有一定误差，为此专门生产出一种频率为 11.059 2MHz 的晶振，可使计算出的初始值为整数。不同晶振下常用的波特率及误差如表 4.2 所示。

表 4.2　　　　　　　　　　　　常用波特率及误差

波特率	晶振频率 MHz	SMOD	TH1 重装初值	实际波特率	误差
9 600	12.000	1	F9H	8 923	7%
4 800	12.000	0	F9H	4 460	7%
2 400	12.000	0	F3H	2 404	0.16%
1 200	12.000	0	E6H	1 202	0.16%
19 200	11.059 2	1	FDH	19 200	0
9 600	11.059 2	0	FDH	9 600	0
4 800	11.059 2	0	FAH	4 800	0
2 400	11.059 2	0	F4H	2 400	0
1 200	11.059 2	0	E8H	1 200	0

值得注意的是，设计波特率时，若误差太大，在实际工作中出现误码的可能性就增大，可通过选择不同晶振、选择波特率加倍等方法减小误差。例如：要求测试波特率为 2 400b/s，单片机

时钟为 6MHz，定时器采用工作模式 2，初值为 FAH。但此时经过计算，波特率误差高达 6.99%，因此采用波特率加倍，SMOD=1，定时器初值为 F3H，误差减小为 0.16%。

任务实施

【跟我做】

1. 硬件电路设计

为了实现自我收发数据，将单片机的接收端和发送端相连，这种方法也常用于单片机串口通信功能测试。为了调试方便，设计一个发送按键，每按键一次，发送一个数据，程序中将发送数据存于数组 dat[10]中。同时，设计一位显示。在通信系统中，常用的晶振为 11.059 2MHz。在 Proteus 中设计电路如图 4.11 所示。

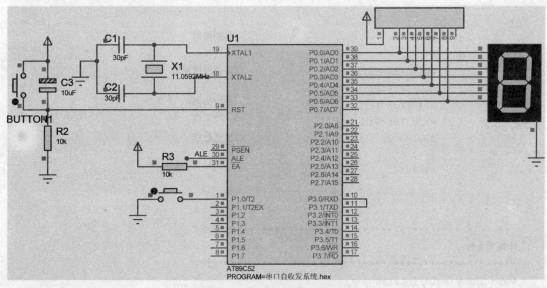

图 4.11　串口状态测试电路原理图

2. 控制软件设计

因为要有检验位，因此只能选择 11bit 的异步串行通信方式，对应方式 2 和方式 3，波特率设计为 1 200b/s，故只能在方式 3 下工作。此时定时器 1 作为波特率发生器工作于方式 2。晶振为 11.059 2MHz 时，定时器 T1 的初始值为 0xE8。

串口初始化子程序代码如下。

```
void Init_Serial()
{
    SCON=0xD0;                    //串口工作方式3,允许接收
    TMOD= 0x20;                   //定时器T1方式2
    TL1=TH1=0xE8;                 //波特率1 200b/s
    TR1=1;                        //启动定时器
    EA=1;                         //开串口中断
    ES=1;
}
```

主程序中,每次发送前需准备待发送的第 9 位校验位;接收时,需进行校验。参考代码如下:

```c
/*****************************************************
功能:单片机发送数据,自接收并显示
时钟 11.059 2MHz,波特率 1 200b/s
*****************************************************/
#include <reg51.h>
#define uchar unsigned char;
code uchar tab_cc[]={0x3f,0x6,0x5b,0x4f,0x66,0x6d,0x7d,0x07,0x7f,0x6f};
sbit K0=P1^0;                          //定义发送按键
uchar dat[10]={0,1,2,3,4,5,6,7,8,9};   //待发送数据
uchar i;
void main()
{
    Init_Serial();
    while(1)
    {
        if(K0==0)                      //判断按键
        {
            while(K0==0);              //等待按键弹出
            ACC=dat[i];
            if(P)TB8=1;                //设置校验位
            else TB8=0;
            SBUF=ACC;                  //发送数据
            i++;
            i%=10;
        }
    }
}
/*****************************************************
中断服务程序
*****************************************************/
void int_s(void)interrupt 4
{
    if(TI)TI=0;                        //发送中断处理
    if(RI)                             //接收中断处理
    {   RI=0;
        ACC=SBUF;
        if(P==RB8)P0=tab_cc[ACC];      //校验正确,显示接收数据
        else P0=0x71;                  //校验不正确,显示"F"
    }
}
```

3. 硬件仿真

将 Keil 中生成的 HEX 文件加载到 Proteus 中,仿真运行,按下按键,每按一次,则依次从 dat[10]提取一个数据发送,即每按一次,依次显示 0~9 中的一个数据。

【实物制作清单】

1. PC、单片机开发系统、稳压电源+5V

2. 元器件清单：

插座	DIP40	1
单片机	STC89C52RC	1
晶体振荡器	11.059 2MHz	1
瓷片电容	27pF	2
电解电容	10μF	1
按键		1
电阻		若干
数码管	共阴	1
排阻		1

【课后任务】

（1）根据元器件清单，自行设计并焊接完成本任务的实物制作。

（2）尝试编程，使用查询 TI、RI 位的方法完成相同的功能。

任务扩展

知识 4　利用串口扩展并行口

在方式 0 下，串行口是作为同步移位寄存器使用的，常用于扩展外部并行 I/O 口。

扩展并行输出时，需要外接一片或几片 8 位串行输入并行输出的同步移位寄存器 74LS164 或 CD4094。扩展成并行输入口时，需要外接一片或几片并行输入串行输出的同步移位寄存器 74LS165 或 CD4014。

1. 扩展输出口

串行发送时，外部可扩展一片（或几片）串入并出的移位寄存器。CPU 将一个数据写入发送缓冲寄存器 SBUF（99H）时，即启动发送。SBUF 在发送控制器的控制下，以 $f_{osc}/12$ 的波特率串行移位，数据低位在前，从 RXD 端串行输出，送给外扩移位寄存器（74LS164）的输入端，同时 TXD 输出移位脉冲使移位寄存器（74LS164）以相同速率移位。数据由 74LS164 并行口输出，从而扩展出一个并行输出口。

发送完毕置中断标志 TI 为 "1"，向 CPU 申请中断，CPU 响应后用软件对 TI 清零，然后可发送下一个字符帧。

74LS164 是串行输入并行输出的 8 位移位寄存器，芯片封装和引脚图如图 4.12 所示。

图 4.12　74LS164 芯片封装和引脚图

它的真值表如表 4.3 所示

表 4.3   74LS164 真值表

输入			输出			
CLR	CLK	SA SB	QA	QB	⋯	QH
L	×	× ×	L	L	⋯	L
H	L	× ×	Q_{A0}	Q_{B0}	⋯	Q_{H0}
H	↑	H H	H	Q_{A0}	⋯	Q_{G0}
H	↑	L ×	L	Q_{A0}	⋯	Q_{G0}
H	↑	× L	L	Q_{A0}	⋯	Q_{G0}

注：表中 Q_{A0}⋯Q_{H0} 表示寄存器前一个状态的值

通常将 SA、SB 连接起来作为串行数据的输入端，在 CLK 上升沿读入一位数据存入移位寄存器的最低位 Q_A，移位寄存器中原有数据依次向高位移动 1 位。接口电路如图 4.13 所示。

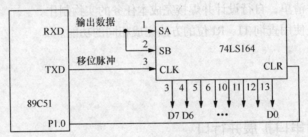

图 4.13   方式 0 扩展并行输出口

例如：利用串口外接 74LS164 扩展一组并行口，外接 8 个发光二极管，实现简单流水灯显示。

在方式 0（同步串行通信模式）下，RXD 为串行数据传输口，TXD 为同步脉冲输出口。74LS164 的 CLK 为同步移位脉冲输入端，与单片机的 TXD 相连；A、B 端相连为串行数据输入端，与单片机的 RXD 口相连；$\overline{CLR}$ 端为并行输出异步清零端，与单片机的 P1.7 口相连，正常移位时该口应保持为高电平。并行数据从 D7～D0 输出，外接 8 位 LED 显示。在 Proteus 中绘制电路原理如图 4.14 所示。

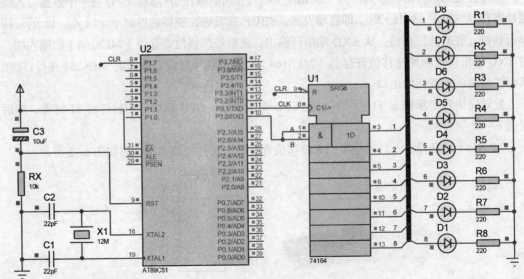

图 4.14   利用 74LS164 扩展并行口电路原理图

实现发光二极管从下到上轮流显示的控制代码如下：

```c
/********74LS164扩展并行口,控制8LED流水灯显示************/
#include <reg52.h>
#include <intrins.h>
#define uint unsigned int
#define uchar unsigned char
/***********************************************************/
/*延时子函数                                               */
/*功能:延时1*x ms                                          */
/***********************************************************/
void Delay(uint x)
{
    uchar i;
    while(x--)
    {
        for(i=0;i<120;i++);
    }
}
/***********************************************************/
/*主函数                                                   */
/***********************************************************/
void main()
{
    uchar c = 0x80;              //显示信号初始化
    P1 = 0x80;                   //P1.7置高,关闭并行异步清零端
    while(1)
    {
        c = _crol_(c,1);         //循环左移1位
        SBUF = c;                //串口发送
        while(TI==0);            //等待串口发送完毕
        TI = 0;
        Delay(400);              //延时400ms
    }
}
```

其中，函数_crol_（unsigned int val，unsigned char n）是intrins.h库中定义的对字符型变量val循环左移n位的一个函数，使用时必须在程序首部申明#include <intrins.h>。而我们熟悉的运算符<<，功能是将变量按位左移，右边补0，与该函数的功能是不同的。请读者在使用的时候加以区别。

Keil中编译生成HEX文件，并装载到Proteus中，仿真运行看结果。

2. 扩展输入口

串行接收时，外部可扩展一片（或几片）并入串出的移位寄存器，如图4.15所示。

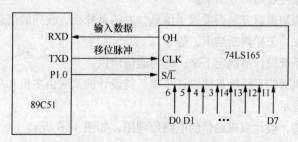

图4.15 方式0扩展并行输入口

当由软件使 REN 置为 "1"，RI=0 时，即启动串行口以方式 0 接收数据。外扩 74LS165 并行输入数据，在 TXD 端输出移位脉冲控制下，移位输出数据给串行口 RXD 端；串行口接收器以 $f_{osc}/12$ 的波特率采样 RXD 端输入数据（低位在前），当接收到 8 位数据时，置中断标志 RI 为 "1"，并发出中断请求。CPU 查询到 RI=1 或响应中断后，即可读入接收缓冲寄存器 SBUF 中的数据，并由软件使 RI 清零，准备接收下一帧数据。这样就扩展了一个并行输入口。

实际应用中，可通过上述电路，扩展并行输入口。读者可尝试利用串行口扩展一个 8 按键输入电路，并仿真。

任务二 双机通信系统设计

任务要求

【任务内容】

组装一个双机通信系统，由主机和从机构成。主机根据按键输入，选择不同协议内容发送给从机。从机接收协议，并按照对应的协议，控制不同的信号灯点亮。

【知识要求】

掌握单片机双机串行通信系统的组成、通信实现方法和步骤；了解多机通信的实现方法和步骤；能够设计并制作简单的双机通信系统，完成通信过程；能用查询和中断的方法进行串口收发处理；掌握虚拟终端工具辅助通信系统调试的方法。

相关知识

知识 1 双机通信系统

51 单片机串行口工作方式 1 只能用于双机通信，不能用于多机通信。串行通信的程序设计，一般可采用查询方式和中断方式两种。在串行通信中为了确保通信成功、有效，通信双方除了在硬件上进行连接外，在软件中还必须作如下约定。

作为发送方，必须知道什么时候发送信息，发什么，对方是否收到，收到的内容有没有发生错误，要不要重发，怎样通知对方结束。

作为接收方，必须知道对方是否发送了信息，发的是什么，收到的信息是否有错误，如果有错误怎样通知对方重发，怎样判断结束，等等。

这些规定必须在系统设计前确定下来，称为通信协议。

下面举例说明双机通信系统的具体设计步骤。待设计的系统由主机和从机构成，主机发送数据，从机接收数据并显示。

（1）根据电路功能，设计双机通信的电路原理图，如图 4.16 所示。

（2）确定如下双方的通信协议。

① 假定甲机为发送机，乙机为接收机。

② 甲机发送数据协议，3 个字节数据+1 个字节和校验。

③ 乙机接收数据并转存到数据区，并计算"本地和"。当数据块收齐后，接收从甲机发来的和校验信号，并将它与乙机的"本地和"进行比较。若两者相等，说明接收正确，乙机点亮 LED 灯；若不相等，说明接收不正确，熄灭所有的灯。

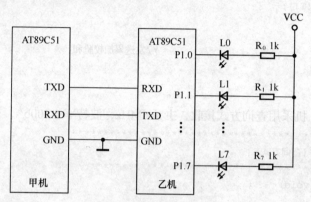

图 4.16 双机通信系统实例

（3）确定双方的通信速率。设双方均以 1 200b/s 的波特率传送。假设晶振频率为 6MHz，计算定时器 1 的计数初值：

$$X = 256 - \frac{6 \times 10^6 \times 1}{384 \times 1\,200} = 256 - 13 = 243 = 0F3H$$

波特率不倍增，设定 PCON 寄存器的 SMOD=0，则 PCON=0x0。

（4）编写甲、乙两机的通信程序。

① 甲机发送，采用查询方式发送，初始化子程序如下。

```
/****************************************************
甲机串口初始化程序(查询方式)
****************************************************/
void init_UART(void)
{
    SCON=0x50;              //串口方式1,允许接收
    TMOD=0x20;              //T1 工作方式 2
    TH1=0xF3;              //波特率1 200b/s
    TL1=TH1;
    TR1=1;                  //启动 T1
}
```

任务一中的通信程序，收发双方采用 11 位异步通信，利用奇偶校验位来进行校验。这里介绍一种利用累加和进行校验的方法。

甲机先将片内的发送区的数据块依次从串行口发送。发完后，再发送累加校验和。甲机发送子程序如下：

```
/****************************************************
甲机发送子程序
****************************************************/
void send_jia(void)
{
```

```
    unsigned char i;
    unsigned char sum=0;                    //累加和
    for(i=0;i<3;i++)                        //发送数据
    {
        SBUF=fabuf[i];                      //将发数据区中的 3 个数据依次发送
        sum+=fabuf[i];                      //计算累加校验和
        while(!TI);
        TI=0;
    }
    SBUF=sum;                               //发送累加校验和
    while(!TI);
    TI=0;
}
```

② 乙机接收。乙机采用查询方式接收，主频 6MHz，波特率 1 200b/s，初始化子程序如下：

```
/********************************************************
乙机串口初始化程序(查询方式)
********************************************************/
void init_UART(void)
{
    SCON=0x50;                              //串口方式 1,允许接收
    TMOD=0x20;                              //T1 工作方式 2
    TH1=0xF3;                               //波特率 1 200b/s
    TL1=TH1;
    TR1=1;                                  //启动 T1
}
```

乙机接收甲机发送的数据，存入接收数据区（数组 shoubuf[]）中。首先接收数据，并计算本地校验和，最后接收累加和校验码，并进行校验。

```
/********************************************************
乙机接收程序
********************************************************/
void relieve_yi(void)
{
    unsigned char i;
    unsigned char sum=0;
    unsigned char shoubuf[4];
        for(i=0;i<3;i++)
        {
            while(!RI);
            RI=0;
            shoubuf[i]=SBUF;                //接收 3 个数据,并依次存入接收数据区数组
            sum+=SBUF;                      //求累加和
        }
        while(!RI);
        RI=0;
        if(SBUF==sum)                       //接收累加和并校验
            P1=0x00;                        //校验成功,点亮所有 LED
        else
            P1=0xFF;                        //校验失败,熄灭所有 LED

}
```

任务实施

【跟我做】

1. 硬件电路设计

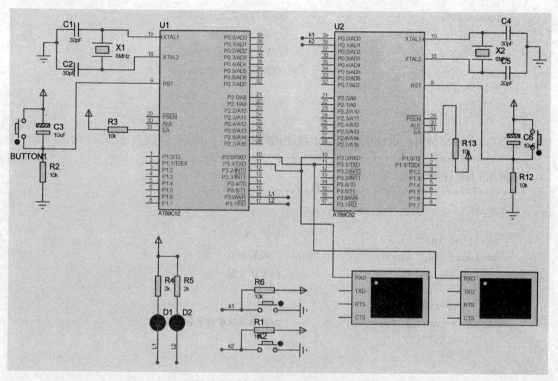

图 4.17 双机通信系统连接仿真电路原理图

在 Proteus 中绘制电路仿真原理图如图 4.17 所示。双机通信采用三线零调制解调方式连接，两台单片机的发送端的 TXD 与 RXD 交错相连，即完成硬件的连接。主机外接 2 个发送按键；从机连接信号灯显示。

通信双方协议约定如下：

若甲机（主机）处按键 K1 按下，则发送数据协议"0xA0，0x01，0x02"，同时发送异或校验字节；若甲机（主机）处按键 K2 按下，则发送数据协议"0xA1，0x03，0x04"，同时发送异或校验字节。

乙机接收数据并存储、校验，若接收到第一条数据协议，则点亮 D1 信号灯；若收到第二条数据协议，则点亮 D2 信号灯。

双方波特率为 2 400b/s。

2. 软件设计

（1）甲机（主机）控制程序（采用查询方式发送）。主要包括甲机串口初始化和甲机通信两个主要部分。

根据通信的要求,主频为 11.059 2MHz,波特率为 2 400b/s 时,设置波特率不加倍,即 SMOD=0,此时,计算得到定时器初始值为 F4H。甲机初始化子程序如下:

```
/*************************************************
甲机串口初始化程序
晶振 11.059 2MHz,波特率 2 400b/s
*************************************************/
void init_UART(void)
{
    SCON=0x50;                    //串口方式 1,允许接收
    PCON=0x0;                     //波特率不加倍
    TMOD=0x20;                    //T1 工作方式 2
    TH1=0xF4;                     //波特率 2 400b/s
    TL1=TH1;
    TR1=1;                        //启动 T1
}
```

根据双方的通信协议,设计甲机通信子程序代码如下:

```
/*************************************************
甲机通信子程序(查询方式)
*************************************************/
void send_jia(void)
{
    unsigned char i;
    unsigned char sum=0;          //校验字节
    for(i=0;i<3;i++)              //发送数据
    {
        SBUF=fabuf[i];
        sum=sum^fabuf[i];         //计算异或校验字节
        while(!TI);
        TI=0;
    }
    SBUF=sum;                     //发送异或校验字节
    while(!TI);
    TI=0;
}
```

为了系统调试和控制方便,甲机设置 2 个发送控制按键 K1 和 K2(分别对应 P0.0 和 P0.1),按下一个,则启动一次通信流程,发送对应的协议。主程序如下:

```
#include <reg51.h>
sbit k1=P0^0;                     //定义发送控制按键
sbit k2=P0^1;                     //定义发送控制按键
unsigned char fabuf[3]={ };
unsigned char sj1[3]={0xa0,0x1,0x2};
unsigned char sj2[3]={0xa1,0x3,0x4};
void init_UART(void);
void send_jia(void);
/*************************************************
甲机主程序,按键按下,则进行一次完整的通信过程
*************************************************/
void main()
{
```

```
        unsigned char j;
        init_UART();
        while(1)
        {
            if(!k1)                            //判断按键
            {
                while(!k1);
                for(j=0;j<3;j++)               //准备协议一
                {
                    fabuf[j]=sj1[j];
        }
                send_jia();                    //执行发送数据的通信过程
            }
            if(!k2)                            //判断按键
            {
                while(!k2);
                for(j=0;j<3;j++)               //准备协议二
                {
                    fabuf[j]=sj2[j];
                }
                send_jia();                    //执行发送数据的通信过程
            }
        }
}
```

（2）甲机（主机）控制程序（采用中断方式发送）。主要包括甲机串口初始化、主程序中准备协议和甲机串口中断三个主要部分。参考程序如下：

```
#include <reg51.h>
unsigned char kk ,ii
unsigned char fsw,sendbuf[4],fjsq;
sbit k1=P0^0;
sbit k2=P0^1;
void main()
    {SCON=0x50;                              //初始化
    TMOD=0x20;
    TH1=0xf4;                                //晶振 11.059 2MHz,波特率=2 400b/s
    TL1=0xf4;
    PCON=0;
    TR1=1;
    EA=1;
    ES=1;
    while(1)                                 //主程序
    {  if(k1==0)                             //k1 按键?
       {while(k1==0);
        fsw=0;
        fjsq=3;                              //除第一个字节外还要发送 3 个
        sendbuf[0]=0xA0;                     //准备协议,把要发送的内容暂时存入发送缓冲区
        sendbuf[1]=0x1;
        sendbuf[2]=0x2;
        kk=0;                                //产生异或校验码
        for(ii=0;ii< fjsq;ii++)
        kk=kk^sendbuf[ii];
        sendbuf[fjsq]=kk;
```

```
            SBUF=sendbuf[fsw];                      //发送第1个字节
        }
    if(k2==0)
    {while(k2==0);
     fsw=0;
     fjsq=3;
     sendbuf[0]=0xA1;
     sendbuf[1]=0x3;
     sendbuf[2]=0x4;
     kk=0;
     for(ii=0;ii< fjsq;ii++)
     kk=kk^sendbuf[ii];
     sendbuf[fjsq]=kk;
     SBUF=sendbuf[fsw];
    }
   }
 }

void isr_uart()interrupt 4   using 1
{ if(TI)
    {TI=0;
     if(fjsq)                                       //发送完吗?直到fjsq=0为止。
     {fjsq--;                                        //发送计数器-1
      fsw++;                                          //发送字节号+1
      SBUF=sendbuf[fsw];                              //发送
     }
    }
   if(RI)  RI=0;
  }
```

（3）乙机（从机）控制程序。乙机控制程序同样包括乙机串口初始化和通信控制两个主要部分。通信双方的串口设置应该相同，这里设计乙机采用中断方式接收，因此乙机串口初始化子程序设计如下：

```
/*****************************************************
乙机串口初始化程序(中断方式)
晶振11.059 2MHz,波特率2 400b/s
*****************************************************/
void init_UART(void)
{
    SCON=0x50;                                      //串口方式1,允许接收
    PCON=0x0;                                       //波特率不加倍
    TMOD=0x20;                                      //T1工作方式2
    TH1=0xF4;                                       //波特率2 400b/s
    TL1=TH1;
    TR1=1;                                          //启动T1
    EA=1;
    ES=1;
}
```

由于乙机要根据接收协议的情况，判断信号灯的状态，因此定义一个通信标志，当未收到任何数据时标志为 0；收到协议的第一个数据后，判断收到的是通信协议一还是通信协议二，设置对应的通信标志；根据通信标志，继续接收数据协议中其余的数据，并校验，正确则点亮对应的

信号灯。乙机通信控制代码如下：

```c
#include <reg51.h>
unsigned char kk ,ii,jsw ,sjsq,sjsqbak;    //定义各种计数变量
unsigned char txbz=0;                       //通信标志位
unsigned char s[4];                         //接收数据区
sbit L1=P3^6;                               //定义信号指示灯
sbit L2=P3^7;
void main()
{
    void init_UART(void)
    while(1);
}
/*****************************************************
乙机通信中断服务子程序
*****************************************************/
void isr_uart()interrupt 4   using 1
 { if(TI)  TI=0;
if(RI)
   { RI=0;
    if(txbz==0)
    {
        if(SBUF==0xA0)                       //接收到的是协议一
        {
            sjsq=3;                          //接收计数器,还需接收 3 个数据
            sjsqbak=4;                       //接收数据区长度为 4
            jsw=0;
            s[jsw]=SBUF;                      //保存第一个数据
            txbz=1;                          //更改接收标志,开始接收协议一
        }

        else if(SBUF==0xA1)                  //接收到的是协议二
        {
            sjsq=3;
            sjsqbak=4;
            jsw=0;
            s[jsw]=SBUF;
            txbz=2;
        }
    }
    else if(txbz==1)                         //判断为协议一后,继续接收
    {
        jsw++;
        s[jsw]=SBUF;                          //保存数据
        sjsq--;
        if(sjsq==0)
        {
            kk=0;
            for(ii=0;ii<sjsqbak;ii++)
                 kk=kk^s[ii];                 //异或校验
```

```
            if(kk==0)
                {L1=0;L2=1;}                    //校验成功,点亮 L1
            txbz=0;                             //清通信标志,等待下一次通信过程
        }
    }
    else if(txbz==2)                            //判断为协议二后,继续接收
    {
        jsw++;
        s[jsw]=SBUF;
        sjsq--;
        if(sjsq==0)
        {
            kk=0;
            for(ii=0;ii<sjsqbak;ii++)
                kk=kk^s[ii];
            if(kk==0)
                {L1=1;L2=0;}                    //校验成功,点亮 L2
            txbz=0;
        }
    }
}
```

3. 程序调试

（1）在 Keil 中分别编译甲机发送程序（查询和中断方式选一）和乙机接收程序,分别生成.HEX 文件,分别命名和保存,并将两个 HEX 文件分别正确地加载到 Proteus 原理图中对应的单片机内,如图 4.18 所示。

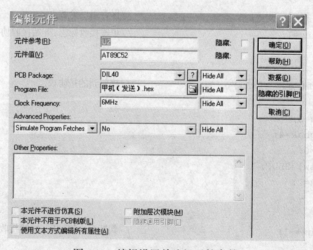

图 4.18　编辑设置单片机元件参数

（2）在 Proteus 仿真软件中,调用虚拟终端仪器,如图 4.19 所示,并将虚拟终端的接收端 RXD 分别连与甲机和乙机的 TXD 端口,用于调试过程中监测甲乙机双方发出的信号。

双击虚拟终端图标,设置其波特率为 2 400b/s,如图 4.20 所示。

单击仿真运行,并单击调试菜单,选择显示虚拟终端窗口,如图 4.21 所示。在弹出的虚拟终端显示窗口中单击鼠标右键,设置十六进制显示模式,如图 4.22 所示。

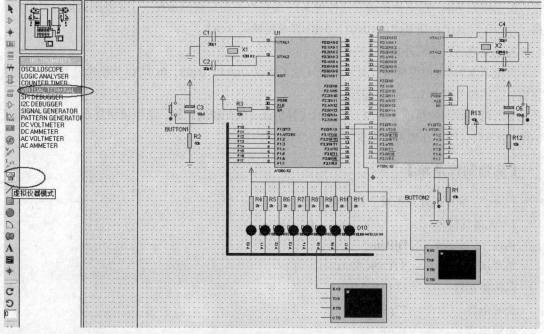

图 4.19　虚拟终端的连接

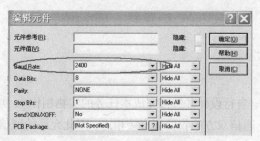

图 4.20　虚拟终端设置

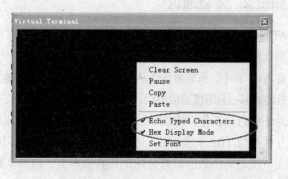

图 4.21　显示虚拟终端窗口　　　　　图 4.22　虚拟终端的显示设置

根据控制功能，按下甲机的发送按键 K1，虚拟终端窗口将显示在一个完整的通信过程中，甲机（左图）发送了协议 0xA0，0x01，0x02 以及校验码 0xA3。

发送完成后，乙机外接的 L1 点亮。

再按下 K2，虚拟终端窗口显示甲机发送了协议 0xA1，0x03，0x04 以及校验码 0xA6，发送完成后，乙机外接的 L2 点亮。测试完成。

读者可在本例的基础上，加上乙机的应答协议，例如校验正确，给甲机回复 0x00，否则回复 0xff。仿真时，同样在虚拟终端窗口中可看到数据内容。

【实物制作清单】

1. PC、单片机开发系统、稳压电源+5V
2. 元器件清单：

插座	DIP40	2
单片机	STC89C52RC	1
晶体振荡器	11.0592MHz	2
瓷片电容	27pF	4
电解电容	10μF	2
按键		3
电阻		若干
发光二极管		8

【课后任务】

（1）根据元器件清单，自行设计并焊接完成本任务的实物制作。（实物制作中需注意：由于单片机输出的是 TTL 电平，通信双方的收发端直接相连，因此允许的通信距离很短，否则误码现象将较为严重。）

（2）若想更换乙机流水灯的流水花色，实现从两边到中间的流水方式，如何修改系统控制程序，请读者完成程序并实现仿真。

任务扩展

知识 2　多机通信

AT89C51 单片机串行口工作在方式 1、方式 2 或方式 3 时，可实现多机通信功能，即一台主机和多台从机之间通信，如图 4.23 所示。

在方式 1 中，首先要给各从机定义一个地址字节即地址编号，用来区分各从机，然后将从机的地址编号和数据一起组成通信协议，接收方接收到该协议后，根据地址编号决定是否要对数据进行处理。

对于串行口工作在方式 2 或方式 3，多机通信还可以通过设置通信控制位 SM2 和传送数据帧的第 9 数据位 TB8 来实现的。通信编程前，首先要给各从机定义一个地址字节，用来区分各从机。主机和从机之间传送的信息分地址和数据两类，以第 9 数据位作为区分标志，第 9 数据位为"1"时表示地址，为"0"时表示数据。

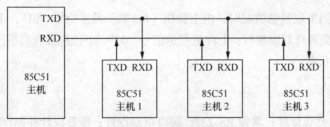

图 4.23 多机通信连接图

当主机向从机发送信息时，主机首先发送一个地址帧，此帧数据的第 9 数据位 TB8 应设置为 "1"，以表示是地址帧，8 位数据位是某台从机的地址。在从机方面，为了接收信息，初始化时都应将 SCON 的 SM2 设置为 "1"，REN 设置为 "1" 表示允许接收。各台从机都接收到主机发来的地址帧信息后，因第 9 位数据 RB8 为 "1"（主机发出的第九位数据为 TB8=1），且 SM2=1，则置位中断标志 RI 并申请中断，各从机响应中断后判断主机送来的地址与本机地址是否一致，若一致，则被寻址的从机就清除其 SM2 标志（SM2=0），准备接收将要从主机送来的数据帧，而地址不一致的其他从机仍保持 SM2=1 的状态。

此后主机发送数据帧，由于 TB8 被设置为 "0"（表示发送数据），虽然各从机都能够收到该数据，但只有 SM2=0 的那个被寻址的从机才把数据送入 SBUF，并置位 RI=1，申请中断，该从机响应中断后读入该数据并重置 SM2=1，清零 RI=0，准备下一次通信。其余各从机皆因 SM2=1 和 RB8=0 而舍弃该数据，等待主机的下一次寻址。这样就实现了主从机之间的通信。

这种通信只能在主从机之间进行，从机之间的通信需经主机作中介才能实现。经过上面分析，多机通信的过程可总结如下。

（1）主、从机均初始化为方式 2 或方式 3，且置 SM2=1，REN=1，串行口开中断。

（2）主机置位 TB8=1，向从机发送寻址地址帧，各从机因满足接收条件（SM2=1，RB8=1），从而接收到主机发来的地址，并与本机地址比较。

（3）地址一致的从机将 SM2 清零，并向主机返回地址，供主机核对，不一致的从机恢复初始状态。

（4）主机核对返回的地址，若与刚才发出的地址一致则准备发送数据，若不一致则返回（1）重新开始。

（5）主机向从机发送数据，此时主机 TB8=0，只有被选中的那台从机能接收到该数据，其他从机则舍弃该数据。

（6）本次通信结束后，主从机重新置 SM2=1，又可进行再一次的通信。

在实际应用中，常将单片机作为从机（下位机）直接用于被控对象的数据采集与控制，而把 PC 作为主机（上位机）用于数据处理和对从机的管理。

任务三 远程交通灯控制系统

任务要求

【任务内容】

组装一个远程交通灯控制系统，由上位机和下位机构成。要求：下位机（单片机）可实现交通灯的常规控制，当出现紧急情况时，由上位机（PC 端）发送信号"01"，下位机接收到后回复相同信号，并控制交通灯双向禁行；上位机发送信号"02"，下位机接收到后回复相同信号，并恢复禁行前交通灯的状态。

【知识要求】

了解 RS-232C 总线标准；掌握 RS-232C 接口电路设计；能够设计并制作简单的 PC—单片机通信系统，完成通信过程；掌握虚拟串口、串口助手、虚拟终端工具等辅助通信系统调试的方法。

相关知识

单片机被越来越广泛地应用于智能仪器仪表、数据采集、嵌入式自动控制等场合，当需要处理较复杂数据或需要对多个采集数据进行综合处理以及需要进行集散控制时，单片机的算术运算和逻辑运算能力都显得不足，这时往往需要借助计算机系统。将单片机采集的数据通过串行口传送给 PC，由 PC 高级语言或数据库语言对数据进行处理，或者实现 PC 对远端单片机进行控制。因此，实现单片机与 PC 之间的远程通信更具有实际意义。

本项目任务二中介绍了单片机之间的通信，通信中的数据信号是 TTL 电平，即大于等于 2.4V 表示逻辑 1，小于等于 0.5V 表示逻辑 0。这种信号只适用于通信距离很短的场合，用于远距离传输必然会使信号衰减和畸变。因此，在实现 PC 与单片机之间通信或单片机与单片机之间远距离通信时，通常采用标准串行总线通信接口，比如 RS-232C、RS-422、RS-423、RS-485 等。在这些串行总线接口标准中，RS-232C 是由美国电子工业协会（EIA）正式公布的，是在异步串行通信中应用最广的标准总线，它适用于短距离或带调制解调器的通信场合。本任务将以 RS-232C 标准串行总线接口为例，简单介绍 PC 与单片机之间串行通信的硬件实现过程。

知识 1 RS-232C 总线标准

RS-232C 总线标准定义了 25 个引脚的连接器，各引脚信号的定义如表 4.4 所示。

表 4.4　　　　　　　　　　　　　RS-232C 信号引脚定义

引脚	定义（助记符）	引脚	定义（助记符）
1	保护地（PG）	14	辅助通道发送数据（STXD）
2	发送数据（TXD）	15	发送时钟（TXC）
3	接收数据（RXD）	16	辅助通道接收数据（SRXD）
4	请求发送（RTS）	17	接收时钟（RXC）
5	清除发送（CTS）	18	未定义
6	数据准备好（DSR）	19	辅助通道请求发送（SRTS）
7	信号地（GND）	20	数据终端准备就绪（DTR）
8	接收线路信号检测（DCD）	21	信号质量检测
9	未定义	22	振铃提示（RI）
10	未定义	23	数据信号速率选择
11	未定义	24	发送时钟
12	辅助通道接收线信号检测（SDCD）	25	未定义
13	辅助通道允许发送（SCTS）		

表 4.4 中定义的许多信号线是为通信业务联系或信息控制而设置的，但实现异步通信时仅需要 9 个电压信号，（其中两个数据信号、6 个控制信号、一个信号地）。目前，PC 上的串行口常常使用 9 脚连接器（DB9，9 针公插座），如图 4.24 所示。

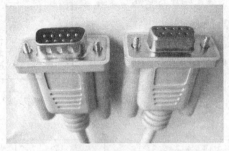

（a）RS-232C 接口连接器 　　　　　　　　（b）PC COM 口

图 4.24　PC 串行口

其中各引脚信号的定义如图 4.25 所示。

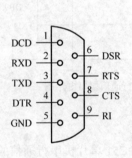

针脚	定义	符号
1	载波检测	DCD
2	接收数据	RXD
3	发送数据	TXD
4	数据终端准备好	DTR
5	信号地	GND
6	数据准备好	DSR
7	请求发送	RTS
8	清除发送	CTS
9	振铃提示	RI

图 4.25　PC 串行接口（DB9）引脚信号定义

RS-232C 总线的其他标准规定如下。

（1）RS-232C 总线标准逻辑电平：+5～+15 V 表示逻辑"0"，-15～-5 V 表示逻辑"1"，噪声容限为 2 V。

（2）标准数据传输速率：50b/s、75 b/s、110 b/s、300 b/s、600 b/s、1 200 b/s、2 400 b/s、4 800 b/s、9 600 b/s、19 200 b/s、38 400 b/s 等。

知识 2　RS-232C 接口电路

当 PC 与 AT89C51 单片机通过 RS-232C 标准总线串行通信时，由于 RS-232C 信号电平与 AT89C51 单片机信号电平不一致，因此，必须进行信号电平转换。实现这种电平转换的电路称为 RS-232C 接口电路。其常用的方法一般有两种，一种是采用运算放大器、晶体管、光电隔离器等器件组成的电路来实现，另一种是采用专门集成芯片（如 MC1488、MC1489、MAX232 等）来实现。下面以 MAX232 专门集成芯片为例来介绍接口电路的实现。

1. MAX232 接口电路

MAX232 芯片是 MAXIM 公司生产的具有两路接收器和驱动器的 IC 芯片，其内部有一个电源电压变换器，可以将输入+5V 的电压变换成 RS-232C 输出电平所需的±12V 电压。在其内部同

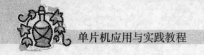

时也完成 TTL 信号电平和 RS-232C 信号电平的转换。所以，采用此芯片实现接口电路只需单一的+5V 电源就可以了，使用特别方便。

MAX232 芯片的引脚结构如图 4.26 所示。

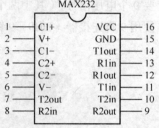

图 4.26　MAX232 引脚图

其中，管脚 1～6（C1+、V+、C1−、C2+、C2−、V−）用于电源电压转换，只要在外部接入相应电解电容即可；管脚 7～10 和管脚 11～14 构成两组 TTL 信号电平与 RS-232C 信号电平的转换电路，其中，9、10、11、12 管脚与单片机串行口的 TTL 电平引脚相连；7、8、13、14 管脚与 PC 的 RS232 电平引脚相连。具体连接如图 4.27 所示。

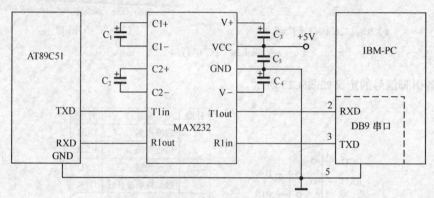

图 4.27　用 MAX232 实现串行通信接口电路图

2．PC 与 AT89C51 单片机串行通信电路

图 4.27 所示为由芯片 MAX232 实现 PC 与 AT89C51 单片机串行通信的典型接线图。图中外接电解电容 C1、C2、C3、C4 用于电源电压变换，它们可以取相同数值的电容，如 10μF/25V。电容 C5 用于对+5V 电源的噪声干扰进行滤波，其值一般为 0.1μF。选择任一组电平转换电路实现串行通信，如图中选 T1in、R1out 分别与 AT89C51 的 TXD、RXD 相连，T1out、R1in 分别与 PC 中 RS232 接口的 RXD、TXD 相连。这种发送与接收的对应关系不能连错，否则将不能正常工作。

任务实施

【跟我做】

1．硬件电路设计

交通灯电路请参见项目二任务二，利用该电路，在 Proteus 中绘制电路原理图如图 4.28 所示。

　　其中 COMPIM 的添加方法与 AT89C51 等普通元件的添加方法一样。

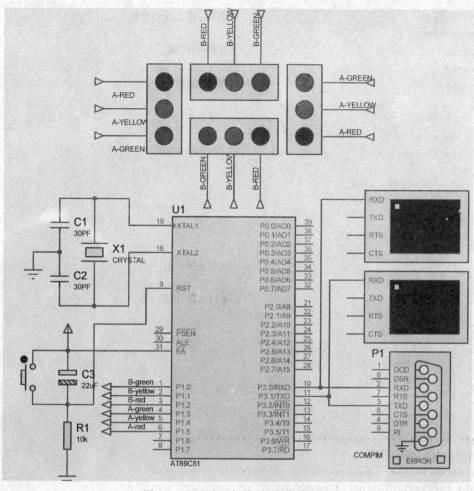

图 4.28 远程交通灯控制系统仿真电路

2. 控制软件设计

由于要求单片机（下位机）能够实现交通灯的常规控制，只有在紧急情况下，接收到 PC（上位机）发送过来的命令时才改变控制。因此，单片机端主程序部分完成交通灯的常规控制流程，而采用中断方式处理串口接收并完成紧急处理流程，设计代码如下：

```
#include<reg51.h>
#define uchar unsigned char
void delay0_5s();                        //0.5s 延时程序
void delay_t(uchar t);                   //0.5*t 延时
/**************************************************
主程序,晶振11.059 2MHz,波特率2 400b/s
***************************************************/
void main()
{
  uchar k;
  TMOD=0x21;                             // T0方式1(0.5s延时),T1方式2
  TH1=0xF4;                              //波特率设置
  TL1=0xF4;
  TR0=1;
  TR1=1;
```

```
    SCON=0x50;                          //串口方式1,允许接收
    PCON=0x00;
    EA=1;                               //打开串口中断
    ES=1;
    while(1)                            //常规控制流程
    {
        P1=0xcc;                        //A绿B红(5s)
        delay_t(10);
        for(k=0;k<3;k++)                //A黄B红(闪烁3次,3s)
        {
            P1=0xd4;
            delay0_5s();
            P1=0xc4;
            delay0_5s();
        }
        P1=0xE1;                        //A红B绿(5s)
        delay_t(10);
        for(k=0;k<3;k++)                //A红B黄(闪烁3次,3s)
        {
            P1=0xe2;
            delay0_5s();
            P1=0xe0;
            delay0_5s();
        }
    }
}
/***************************************************
串口中断服务子程序
***************************************************/
void serial()interrupt 4 using 2
{
    uchar i;
    EA=0;
    if(RI==1)                           //接收中断处理流程(紧急状态控制)
    {
        RI=0;
        if(SBUF==0x01)                  //接收到"01"
        {
            SBUF=0x01;                  //回复"01"
            while(!TI);
            TI=0;
            i=P1;                       //保存禁行前的状态至变量i
            P1=0xe4;                    //双向禁行(A红B红)
            while(SBUF!=0x02);          //等待接收"02"
            {
                while(!RI);
                RI=0;
            }
            SBUF=0x02;                  //收到"02"信号后回复"02"
            while(!TI);
            TI=0;
```

```
            P1=i;                          //将变量 i 中的状态恢复
            EA=1;
            }
        else{EA=1;}
        }
}
/***************************************************
延时子程序
***************************************************/
void delay0_5s()                          //延时 0.5s
 {uchar i;
   for(i=0;i<0x0a;i++)
    {
     TH0=0x3C;                            //定时初值
     TL0=0xB0;
     TR0=1;
     while(!TF0);
     TF0=0;
     }
  }
void delay_t(uchar t)                     //延时 t*0.5s
{
    uchar i;
    for(i=0;i<t;i++)
    delay0_5s();
}
```

3. 仿真调试

（1）从网上下载一个虚拟串口软件（如 VPSD、SUDT 等），如 VPSD 安装完后启动界面如图 4.29 所示。界面上列出计算机上现有的物理串口，为 COM4、COM5、COM8 口（个人的计算机物理串口的编号不同）。

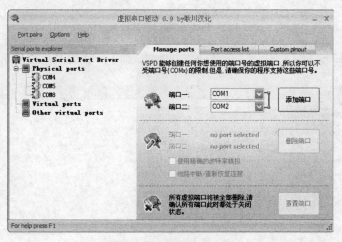

图 4.29　虚拟串口启动界面

　　下面添加虚拟串口，在右边窗口中，端口一下拉表框中选择 COM1、端口二下拉表框中选择 COM2，（编号与现有物理串口编号不同即可），然后单击右边的"添加端口"按钮，完成后的界面如图 4.30 所示。左边的窗口中显示目前的虚拟串口包含 COM1、COM2。

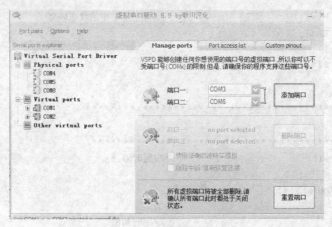

图 4.30　虚拟串口设置端口界面

（2）Proteus 参数设置。双击 COMPIM 串口，设置串口参数，如图 4.31 所示。需要设置的是 Physical Port、Physical Boud Rate 和 Virtual Baud Rate 这三个列表框。波特率的值一定要与源程序一致，此处是 2 400b/s；Physical Port 选择 COM1 或 COM2（上个步骤中配置的虚拟串口对中的一个）。

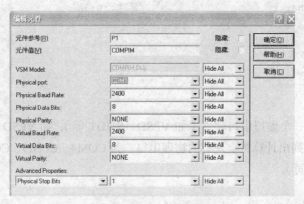

图 4.31　Proteus 串口参数设置界面

（3）设置串口调试助手。从网上下载一个串口调试助手，作如图 4.32 所示的设置。

图 4.32　串口调试助手设置窗口

其中，串口选择 COM2 或 COM1（步骤 1 中配置的串口对中的另一个）。波特率与源程序设计中一致，这里选择 2 400b/s。同时，接收区和发送区都选择十六进制。

（4）做好上述准备工作后，可以开始仿真工作。

Keil 中编译源代码，生成 HEX 文件，并装载到 Proteus 中。为了方便观测，调用两个虚拟终端工具，分别接于 RXD 和 TXD 端，分别用于监测单片机接收的信号和发送的信号。

启动 Proteus 仿真运行，可看到交通灯正常运行。打开虚拟终端窗口，并右键设置十六进制显示，如图 4.33 所示。

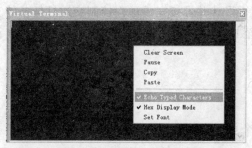

图 4.33 设置虚拟终端显示模式

打开串口助手窗口，发送区输入"01"，并单击"手动发送"按钮，可看到两个终端窗口显示单片机接收的"01"和单片机回发给 PC 的信号"01"；同时，交通灯双向红灯点亮，双向禁行，如图 4.34 所示。

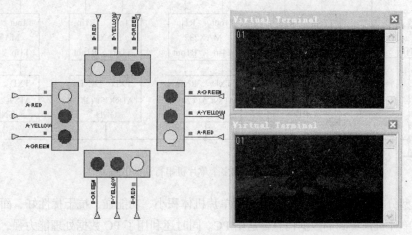

图 4.34 PC 端发送"01"信号后的结果

在串口助手窗口的发送区输入"02"，单击"手动发送"按钮，可看到交通灯恢复禁行前状态，重新正常工作。

【实物制作清单】

1. PC、单片机开发系统、稳压电源+5V
2. 元器件清单：

插座	DIP40	1
单片机	STC89C52RC	1
RS-232 转换芯片	MAX232	1

晶体振荡器	11.059 2MHz	1
瓷片电容	27pF	2
电解电容	10μF	5
电阻		若干
发光二极管		12

【课后任务】

根据元器件清单，自行设计并焊接完成远程控制交通灯任务的实物制作。将单片机通过MAX232转换接口电路接至 PC，借助串口助手完成 PC 向单片机的命令发送。

任务扩展

知识 3 PC 与多个单片机间的串行通信

图 4.35 所示为一台 PC 与多个单片机间的串行通信电路。这种通信系统一般为主从结构，PC为主机，单片机为从机。主从机间的信号电平转换由 MAX232 芯片实现。

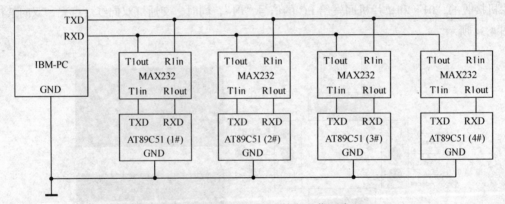

图 4.35 PC 和多个单片机串行通信电路

这种小型分布式控制系统，充分发挥了单片机体积小、功能强、抗干扰性好、面向被控对象等优点，将单片机采集到的数据信息传送给 PC。同时还利用了 PC 数据处理能力强，可将多个控制对象的信息加以综合分析、处理，然后向各单片机发出控制信息，以实现集中管理和最优控制，并能将各种数据信息显示和打印出来。为了减少从机之间发送的干扰，可以在每个 MAX 232 的T1OUT 和 PC 的 RXD 之间正向连一个二极管，如 IN4148，IN4007 等。

项目小结

（1）51 系列单片机内部有一个可编程全双工串行通信接口，它具有 UART 的全部功能，该接口不仅可以同时进行数据的接收和发送，也可做同步移位寄存器使用。该串行口有 4 种工作方式，并能设置各种波特率。

通过串行口控制寄存器 SCON，电源及波特率选择寄存器 PCON 两个特殊功能寄存器进行管理和控制。

（2）波特率发生器由定时器 T1 完成，此时 T1 工作于方式 2，可通过设置其初值，改变波特率的值。

（3）串行通信的编程方式有查询方式和中断方式两种。在编程中要注意的是 TI 和 RI 两个标志位是以硬件自动置 1，而以软件清零的。

（4）串口通信初始化过程如下：

① 设定串口工作方式，即 SCON 中 SM0、SM1 两位。

② 若选定的模式不是波特率固定的，还需要确定接收/发送波特率。波特率发生器由 T1 完成，工作于方式 2，并计算初始值。

③ 设定 SMOD 状态，控制波特率是否需要加倍。

④ 对于串口的方式 2 或方式 3，发送时，应根据需要，在 TB8 中写入待发送的第 9 位数据；接收时，应对收到的校验位进行校验。

（5）单片机与 PC 通信时，由于双方电路标准不同，需要外接电平转换电路。

项目五
存储系统设计

通常情况下，利用 AT89C51 的最小应用系统外接输入、显示电路既可以完成部分测控系统的功能，又可以发挥单片机的体积小、价格低等优点。但是，在单片机的部分测控应用中，最小应用系统所提供的可用存储资源往往不能满足需要。因此，在单片机应用系统的设计中经常需要进行存储系统扩展。本项目将重点培训存储系统的设计技能。

任务一　并行存储器的扩展设计

任务要求

【任务内容】

利用存储器芯片 6264 设计一个外部 RAM 扩展系统，并完成数据的存取。

【知识要求】

了解单片机三总线接口；掌握并行存储器芯片扩展的接口电路设计；了解读写外部 RAM、外部 ROM 的信号时序；巩固 C51 中存储类型和存储区域的对应关系，掌握 C51 中绝对地址的访问方法。

相关知识

知识 1　三总线接口及其扩展性能

单片机是通过片外引脚进行系统扩展的。目前的单片机都是三总线结构，即地址总线（AB）、数据总线（DB）、控制总线（CB），如图 5.1 所示。下面将对这三组总线的扩展性能作介绍。

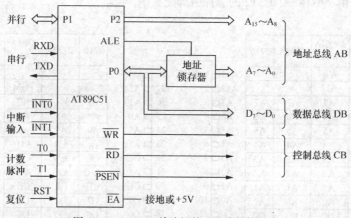

图 5.1 AT89C51 单片机的三总线结构形式

1. 地址总线（AB）

地址总线用来传送存储单元或外部设备的地址。AT89C51 由 P0 口提供低 8 位地址线。由于 P0 口同时又作为数据口，地址数据是分时控制输出，所以低 8 位地址必须用锁存器锁存。也就是在 P0 口加一个锁存器，锁存器的输出就是低 8 位地址。锁存器的锁存控制信号由单片机 ALE 控制信号提供，在 ALE 下降沿将低 8 位地址锁存。

地址总线高 8 位由 P2 口直接输出。P0、P2 口在作为地址总线使用时就不能再用作一般的 I/O 口，这在系统扩展时一定要注意。地址总线的宽度是 16 位，其寻址范围是 2^{16}=64 KB，地址范围是 0000H～FFFFH。

2. 数据总线（DB）

数据总线用来传送数据和指令码，AT89C51 由 P0 口提供数据线，其宽度为 8 位，该口为三态双向口。单片机与外部交换数据、指令、信息几乎都是由 P0 口传送。

3. 控制总线（CB）

控制线用来传送各种控制信息。AT89C51 用于系统扩展的控制线有 $\overline{\text{WR}}$、$\overline{\text{RD}}$、$\overline{\text{PSEN}}$、ALE 和 $\overline{\text{EA}}$。

$\overline{\text{WR}}$、$\overline{\text{RD}}$ 信号用于扩展片外数据存储器的读写控制。当对片外数据存储器读写时，自动产生 $\overline{\text{WR}}$、$\overline{\text{RD}}$ 信号。

$\overline{\text{PSEN}}$ 用于扩展片外程序存储器的读控制。读取片外程序存储器时单片机不产生 $\overline{\text{RD}}$ 信号。

ALE 的下降沿使 P0 口输出的地址锁存。

$\overline{\text{EA}}$ 用于选择片内或片外程序存储器。$\overline{\text{EA}}$=0 时，不论是否有片内程序存储器，只访问外部程序存储器；$\overline{\text{EA}}$=1 时，系统从内部程序存储器开始执行程序，当执行程序超过片内程序存储器地址范围时，自动访问外部程序存储器。

知识2 EPROM 程序存储器概述

AT89C51 内部本身具有 4KB 的 FLASH，当程序量超过 4KB 时，一般情况下，我们可以选择使用内部 FLASH 容量大的 CPU，如 AT89C52（8K FLASH），AT89C55（20K FLASH）等，但有

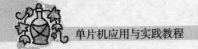

时我们也需要对程序存储器进行扩展，AT89C51 的最大外部扩展范围是 64KB，一般采用非易失性存储器，如 EPROM 等。

图 5.2 列出了由 27C16～27C512 的芯片引脚配置图。

左侧表：

27256 27C256	27C128 27128A	27C64A 27C64	2732A	2716
V_{PP}	V_{PP}	V_{PP}		
A12	A12	A12		
A7	A7	A7	A7	A7
A6	A6	A6	A6	A6
A5	A5	A5	A5	A5
A4	A4	A4	A4	A4
A3	A3	A3	A3	A3
A2	A2	A2	A2	A2
A1	A1	A1	A1	A1
A0	A0	A0	A0	A0
O0	O0	O0	O0	O0
O1	O1	O1	O1	O1
O2	O2	O2	O2	O2
GND	GND	GND	GND	GND

中间 27C512 引脚图：

A15	1	28	V_{CC}
A12	2	27	A14
A7	3	26	A13
A6	4	25	A8
A5	5	24	A9
A4	6	23	A11
A3	7	22	$\overline{OE}/V_{PP}$
A2	8	21	A10
A1	9	20	$\overline{CE}$
A0	10	19	O7
O0	11	18	O6
O1	12	17	O5
O2	13	16	O4
GND	14	15	O3

右侧表：

2716	2732A	2764A 27C64	27C128 27128A	27256 27C256
		V_{CC}	V_{CC}	V_{CC}
		$\overline{PGM}$	$\overline{PGM}$	A14
V_{CC}	V_{CC}	NC	A13	A13
A8	A8	A8	A8	A8
A9	A9	A9	A9	A9
V_{PP}	A11	A11	A11	A11
$\overline{OE}$	$\overline{OE}/V_{PP}$	$\overline{OE}$	$\overline{OE}$	$\overline{OE}$
A10	A10	A10	A10	A10
$\overline{CE}$	$\overline{CE}$	$\overline{CE}$	$\overline{CE}$	$\overline{CE}$
O7	O7	O7	O7	O7
O6	O6	O6	O6	O6
O5	O5	O5	O5	O5
O4	O4	O4	O4	O4
O3	O3	O3	O3	O3

图 5.2　EPROM 芯片引脚配置图

引脚功能简述如下：

A0～A15：地址线。

O0～O7：数据线。

$\overline{CE}$：芯片片选端。低电平允许芯片工作，高电平时禁止工作。

$\overline{OE}$/Vpp：输出使能信号/编程电压。正常操作时，低电平允许输出，通常与单片机的读控制信号相连。编程方式下，此引脚接编程电压。

$\overline{PGM}$：编程脉冲输入端。

表 5.1 所示为 27C16 工作方式选择，其余的芯片类似。

表 5.1　2716 电源控制线关系表

方式 ＼ 控制信号	$\overline{CE}$/PGM （18 脚）	$\overline{OE}$ （20 脚）	V_{PP} （21 脚）	V_{CC} （24 脚）	输出 （9～11，13～17 脚）
读	V_{IL}	V_{IL}	+5	+5	数据输出
维　持	V_{IH}	×	+5	+5	高　阻
编　程	正脉冲	V_{IH}	+25	+5	数据输入
编程校核	V_{IL}	V_{IL}	+25	+5	数据输出
编程禁止	V_{IL}	V_{IH}	+25	+5	高　阻

知识 3　单片 EPROM 程序存储器的扩充

根据知识 1 中介绍的三总线及其扩展性能，结合知识 2 中的芯片知识，采用一片 27C16 来扩充程序存储器的电路连接如图 5.3 所示。

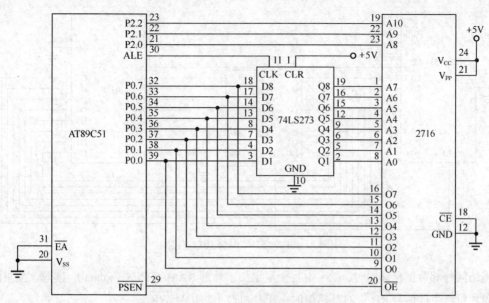

图 5.3　一片 27C16 程序存储器扩展连接图

扩充程序存储器主要注意以下 3 个方面。

（1）地址总线的连接。27C16 有 2KB 的存储空间，11 根地址线，而 AT89C51 有 64KB 的寻址空间，16 根地址线。在低位地址线一一对应连接完后（低 8 位地址与 74LS373 的 Q0～Q7 相连），AT89C51 剩余的高位地址线可以空着不连接，如图 5.3 所示。

（2）数据总线的连接。27C16 与 AT89C51 的数据总线都是 8 位，所以从 D0～D7 与 AT89C51 的 P0.0～P0.7 依次对应连接即可。

（3）存储器片选端的连接。存储器片选端的连接是非常重要的，如果单片机扩展了多片存储器，它的连接往往是单片机剩余的高位地址线，这样就决定了各个存储器在系统中的地址范围。由于我们只是一片存储器的扩展，所以片选端 $\overline{CE}$ 直接接地即可。

此外，27C16 的 $\overline{OE}$ 端与 AT89C51 的 $\overline{PSEN}$ 相连。

对于 AT89C51，因为数据线和低 8 位地址线都是由 P0 口提供，数据线和地址线是分时使用的，所以如图 5.3 所示，将 AT89C51 的 P0 口与锁存器 74LS373 的 D0～D7 相连，$\overline{ALE}$ 端与 74LS373 的 GE 端相连，利用 $\overline{ALE}$ 的下降沿可将低 8 位地址锁存，实现地址和数据的分时复用。

知识 4　并行 RAM 的扩展

在 AT89 系列产品中，片内数据存储器的容量一般为 128～256 个字节。当片内 RAM 不够用时，就需要扩展外部 RAM，因为地址线有 16 根，所以最大可扩展 64 KB。

单片机和数据存储器的连接方法与程序存储器的连接方法大致相同，主要区别在控制信号上。地址线、数据线均与程序存储器的连接方法一致。因为数据存储器既要读又要写，所以必须有控制读写的信号线。而一般作为数据存储器的 RAM，都有读写信号线。应用时只需将存储器的读信号线 $\overline{RD}$、写信号线 $\overline{WR}$ 与单片机的相应 $\overline{RD}$、$\overline{WR}$ 相连就行了。如果只扩展一片，数据存储器的片选 $\overline{CE}$ 端可以直接接地；如果有多片，每片 RAM 的 $\overline{CE}$ 连接跟程序存储器的扩展方法中介绍的 $\overline{CE}$ 连接一样。如图 5.4 所示，是单片 SRAM 6116（2K×8 位）的扩展连接图。

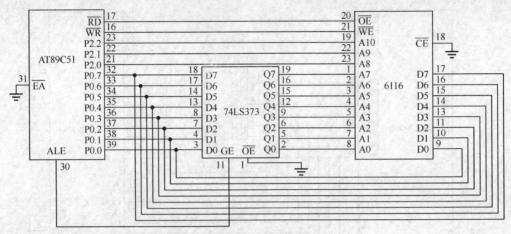

图 5.4　AT89C51 与 6116 接口连接图

当访问外部数据存储器时，C51 中将变量定义于外部 RAM 存储区（xdata），读取该变量的值时，单片机产生读信号 $\overline{RD}$；对其赋值时，单片机产生写信号 $\overline{WR}$。

当片内 ROM 和片内 RAM 均不够使用时，也可以同时扩展片外 ROM 和 RAM。如图 5.5 所示，为同时扩展 64KB EPROM 和 32KB RAM 的电路原理图。

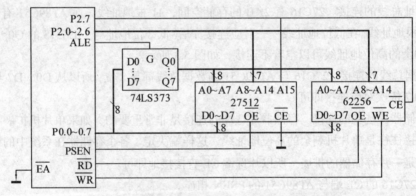

图 5.5　片外扩展 64KB EPROM 和 32KB RAM 系统

图 5.5 中，62256 的片选端 $\overline{CE}$ 接 AT89C51 的 P2.7，只有当 P2.7 输出为 0 时，才能选通 62256，因此它的地址范围是 0000H～7FFFH。27512 的片选端 $\overline{CE}$ 接地，为常选通，地址为 0000H～FFFFH。

片外 RAM 的读写由单片机的 $\overline{RD}$（P3.7）和 $\overline{WR}$（P3.6）信号控制，而片外 ROM 的输出允许端 $\overline{OE}$ 由单片机的读选通 $\overline{PSEN}$ 信号控制。因此地址空间有重叠，但由于控制信号及使用的数据传送指令不同，不会发生总线的冲突。

如果选用其它 ROM 和 RAM 芯片，仅仅是地址线数目和芯片数目有所差别，同时扩展多片时，可以选用线选法和地址译码，读者可以自己尝试。

知识 5　C51 的指针

指针是 C 语言中一种重要的数据类型，合理地使用指针，可以有效地表示数组等复杂的数据结构，直接处理内存地址。KEIL C51 语言除了支持 C 语言中的一般指针外，还根据 51 系列单片机的结构特点，提供了一种新的指针数据类型——存储器指针。

KEIL C51 支持一般指针（Generic Pointer）和存储器指针（Memory_Specific Pointer）。

1. 一般指针

一般指针的声明和使用与 C 语言基本相同，不同的是还可以定义指针本身的存储区域。一般指针的定义格式如下：

数据类型　*[存储区域]　变量名；

其中，数据类型是指针指向对象的数据类型，存储区域是指针本身的存储区域，默认状态下则按照编译器指定的默认区域存放。

例如：

```
long  *ptr;
// 定义 ptr 为一个指向 long 型数据的指针，而 ptr 本身则依存储模式存放
char *xdata Xptr;
// 定义 Xptr 为一个指向 char 型数据的指针，而 Xptr 本身则存放 xdata 区域中
long  *code Cptr;
// 定义 Cptr 为一个指向 long 型数据的指针，而 Cptr 本身则存放 code 区域中
```

指针 ptr、Xptr、Cptr 所指向的数据可存放于任何存储区域中。一般指针本身在存放时要占用 3 个字节。

2. 存储器指针

基于存储器的指针在说明时既可以指定指针本身的存储区域，也可以指定指针所指向变量的存储区域。存储器指针的定义格式如下：

数据类型　[存储区域1]　*[存储区域2]　变量名；

其中，"存储区域 1" 为指针所指向变量的存储区域；"存储区域 2" 为指针本身的存储区域。例如：

```
char data * str;
// 定义 str 指向 data 区中的 char 型变量，其本身按默认模式存放
int xdata * data pow;
// 定义 pow 指向 xdata 区中的 int 型变量，其本身存放在 data 区中
```

存放存储器指针只需 1～2 个字节，因此，其运行速度要比一般指针快。但是，在使用存储器指针时，必须保证指针不指向所声明的存储区域以外的地方，否则会产生错误。

知识 6　C51 中绝对地址的访问

KEIL C51 语言允许在程序中指定变量存储的绝对地址，常用的绝对地址的定义方法有三种：采用关键字 "_at_" 定义变量的绝对地址；采用存储器指针指定变量的绝对地址；利用头文件 absacc.h 中定义的宏来访问绝对地址。

1. 采用关键字_at_

用关键字 "_at_" 定义变量的绝对地址的一般格式如下：

数据类型[存储区域]标识符_at_地址常数

其中，"数据类型" 除了可以使用 int、char、float 等基本类型外，也可以使用数组、结构等构造数据类型。

"存储区域" 可以是 KEIL C51 编译器能够识别的所有类型，如 idata、data、xdata 等。如果该选项省略，则按编译模式 SMALL、COMPACT 或 LARGE 规定的默认存储方式确定变量的存储区域。

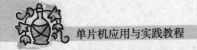

"标识符"为要定义的变量名。

"地址常数"为所定义变量的绝对地址，它必须位于有效的存储区域内。

例如：

```
int xdata FLAG _at_ 0x8000;
// 定义 int 型变量 FLAG 存储在片外 RAM 中,首地址为 0x8000
```

利用关键字"_at_"定义的变量称为"绝对变量"。由于对绝对变量的操作就是对存储区域绝对地址的直接操作，因此在使用绝对变量时应注意以下几个问题。

① 绝对变量必须是全局变量，即只能在函数外部定义。

② 绝对变量不能被初始化。

③ 函数及 bit 型变量不能用"_at_"进行绝对地址定位。

2. 采用存储器指针

利用存储器指针也可以指定变量的绝对存储地址，其方法是先定义一个存储器指针变量，然后对该变量赋以指定存储区域的绝对地址值。

例如：

```
char xdata *cx_ptr;          //定义指针 cx_ptr,指向片外 RAM 中 char 类型变量
char data *cd_ptr;           //定义指针 cd_ptr,指向片内 RAM 中 char 类型变量

cx_ptr = 0x2000;             //指针 cx_ptr 指向片外 2000H 单元
cd_ptr = 0x35;               //指针 cd_ptr 指向片内 35H 单元

*cx_ptr = 0xbb;              //对片外 2000H 单元赋值 bbH
*cd_ptr = 0xaa;              //对片外 35H 单元赋值 aaH
```

3. 采用头文件 absacc.h 中定义的宏

在 Keil C51 中，用"#include <absacc.h>"即可使用其中定义的宏来访问不同存储区域的绝对地址。包括 CBYTE、DBYTE、PBYTE、XBYTE、CWORD、DWORD、PWORD、XWORD，分别对应 code、data、pdata、xdata 区的字节、字变量。

例如：

```
XBYTE[0x0002]=0x01;          //对外部 RAM 的 0002H 单元赋值为 1
```

任务实施

【跟我做】

1. 硬件电路设计

在单片机最小系统的基础上，利用 P0 口和 P2 口作为地址线，P0 口作为数据口，74LS373 作为地址锁存器，设计并行 RAM 扩展系统如图 5.6 所示。由于 6264 存储空间为 8K×8bit，因此，只需 13 根地址线，则 P2 口的高 3 位空置不用。

另外，片选和写允许接于单片机的写允许端 P3.6 口，输出允许端接于单片机的读允许端 P3.7 口。

2. 控制软件设计

控制软件中实现对外部 RAM 特定单元的赋值操作，使用绝对地址访问的方法。参见本任务知识 6。这里使用头文件 absacc.h 中定义的宏来完成绝对地址的访问。

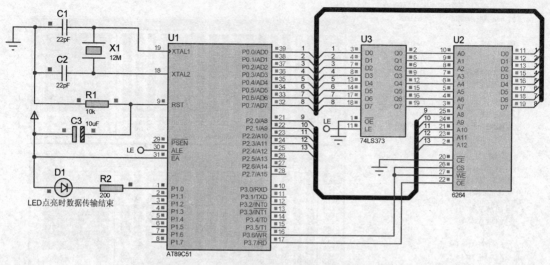

图 5.6 扩展并行 RAM（6264）仿真电路图

```c
#include <reg51.h>
#include <absacc.h>                    //利用头文件 absacc.h
#define uchar unsigned char
#define uint unsigned int
sbit LED = P1^0;
void main()
{
    uint i;
    LED = 1;
    for(i=0;i<200;i++)
    {
        XBYTE[i]=i+1;                  //对外部 RAM0～199 单元分别赋值
    }
    for(i=0;i<200;i++)                 //将数据块逆向复制,存 100～299 单元
    {
        XBYTE[i+0x0100]=XBYTE[199-i];
    }
    LED=0;                             //读取完成
    while(1);
}
```

3. Proteus 软件仿真

将 Keil 中生成的 HEX 文件装载到单片机中，单击运行按钮，根据代码设计，程序将向外部并行 RAM6264 的 0000H～00C7H 单元依次存入数据,再将这个数据块逆序存储至 0100H～01C7H 单元。任务完成后，点亮 LED。

当 LED 点亮后，单击暂停键，选择菜单栏中"调试"选项，如图 5.7 所示，选择 Memory Contents–U2，弹出窗口，可查看写入到 6264 中的内容，如图 5.8 所示。其中左边是存储器地址，中间是各地址单元内的数据，右边是数据为 ASCII 码对应的符号。

【实物制作清单】

1. PC、单片机开发系统、稳压电源+5V
2. 元器件清单：

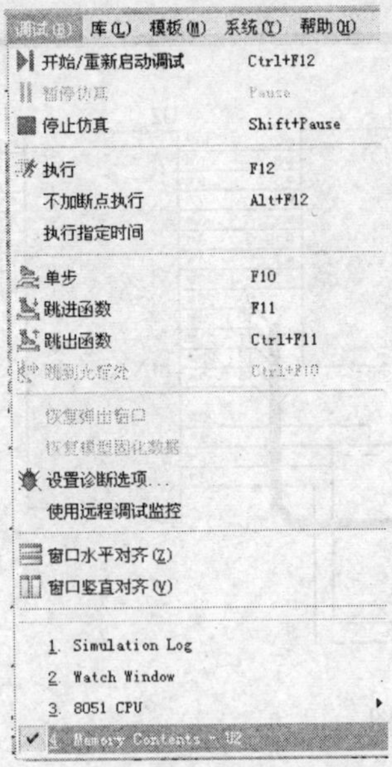

图 5.7　打开 6264 存储器查看窗口 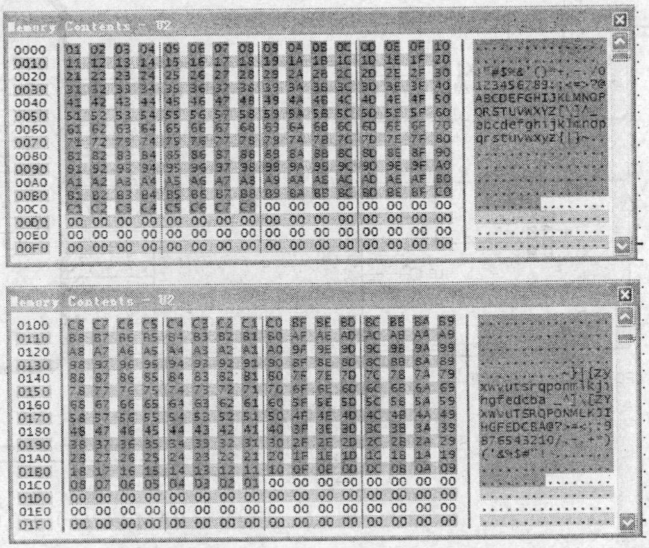　　　　图 5.8　6264 存储器单元查看窗口

插座	DIP40	1
单片机	STC89C52RC	1
晶体振荡器	12MHz	1
瓷片电容	30pf	2
电解电容	10μf	1
按键		1
RAM	6264	1
输出缓冲器	74LS373	1
发光二极管		1
电阻		若干

【课后任务】

应用关键字_at_和存储器指针方法，访问外部 RAM，完成对特定绝对地址的存取操作。

任务扩展

知识 7　多片 EPROM 程序存储器的扩展

在多片存储器扩展电路中，片选端的接法有两种，分别是线选法和地址译码法。

1. 线选法

由于 27C16 是 2K 字节的存储器，所以它的地址线是 A0～A10，共 11 根，与 16 根地址线的 AT89C51 相连，还剩五根高位地址线。这五根高位地址线可以分别用来连接 27C16 的片选端。这样最多可接五片 27C16。每片都有自己的寻址范围且地址不会重叠。如果不需要扩展，多余的高位地址线也可以空着不连。

如图 5.9 所示，就是采用线选法扩展三片 27C16 存储器的电路图。

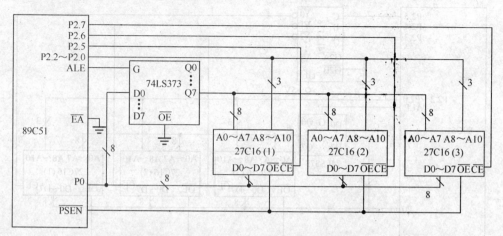

图 5.9 线选法多片 27C16 程序存储器扩展连接图

按照未用地址线 P2.3 和 P2.4 以低电平"0"计算，三片 27C16 的地址范围分别是：27C16（1）为 C000H～C7FFH；27C16（2）为 A000H～A7FFH；27C16（3）为 6000H～67FFH。

从以上的地址分配可以看出，采用线选法三片 27C16 的地址是不连续的，很多地址空间空闲没用。但是扩展方法比较简单，只需直接连接片选端到高位地址即可。

2. 地址译码法

如果采用线选法扩展存储器，可用的高位地址线有限，这就限制了可以扩展的芯片个数。用少量的高位地址线扩展多片存储器，常常采用地址译码法。地址译码法只需在线选法的基础上加译码器就可以了。

译码器芯片 74LS138 的引脚图如图 5.10 所示。

从图 5.10 中可见，该芯片具有 3 位选择输入线，8 位译码输出线，因此利用 74LS138 扩展存储器芯片时，最多能接八个芯片的片选端。芯片的真值表如表 5.2 所示。

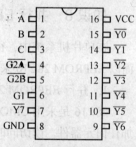

图 5.10 74LS138 引脚图

表 5.2 74LS138 真值表

G1	$\overline{G2A}$	$\overline{G2B}$	C	B	A	$\overline{Y7}$	$\overline{Y6}$	$\overline{Y5}$	$\overline{Y4}$	$\overline{Y3}$	$\overline{Y2}$	$\overline{Y1}$	$\overline{Y0}$
1	0	0	0	0	0	1	1	1	1	1	1	1	0
1	0	0	0	0	1	1	1	1	1	1	1	0	1
1	0	0	0	1	0	1	1	1	1	1	0	1	1
1	0	0	0	1	1	1	1	1	1	0	1	1	1
1	0	0	1	0	0	1	1	1	0	1	1	1	1
1	0	0	1	0	1	1	1	0	1	1	1	1	1
1	0	0	1	1	0	1	0	1	1	1	1	1	1
1	0	0	1	1	1	0	1	1	1	1	1	1	1
其他状态			×	×	×	1	1	1	1	1	1	1	1

采用译码器进行程序存储器扩展的具体电路图如图 5.11 所示。

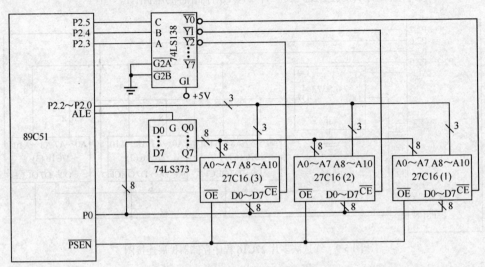

图 5.11 译码法存储器的连接图

在图 5.11 中，27C16（1）的地址范围是 0000H～07FFH；27C16（2）的地址范围是 0800H～0FFFH；27C16（3）的地址范围是 1000H～17FFH。从地址分配可以看出三片 27C16 的地址是连续的，没有浪费地址空间，可扩展的芯片较多。

知识 8 并行 EEPROM 的扩展方法

在单片机系统中，往往要保存实时数据，且掉电不丢失，这时可以采用 EEPROM 芯片。下面以 EEPROM 28C16 来介绍。

1. 并行 EEPROM 28C16 的特点

28C16 是采用 CMOS 工艺制成的 2K×8 位电可擦除的可编程只读存储器。其读写不需要外加任何元器件。读访问时间可为 150～250μs，在写入之前自动擦除；一个字节的擦除和写访问时间为 200μs～1ms；工作电流为 30mA，备用状态时只有 100μA，电源电压为单一的+5V；三态输出，与 TTL 电平兼容。引脚如图 5.12 所示。

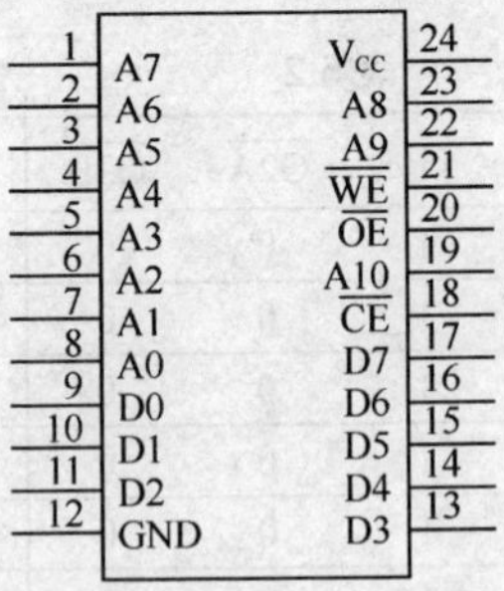

2. 引脚说明

（1）A0～A10：地址线；

（2）D0～D7：数据线；

（3）$\overline{CE}$：片选线（低电平有效），$\overline{CE}$ =0，本芯片被选中工作，否则，不被选中；

（4）$\overline{WE}$：写允许（低电平有效）：

（5）$\overline{OE}$：输出允许（低电平有效）；

（6）Vcc：+5V 电源；

（7）GND：接地端。

图 5.12 28C16 引脚图

3. 工作方式

28C16 工作方式选择如表 5.3 所示。

174

表 5.3　　　　　　　　　　　　　28C16 工作方式选择

工作方式	$\overline{CE}$	$\overline{OE}$	$\overline{WE}$	输入/输出
读	L	L	H	数据输出
后备	H	×	×	高阻
字节写	L	H	L	数据输入
字节擦除	L	12V	L	高阻
写禁止	×	×	H	高阻
写禁止	×	L	×	高阻
输出禁止	×	H	×	高阻

4. 28C16 的扩展

在多片 EEPROM 的扩展中，片选端的接法同样有两种，分别是线选法和地址译码法。图 5.13 所示为地址译码法扩展 3 片 28C16 的连接电路图。

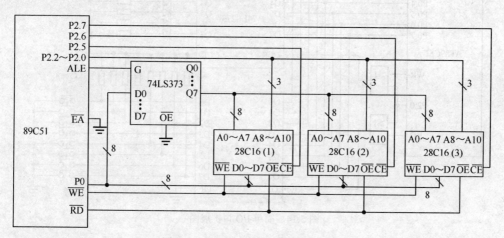

图 5.13　28C16 与 CPU 的连接示意图

知识 9　利用三总线接口扩展 I/O 口

AT89C51 单片机共有四个 8 位并行 I/O 口，但有时这些 I/O 口不能完全提供给用户。在实际应用系统设计中，往往供用户使用的 I/O 口是不够的，因此常常需要进行 I/O 口的扩展。

单片机扩展的 I/O 口有两种基本类型，即简单 I/O 口扩展和可编程 I/O 口的扩展。前者功能单一，多用于简单外设的输入输出；后者功能丰富，有的扩展芯片内部还有定时器、RAM 等，应用范围广，但接口芯片相对价格昂贵。

下面介绍利用三总线接口进行简单 I/O 口扩展的原理和方法。

只要根据"输入三态，输出锁存"的原则，选择 74 系列的 TTL 电路或 MOS 电路就能组成简单的扩展电路，如 74LS244、74LS273、74LS373、74LS377 等芯片都能组成输入、输出接口。

对于 AT89C51 单片机，外部 I/O 接口和外部 RAM 是统一编址的，也就是说它们共用 64K 存储空间。每个扩展 I/O 接口相当于一个扩展的外部单元，因此，访问外部接口就如同访问外部 RAM 一样，定义一个存储于外部数据 xdata 区的变量，对该变量读取或赋值就能产生 $\overline{WR}$、$\overline{RD}$ 信号，实现对 I/O 口进行读写。图 5.14 给出了一个用 8 位三态缓冲器 74LS244 作为输入口和八 D 锁存器

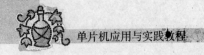

74LS273 作为输出口组成的简单 I/O 口扩展电路。

在图 5.14 中，输出电路控制采用 P2.0 和 $\overline{WR}$ 的组合信号。当 P2.0 和 $\overline{WR}$ 都为 0 时，或门输出为 0，P0 口数据锁存到 74LS273，其 Q 端控制发光二极管 LED：当某个 Q 端为 0 时，与其相连的发光二极管被点亮。

输入电路控制采用 P2.0 和 $\overline{RD}$ 的组合信号，当 P2.0 和 $\overline{RD}$ 都为 0 时，或门输出为 0，选通 74LS244，将外部信号传到数据总线；当某键被按下时，与其相连的输入线为 0，无键按下时为全 1。

尽管输入、输出两个扩展口都用 P2.0 作为控制线，地址空间相同，但是两个接口分别用 $\overline{WR}$、$\overline{RD}$ 信号控制，所以不会发生冲突。由于当 P2.0 为低电平时接口才能被选通，所以输入、输出接口地址都是 FEFFH。

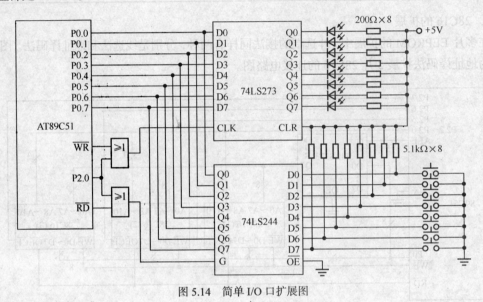

图 5.14　简单 I/O 口扩展图

按照图 5.14，若让某一个按键按下，对应的发光二极管亮，程序如下：

```
#include <absacc.h>
unsigned char a;
while(1)
{
a= XBYTE[0xFEFF];              //置 I/O 口地址,并产生 RD 读入键值
XBYTE[0xFEFF]=a;              //置 I/O 口地址,产生 WR 输出信号
}
```

任务二　串行 EEPROM 的扩展设计

任务要求

【任务内容】

设计一个带 1 位数码管的显示系统，能存储待显示的数据，掉电不丢失。选择串行 EEPROM

（AT24C04）完成设计。

【知识要求】

了解串行 EEPROM 芯片 AT24C 系列的性能和使用方法；掌握串行 EEPROM 芯片扩展的接口电路设计；了解 I²C 总线的协议规范和操作时序；掌握单片机模拟 I²C 总线操作的软件设计方法；巩固数码管显示的接口电路设计和程序设计方法。

相关知识

知识 1　AT24C 系列芯片

AT24C 系列芯片是 ATMEL 公司生产的一种电可擦除 EEPROM 存储器。根据内部存储空间大小不同，有 AT24C01、AT24C02、AT24C04、AT24C08、AT24C16、AT24C64、AT24C128 等不同型号，容量分别为 1Kbit 到 512Kbit 不等。

AT24C 采用二线制 I²C 总线结构，可以与具有 I²C 总线结构的单片机或者模拟 I²C 总线传输方式的单片机直接接口。这种结构不仅占用很少的资源和 I/O 口线，而且体积大大缩小，同时具有工作电源宽、抗干扰能力强、功耗低、掉电数据保持、支持在线编程等特点。因此这类存储器芯片已被广泛应用到各类控制电路中。本任务将以 AT24C04 为例，介绍这类芯片的应用。

1. 引脚图及说明

AT24C04 引脚图如图 5.15 所示，各引脚功能如下：

（1）SCL：串行时钟端，用于对输入和输出数据的同步。

（2）SDA：串行数据地址输入或输出端，串行双向数据输入、输出端。

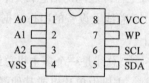

图 5.15　AT24C04 引脚图

（3）WP：写保护，硬件数据保护端，接地时可对整个存储器进行正常读写，接电源时具有写保护功能。

（4）A0、A1、A2：片选输入。对于 AT24C04，A0 未定义，A1、A2 组成两位地址片选。

（5）V$_{CC}$：电源端，接+5V 电源。

（6）V$_{SS}$：接地端。

2. 芯片特性

（1）功能描述。AT24C04 支持 I²C 双向二线制串行总线及其传输协议。在串行 EEPROM 系统中，必须有一片可以产生串行时钟（SCL）的主器件控制，通常这个主器件就是单片机，控制其总线访问及产生"启动"和"停止"信号。对 EEPROM 写操作时，单片机是发送器，串行 EEPROM 是接收器，而在读操作时则相反。进行哪一种操作方式则由单片机确定。

（2）总线特性。I²C 双向二线制串行总线协议定义只有在总线处于"非忙"状态时，数据传输才能被初始化。在数据传送期间，只要时钟线为高电平，数据线都必须保持稳定，数据才有效。否则数据线上的任何变化都被当作"启动"或"停止"信号。I²C 总线协议定义的串行总线状态示意图如图 5.16 所示。

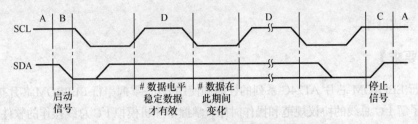

图 5.16　AT24C01 总线状态图

① A 段：总线非忙状态。在此期间 SDA、SCL 都保持高电平。

② B 段：启动数据传输。当 SCL 为高电平时，SDA 由高电平变为低电平的下降沿被认为是"启动"信号，只有出现了"启动"信号后，其他命令才有效。

③ C 段：停止数据传输。当 SCL 为高电平时，SDA 低电平的上升沿被认为是"停止"信号。随着"停止"信号的出现，所有外部操作都结束。

④ D 段：数据有效。在出现"启动"信号以后，SCL 为高电平且数据线稳定，这时数据线的状态表示要传送数据。

另外，每当串行 EEPROM 接收到一个字节的数据后，通常需要发出一个应答信号，单片机必须产生一个与这个应答信号相联系的时钟信号。

知识 2　I²C 总线协议规范

I²C 总线是由 Philips 公司开发的一种简单、双向二进制同步串行总线。它只需要两根线实现总线上器件之间的信息传送，一根是双向的数据线（SDA），另一根是时钟线（SCL）。所有连接到 I²C 总线上设备的串行数据线都接到总线的 SDA 线上，而各设备的时钟线则均接到总线的 SCL 线上。

I²C 总线是一个多主机总线，即一个 I²C 总线可以有一个或多个主机，总线运行由主机控制。通常，主机由单片机或其他微处理器充当，被寻址访问的从机则是各类 I²C 器件。

I²C 总线协议的数据传输有如下规定。

1. 数据传输的启停

I²C 总线协议规定：在数据的传输过程中，必须确定数据传送的起始和结束。主机负责发送起始信号启动数据的传输、发送时钟信号、传送结束时发送终止信号。

在发出起始信号后，数据传输开始，在信息传送过程中，主机发送的信号分为器件地址码、器件单元地址和数据三部分，其中器件地址码用来选择从机,确定操作类型（发送还是接收数据）；器件单元地址用于选择器件内部的单元；数据则是在各器件间传送的信息。

2. 从器件寻址

起始信号结束后，主机将发送一个用于选择从器件地址的控制字节，结构如图 5.17 所示。该字节的高 7 位是地址码，第 8 位是读写控制位，0 表示发送（主机向从机发），1 表示接收（主机收从机发）。

D7	D6	D5	D4	D3	D2	D1	D0
特征码				芯片地址			读/写控制
1	0	1	0	A2	A1	P0	R/$\overline{\text{W}}$

图 5.17　I²C 总线控制字（AT24C04 为例）

7 位地址码中，又分为特征码和芯片地址码。特征码是由 I²C 总线委员会协调确定，对于不同类型的 I²C 器件的编码。

例如：AT24C 系列 EEPROM 芯片的特征码为 1010。芯片地址编码 A2、A1 与引脚上的 A2、A1 的接法（接 V$_{CC}$ 为 1，接 V$_{SS}$ 为 0）相比较，如果一致，该芯片被选通。所以一个 I²C 总线上最多可以挂四个 AT24C04 芯片。P0 用于选择片内地址：AT24C04 共 4Kbit 容量（512Byte），P0=0 选择 0～255 单元空间，P0=1 选择 256～511 单元空间。

这样，每个连接到 I²C 总线上的器件都有一个唯一的地址，器件之间可两两进行信息传送。各器件虽然挂在同一条总线上，却彼此独立，互不干涉。

当被寻址的从器件地址匹配后，应发出响应信号（应答信号）。值得注意的是，I²C 总线协议规定，每个字节传送完毕后，都必须等待接收器返回的应答信号。

3. 数据传送

当器件寻址完成并应答后，便开始正式的数据传送过程。I²C 总线上的数据传输，每个字节必须为 8 位，高位先传；每次传输的字节数量不限，但每个字节完成后，接收方都必须有应答信号。根据从器件寻址控制字，数据的传输方向有"读""写"两种，下面以本任务中使用的串行 EEPROM 器件 AT24C04 为例，说明"读""写"过程。

（1）写操作。被寻址的串行 EEPROM 发出应答信号后，微处理器紧跟着发出一个字节的串行 EEPROM 存储单元的地址。当微处理器又接收到应答信号后，再送出要写入一个字节的数据。当微处理器再接收到应答信号后，立刻发"停止"信号，这个"停止"信号就激活内部编程周期，把接收到的 8 位数据写入指定的串行 EEPROM 存储单元。字节写入的帧格式如图 5.18 所示。

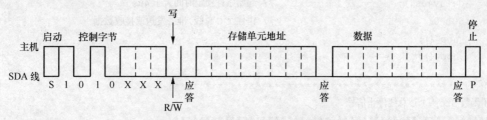

图 5.18 AT24C04 字节写入的帧格式

（2）读操作。读操作分三种情况，即读当前地址存储单元的数据、读指定地址存储单元的数据以及读连续存储单元的数据。下面介绍读指定地址存储单元的数据，其余两种方式参见有关书籍。

这种方式下微处理器需先发送芯片地址和指定单元地址，在得到"应答"信号后，再发送"启动"信号，之后再发送芯片地址和 R/$\overline{W}$ =1 的控制信号，当串行 EEPROM 发出应答后，就串行输出数据。当一帧数据读完后发送非应答信号（高电平），紧接着发送"停止"信号。这种方式如图 5.19 所示。

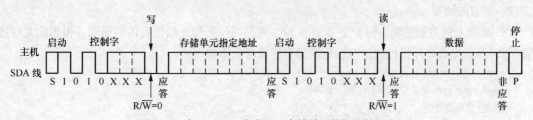

图 5.19 读 AT24C04 指定地址存储单元数据的帧格式

知识3 I²C 总线的应用

由于 51 单片机中不具有 I²C 接口，因此需要利用单片机的引脚模拟 I²C 总线的操作时序。下面以 AT24C04 为例，详细介绍利用 51 单片机实现 I²C 总线的操作。

1. 启动信号与终止信号

当 I²C 总线没有信息传送时，数据线 SDA 和时钟线 SCL 都为高电平。当主机向从机传送信号时，首先应向总线发送开始信号，然后才能传送信息，当信息传送结束时发送终止信号。开始信号和终止信号规定如下：

开始信号：SCL 为高电平时，SDA 由高电平向低电平跳变，开始数据传送。

终止信号：SCL 为高电平时，SDA 由低电平向高电平跳变，结束数据传送。

参考代码如下：

```
/******************************************************
子函数 Start:I²C 总线启动信号
******************************************************/
void STARTI2C()
{
    SDA=1;                      // 发送起始条件的数据信号
    _nop_();
    SCL=1;
    delay4us();                 // 起始条件建立时间大于 4μs,延时
    SDA=0;                      // 发送起始信号
    delay4us();                 // 起始条件锁定时间大于 4μs
    SCL=0;                      // 钳住 I²C 总线,准备发送或接收数据
    _nop_();
    _nop_();
}
/******************************************************
子函数 Stop:I²C 总线停止信号
******************************************************/
void STOPI2C()
{
    SDA=0;                      // 发送结束条件的数据信号
    _nop_();                    // 发送结束条件的时钟信号
    SCL=1;
    delay4us();                 // 结束条件建立时间大于 4μs
    SDA=1;                      // 发送 I²C 总线结束信号
    delay4us();
}
```

2. 字节的读写

I²C 总线上的数据传输，每个字节为 8 位，遵循高位先传，低位后传的原则。根据前文所述的读写时序，完成单片机控制读写过程控制程序参考代码如下：

```
/**********************************
子函数 rcvbyte:从 I²C 总线上读取一个字节
返回值:读取的数据
**********************************/
uchar rcvbyte()
```

```
{
    uchar retc,BitCnt;
    retc=0;
    SDA=1;                          // 置数据线为输入方式
    for(BitCnt=0;BitCnt<8;BitCnt++)
    {
        _nop_();
        SCL=0;                      // 置时钟线为低,准备接收数据位
        delay4us();                 // 时钟低电平周期大于 4μs
        SCL=1;                      // 置时钟线为高使数据线上数据有效
        _nop_();
        _nop_();
        retc=retc<<1;
        if(SDA==1)
            retc=retc+1;            // 读数据位,接收的数据位放入 retc 中
        _nop_();
        _nop_();
    }
    SCL=0;
    _nop_();
    _nop_();
    return(retc);
}
/*****************************************************
子函数 sendbyte:向 I²C 总线写入一个字节
入口参数:待写入的数据 c
*****************************************************/
void sendbyte(uchar c)
{
    unsigned char BitCnt;
    for(BitCnt=0;BitCnt<8;BitCnt++)
    {
        if((c<<BitCnt)&0x80)
        SDA=1;                      //判断发送位
        else
        SDA=0;
        _nop_();
        SCL=1;                      //置时钟线为高,通知被控器开始接收数据位
        delay4us();                 //保证时钟高电平周期大于 4μs
        SCL=0;
    }
    _nop_();
    _nop_();
    SDA=1;                          //释放数据线,准备接收应答位
    _nop_();
    SCL=1;
    delay4us();
    if(SDA==1)                      //接收应答位,并判断是否接收到应答信号
        ack=0;
    else
        ack=1;
    SCL=0;
```

```
    _nop_();
    _nop_();
}
```

    主程序中必须定义一个全局位变量 ack。当单片机作为主机，向从机发送一个字
节后，需等待从机的应答信号。ack 变量用于标识主机是否收到从机的应答，收到则
ack=1，否则 ack=0。

3. 应答与非应答信号

当单片机作为接收方，从 I²C 总线读数据后，需要根据通信要求发送应答或非应答信号。

应答信号：SCL 为高电平时，SDA 维持为低电平。

非应答信号：SCL 为高电平时，SDA 维持为高电平。

编写应答或非应答信号模拟控制程序参考代码如下：

```
/******************************************************
子函数 noack_i2c:发送非应答信号
******************************************************/
void noack_i2c(void)
{
    SDA=1;
    _nop_();
    _nop_();
    SCL=1;
    delay4us();                    //时钟高电平周期大于 4μs
    SCL=0;                         //清时钟线,产生一个跳变,无应答
    _nop_();
    _nop_();
}
/******************************************************
子函数 ack_i2c:发送应答信号
******************************************************/
void ack_i2c(void)
{
    SDA=0;                         //将数据线拉低
    _nop_();
    _nop_();
    SCL=1;
    delay4us();                    //时钟高电平周期大于 4μs
    SCL=0;                         //清时钟线,产生一次跳变,发送一个应答信号
    _nop_();
    _nop_();
    SDA=1;                         //数据线拉高,进入下一个传送周期
}
```

知识 4   AT24C04 与单片机的接口

因为 AT89C51 不带 I²C 总线，所以必须用 I/O 口来模拟 I²C 总线的工作时序。也就是将 AT24C04 的 SDA、SCL 直接接到 I/O 口的任意两根线上，以便使单片机按 I²C 总线的时序通过这两根线互传数据。AT24C04 的 WP 接地，既可以写又可以读。A1、A2 接地，芯片地址就是 00。硬件接口如图 5.20 所示。

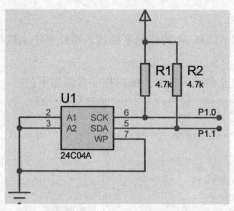

图 5.20　AT89C51 与 AT24C04 的硬件接口连接图

在软件编程时应严格符合 I^2C 总线时序，否则将不能工作。

任务实施

【跟我做】

1. **硬件电路设计**

AT24C04 为 I^2C 总线芯片，参照 I^2C 总线典型接口电路，只需在信号线 SDA 和 SCL 分别外接 4.7kΩ 上拉电阻与单片机 P1.0、P1.1 相连。P0 口驱动数码显示。得到仿真电路原理图如图 5.21 所示。

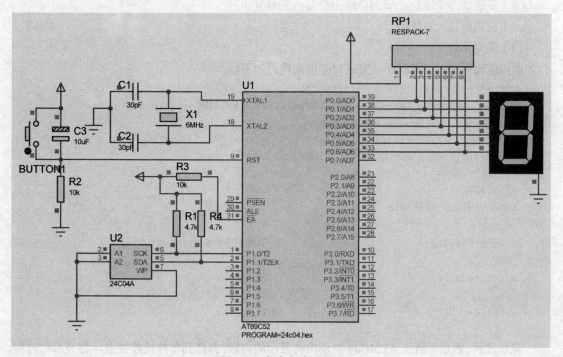

图 5.21　仿真电路原理图

2. 控制程序设计

首先，根据电路连接和 AT24C04 的控制字格式，本任务中 AT24C04 的控制字为 1010000×B（即写地址 0xa0，读地址 0xa1）。

根据电路连接、任务内容和显示要求，编写程序首部如下：

```
/*****************************************************
AT24C04 存取应用程序
*****************************************************/
#include<reg51.h>
#include<intrins.h>
#define uchar unsigned char
#define uint  unsigned int
#define AddWr24c04 0xa0                    // 写数据地址
#define AddRd24c04 0xa1                    // 读数据地址
#define delay4us(){_nop_();_nop_();_nop_();_nop_();_nop_();};
                                          //延时 4μs
sbit SDA=P1^1;                            //定义 I²C 数据线
sbit SCL=P1^0;                            //定义 I²C 时钟线
bit ack;                                  //定义 I²C 应答标志位
uchar tab[10]={0x3f,0x06,0x5b,0x4f,0x66,0x6d,0x7d,0x07,0x7f,0x6f};
                                          //共阴极数码管 0～9 的码字
```

在控制程序中，需要将显示的内容预先存入 AT24C04 中，因此涉及对器件固定地址的写操作。根据总线协议规定，对固定地址写操作的主机控制流程如下。

（1）发启动信号。

（2）器件寻址（发送写控制字节 0xa0）。

（3）发送器件子地址（AT24C04 中待写入的地址）。

（4）发送待写入的数据。

（5）发终止信号。

调用前面列出的读写时序，完成对应控制代码如下：

```
/*********************************
子函数 Write_Random_Address_Byte:向 AT24C04 指定地址写数据
入口参数:待写入的地址 addr,待写入的数据 sj
*********************************/
void Write_Random_Address_Byte(uchar add,uchar sj)
{
  STARTI2C();                        //启动信号
  sendbyte(AddWr24c04);              //发送器件地址
  _nop_();
  sendbyte(add);                     //发送器件子地址
  _nop_();
  sendbyte(sj);                      //发送数据
  _nop_();
  STOPI2C();                         //终止信号
}
```

显示过程，则是不断从 AT24C04 中读出待显示的内容，并送到单片机外接显示器显示的过程。因此涉及对器件固定地址的读操作。根据总线协议规定，对固定地址读操作的主机控制流程如下。

（1）发启动信号。

（2）器件寻址（发送读控制字节 0xa1）。

（3）发送器件子地址（AT24C04 中待读地址）。

（4）等待从器件的应答。

（5）接收数据。

（6）发送非应答信号，结束本轮通信。

（7）发终止信号，并返回所读数据。

```
/****************************************************
子函数 Read_Current_Address_Data:读当前地址 数据
返回函数:读取的数据
****************************************************/
uchar Read_Current_Address_Data()
{
     uchar dat;
  STARTI2C();                       //启动信号
  sendbyte(AddRd24c04);             //发送器件地址
  if(ack==0)                        //等待从器件应答
        return(0);
  dat=rcvbyte();                    //调用接收字节子程序,读取数据
  noack_i2c();                      //发非应答信号
  STOPI2C();                        //终止信号
  return dat;                       //返回数据
}
```

设计主程序，先向 AT24C04 中写入 0~9 的码字，然后循环读出这些码字，经延时后，发送到 P0 口显示。故设计主程序如下：

```
/****************************************************
延时函数 DelayMs
入口参数:x 控制显示延时长短
****************************************************/
void DelayMs(uint x)
{
    uchar i;
    while(x--)
      {
          for(i=0;i<120;i++);
      }
}
/****************************************************
主程序
****************************************************/
void main()
{    uchar i;
     SDA=1;
     SCL=1;
     P0=0;
     for(i=0;i<10;i++)                //将 10 个码字依次写入 0000H~0009H 单元
       {
     Write_Random_Address_Byte(i,tab[i]);
```

```
        }
    i=0;
    while(1)
    {
        P0=Random_Read(i);              //读出 AT24C04 中的码字,并显示
        DelayMs(1000);
        i++;
        i%=10;
    }
}
```

3. Proteus 软件仿真

将 Keil 中生成的 HEX 文件装载到单片机中,单击运行按钮,观察数码管显示结果。程序设计中,存入的为 0~9 十个数字,因此仿真结果为依次显示 0~9 这十个字符。

单击暂停键,选择菜单栏中"调试"选项,如图 5.22 所示,执行菜单命令 I2C Memory Internal Memory–U2,弹出窗口,可查看写入到 AT24C04 中的内容,如图 5.23 所示。

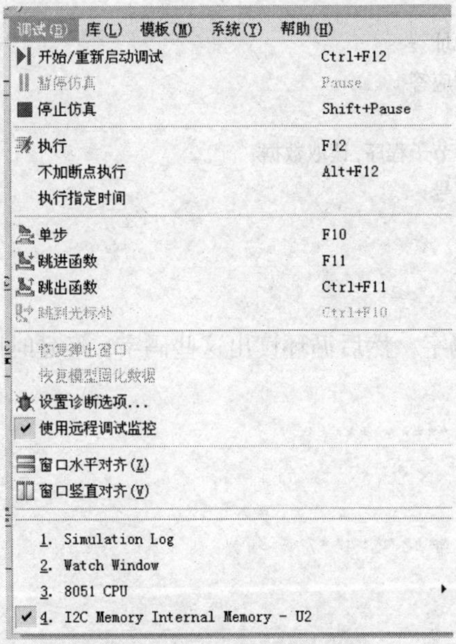

图 5.22　查看 I²C 存储器内容 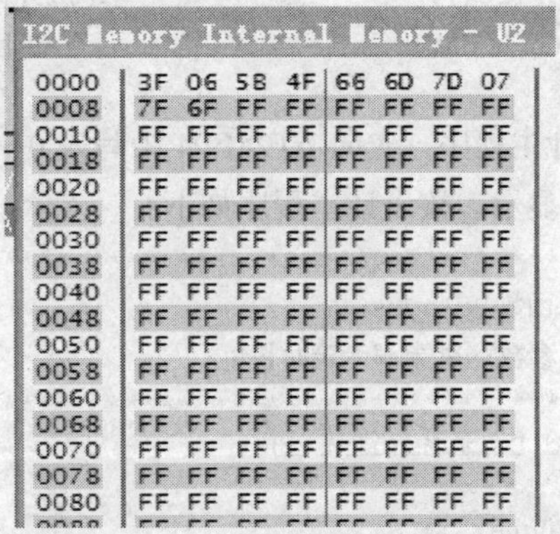　　　　　　图 5.23　AT24C04 存储器数据

【实物制作清单】

1. PC、单片机开发系统、稳压电源+5V
2. 元器件清单:

插座	DIP40	1
单片机	STC89C52RC	1
晶体振荡器	12MHz	1
瓷片电容	30pF	2
电解电容	10μF	1
按键		1
EEPROM	AT24C04	1

数码管	共阴	1
电阻		若干

【课后任务】

（1）根据元器件清单，自行设计并焊接完成本任务的实物制作。

（2）设计一个显示牌，8×8 点阵显示器，显示"I LOVE YOU"，要求显示内容掉电能保持。（提示：可将待显示内容对应的码字存储于 AT24C04）

（3）单片机外接一个喇叭，设计一个简单的音乐播放器。（提示：将一首歌曲的歌谱和节拍信息存储到 AT24C04，单片机发声原理与控制参见项目三任务 1）

（4）设计一个密码锁系统，LCD1602 显示，矩阵按键输入，密码掉电应能保持。能实现密码验证（正确输入密码则显示欢迎界面"Welcome!"，否则显示出错界面"ERROR!"），密码重设功能。

任务扩展

知识 5　STC 单片机内 EEPROM 的应用

STC89C52RC 单片机内部集成了 EEPROM，与程序空间分开，擦写次数在 10 万次以上。在很多需要保存重要数据和状态字的情况下，不必费心扩展外部 EEPROM 即可实现数据的掉电保持，使用非常方便。

1. EEPROM 空间与地址

STC89C51RC 单片机内部集成有 4KB 的 EEPROM 空间，该空间与程序空间是分开的。用户可利用该空间保存重要数据和状态。STC89 系列的其他型号单片机的 EEPROM 空间大小如表 5.4 所示。读者可通过查阅芯片的 datasheet 获取该空间的大小。

表 5.4　　　　　　　　　STC89 系列单片机内部 EEPROM 选型一览表

型号	EEPROM 字节数	扇区数	起始扇区首地址	结束扇区末尾地址
STC89C51RC STC89LE51RC	4K	8	2000h	2FFFh
STC89C52RC STC89LE52RC	4K	8	2000h	2FFFh
STC89C54RD+ STC89CE54RD+	45K	90	4000h	F3FFh
STC89C58RD+ STC89LE58RD+	29K	58	8000h	F3FFh

STC 单片机内部的 EEPROM 空间是分扇区进行管理的，每个扇区 0.5KB（512 字节）。由于对 EEPROM 空间的擦除操作是按扇区进行的，因此，建议同一次修改的数据放在同一扇区，不是同一次修改的数据放在不同的扇区，每个扇区不一定要全部用满。

STC89C51RC 单片机内共有 8 个扇区，每个扇区的起始和结束地址如表 5.5 所示。其他型号的扇区信息，参照表 5.5 所示的空间大小一览表，读者可自行计算每个扇区的起始地址。

表 5.5   STC89C51RC 单片机扇区地址信息表

第一扇区		第二扇区		第三扇区		第四扇区	
起始地址	结束地址	起始地址	结束地址	起始地址	结束地址	起始地址	结束地址
2000h	21FFh	2200h	23FFh	2400h	25FFh	2600h	27FFH
第五扇区		第六扇区		第七扇区		第八扇区	
起始地址	结束地址	起始地址	结束地址	起始地址	结束地址	起始地址	结束地址
2800h	29FFh	2A00h	2BFFh	2C00h	2DFFh	2E00h	2FFFh

2. STC 单片机内部 EEPROM 的使用与控制

STC89 系列芯片中，新增的 EEPROM 使用与控制相关特殊功能寄存器，分别介绍如下：

（1）ISP/IAP 数据寄存器 ISP_DATA。ISP/IAP 操作时的数据寄存器，地址为 0xE2，复位值为 0xff。向 EEPROM 写的数据和从 EEPROM 读出的数据均存放在该寄存器中。

（2）ISP/IAP 地址寄存器 ISP_ADDRH 和 ISP_ADDRL。ISP/IAP 操作时的地址寄存器，高 8 位地址存放在 ISP_ADDRH 中，低 8 位地址存放在 ISP_ADDRH 中。两个寄存器的地址为 0xE3 和 0xE4，复位值均为 0x00。

完成 ISP/IAP 操作后，地址寄存器的内容不会改变。若接下来要对下一个地址的数据进行 ISP/IAP 操作，需重新设置两个地址寄存器的内容。

（3）ISP/IAP 命令寄存器 ISP_CMD。ISP/IAP 操作的命令字，地址为 0xE5，复位值为 0x00，用于设置 ISP/IAP 操作。其字节格式如下：

bit	7	6	5	4	3	2	1	0
位名	—	—	—	—	—	—	MSi	MS0

由 MS1、MS0 共确定下面 4 种操作。

MS1MS0=00：待机模式，无 ISP 操作；

MS1MS0=01：对 EEPROM 进行字节读操作；

MS1MS0=10：对 EEPROM 进行字节写操作；

MS1MS0=11：对 EEPROM 进行扇区擦除操作；

（4）ISP/IAP 触发寄存器 ISP_TRIG。ISP/IAP 操作时的命令触发寄存器，地址为 0xE6。在 EEPROM 操作允许状态下（ISP_CONTR.7=1），对 ISP_TRIG 先写入 0x46，再写入 0xb9，ISP/IAP 命令才回生效。

每一次需要进行 ISP 操作时，都需要对该触发寄存器写触发字。值得提醒的是，不同型号的触发字并不相同，例如 STC15 系列单片机的触发字为 0x5a 和 0xa5，请读者查阅对应的 datasheet 后，再编写程序。

（5）ISP/IAP 控制寄存器 ISP_CONTR。ISP/IAP 控制寄存器，地址为 0xE7，复位值为 0x00。其字节格式如下：

bit	7	6	5	4	3	2	1	0
位名	ISPEN	SWBS	SWRST	—	—	WT2	WT1	WT0

ISPEN：ISP/IAP 功能允许位，ISPEN=0 禁止所有 EERPOM 操作；ISPEN=1 允许读、写、擦除 EERPOM 的操作。

SWBS：用于设置启动区域，SWBS=0 从用户程序区启动；SWBS=1 从 ISP 程序区启动。

SWRST：复位设置位，SWRST=0 无操作；SWRST=1 产生软件系统复位，复位完毕自动清零。

WT2/WT1/WT0：用于设置 ISP/IAP 操作中的等待时间，必须跟系统时钟匹配，等待参数与对应的推荐系统时钟如表 5.6 所示：

表 5.6　　　　　　　　　　　等待参数设置与对应的推荐系统时钟表

WT2	WT1	WT0	推荐系统时钟
0	1	1	5MHz
0	1	0	10MHz
0	0	1	20MHz
0	0	0	40MHz

由于 EEPROM 操作是 STC 系列单片机的扩展功能，因此上述相关特殊功能寄存器在传统 51 单片机的头文件中没有申明。因此，在用户程序中需要事先定义。需要注意的是，这些特殊功能寄存器在不同型号的单片机中地址并不相同，例如 STC15 系列单片机中的地址分别为 0xc2～0xc7，读者需要查阅对应型号芯片的 datasheet。STC89C51RC 系列单片机的 ISP/IAP 功能的预定义部分代码设计如下。

```
/***********************************************************
ISP/IAP 相关寄存器与设置
***********************************************************/
sfr IAP_DATA = 0xE2;              //IAP 数据
sfr IAP_ADDRH = 0xE3;             //IAP 地址高 8 位
sfr IAP_ADDRL = 0xE4;             //IAP 地址低 8 位
sfr IAP_CMD = 0xE5;               //IAP 命令
sfr IAP_TRIG = 0xE6;              //IAP 触发命令,46H,B9H
sfr IAP_CONTR = 0xE7;             //IAP 控制

#define CMD_READ 1                //字节读
#define CMD_PROGRAM 2             //字节写
#define CMD_ERASE 3               //扇区擦除

#define ENABLE_IAP 0x81           //clk<20MHz,ISP_CONTR 控制字

#define IAP_ADDRESS1 0x2000       //第 1 扇区首地址(52 芯片)
#define IAP_ADDRESS2 0x2200       //第 2 扇区首地址
#define IAP_ADDRESS3 0x2400       //第 3 扇区首地址
......
```

3. 常用的 EEPROM 操作

（1）禁止 EEPROM 操作。在每次完成 EEPROM 操作后，禁止该功能的使用，防止程序执行过程中的误操作。参考代码如下：

```
/***********************************************************
子程序:解除 IAP 功能
***********************************************************/
void IapIdle()
{
```

```
        IAP_CONTR = 0;
        IAP_CMD   = 0;
        IAP_TRIG  = 0;
        IAP_ADDRH = 0x80;
        IAP_ADDRL = 0x0;
}
```

（2）扇区擦除操作。需要修改 EEPROM 中的数据时，需要先将该区域的数据擦除。需要注意的是，EEPROM 的擦除操作是对某一个扇区整体进行的，无法对某一个字节空间进行擦除。因此，提醒读者在使用时，尽量将一次性要修改的数据存放在同一扇区，否则，分开不同扇区进行存放。参考代码如下：

```
/*****************************************************
子程序:扇区擦除
入口参数:待擦除的扇区首址
注意:写数据前必须进行整个扇区的擦除操作
*****************************************************/
void IapEraseSector(unsigned int addr)
{
        IAP_CONTR = ENABLE_IAP;         //允许 EEPROM 操作
        IAP_CMD   = CMD_ERASE;          //擦除命令
        IAP_ADDRL = addr;               //提供操作地址
        IAP_ADDRH = addr>>8;
        IAP_TRIG  = 0x46;               //ISP 触发
        IAP_TRIG  = 0xb9;
        _nop_();
        IapIdle();                      //禁止 EEPROM 操作
}
```

（3）EEPROM 的字节读操作。要从 EEPROM 区域的某个空间读取数据时，需要提供待读取的地址，并启动字节读操作。参考代码如下：

```
/*****************************************************
子程序:字节读
入口参数:待读取的地址
返回值:读得的数据
*****************************************************/
unsigned char IapRead(unsigned int addr)
{
    unsigned char dat;
    IAP_CONTR = ENABLE_IAP;             //允许 EEPROM 操作
    IAP_CMD   = CMD_READ;               //读命令
    IAP_ADDRL = addr;                   //提供操作地址
    IAP_ADDRH = addr>>8;
    IAP_TRIG  = 0x46;                   //ISP 触发
    IAP_TRIG  = 0xb9;
    _nop_();
    dat = IAP_DATA;                     //读取数据并返回
    IapIdle();                          //禁止 EEPROM 操作
    return dat;
}
```

（4）EEPROM 的字节写操作。要向 EEPROM 区域的某个空间存入数据时，需要提供 EEPROM

中的存储地址和待存储的数据，并启动字节写操作。当然，在启动字节写操作之前，该扇区应已进行过擦除动作。参考代码如下：

```
/*********************************************************
子程序:字节写
入口参数:待写入的地址、待写入的数据
注意:字节写前必须进行扇区擦除动作
*********************************************************/
void IapProgram(unsigned int addr,unsigned char dat)
{
    IAP_CONTR = ENABLE_IAP;        //允许 EEPROM 操作
    IAP_CMD   = CMD_PROGRAM;       //写命令
    IAP_ADDRL = addr;              //提供操作地址
    IAP_ADDRH = addr>>8;
    IAP_DATA  = dat;               //提供待写数据
    IAP_TRIG  = 0x46;              //ISP 触发
    IAP_TRIG  = 0xb9;
    _nop_();
    IapIdle();                     //禁止 EEPROM 操作
}
```

在使用中需要注意的是，当工作电压 V_{CC} 偏低时，建议不要进行 EEPROM 的操作。

请读者自行编写程序，利用 STC 单片机的 EEPROM 完成本项目的功能。由于 Proteus 中对 STC 单片机的 EEPROM 功能无法进行仿真，因此，建议读者直接用实物完成该任务的设计与调试。

项目小结

（1）51 系列单片机都是三总线结构，即地址总线（AB）、数据总线（DB）、控制总线（CB），在系统扩展中，地址总线最多为 16 位，分别由 P2 口提供高 8 位地址，P0 口提供低 8 位地址；数据总线宽度为 8 位，由 P0 口传送；控制总线主要有 $\overline{WR}$、$\overline{RD}$、$\overline{PSEN}$、ALE、$\overline{EA}$。

为了实现 P0 口的分时复用，硬件设计中 P0 常常需要地址锁存器。

（2）串行存储器的扩展电路接口涉及不同的总线标准，其中，I^2C 总线是一种常见的串行总线标准。这种总线仅需 2 根线便能实现与主控芯片的接口：串行数据线 SDA 和串行时钟线 SCL。

由于 51 单片机不支持 I^2C 总线，因此 I^2C 总线数据传送需由软件模拟 I^2C 总线的通信协议和时序方能完成 I^2C 总线的通信控制。

（3）STC 系列单片机中提供了 EEPROM 存储功能，在不外扩 EEPROM 的情况下，也能实现数据掉电保持，在实际应用中非常方便。

项目六

测控系统设计

测控系统是单片机的主要应用领域之一，特别是在实时控制系统中，常常需要实时采集测量外界连续变化的物理量，以此作为控制的依据，实时作出控制决策。因此，测控系统主要涉及测量和控制两个方面。测量，即单片机对外部待测信号的采集；控制，即单片机对执行电路控制信号的输出。

任务一　数字电压表设计

任务要求

【任务内容】

设计一个数字电压表，利用 ADC0809 做 A/D 转换，负责电压信号采集。测量结果用 4 位数码管显示。

【知识要求】

了解并行 A/D 芯片 ADC0809 转换性能及编程方法；了解单片机如何进行数据采集；掌握 A/D 转换芯片与单片机的接口方法；巩固数码管动态显示的接口电路设计和程序设计方法；了解串行 A/D 芯片 TLC2543 的工作原理及使用方法。

相关知识

知识 1　A/D 转换器

1. 常见 A/D 转换器

A/D 转换的原理有多种：逐次比较式、双积分式、并行式等，双积分式 A/D 转换器，优点是精度高，抗干扰性好，价格便宜，但速度慢；逐次比较式 A/D 转换器，精度、速度、价格适中；并行式 A/D 转换器，速度快，价格也昂贵。

采用上述三种转换原理的 A/D 转换器的种类很多。但其中逐次比较式 A/D 转换器在精度、速度和价格上比较适中，是目前最常用的 A/D 转换器。

单片集成逐次比较式 A/D 转换器芯片主要有：ADC0801～0805（8 位，单通道输入），ADC0808/0809（8 位，8 输入通道），ADC0816/0817（8 位，16 输入通道）等。

本任务中将以 ADC0809 为例，介绍 A/D 转换器的应用。

2. A/D 转换器 ADC0809

ADC0809 是美国国家半导体（NS）公司生产的逐次比较式 A/D 转换器，是目前单片机应用系统中使用最广泛的 A/D 转换器。

（1）ADC0809 的主要特性。

① 8 路模拟信号输入。

② 8 位数字量输出，即分辨率为 8 位。

③ 输入输出与 TTL 兼容，易于单片机连接。

④ 转换时间 128μs。

⑤ 单个 +5V 电源供电。

⑥ 单极性模拟量输入，输入电压范围 0～+5V。

⑦ 具有转换启停控制端口。

⑧ 工作温度范围是 -40℃～+85℃。

（2）ADC0809 的引脚功能。ADC0809 芯片有 28 条引脚，采用双列直插式封装，如图 6.1 所示。

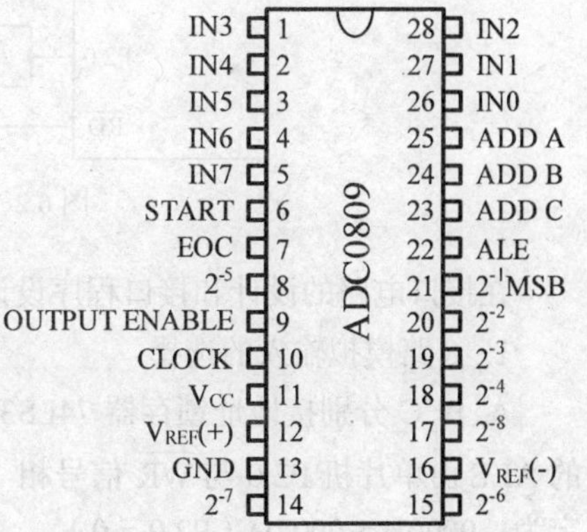

各引脚定义如下：

IN0～IN7：8 路模拟量输入端，范围 0～+5V，一次只能选通其中的一路进行转换，选通信号由 ALE 上升沿时 C、B、A 引脚信号决定。

ADDC、ADDB、ADDA（C、B、A）：3 位地址输入线，用于选择 8 路输入模拟信号中的一路，000～111 的组合，分别选择 IN0～IN7。

D0～D7（2^{-8}～2^{-1}）：8 位数据量输出端，可与单片机的 P0 口相连，2^{-8} 为最低位，2^{-1} 为最高位。

图 6.1　ADC0809 芯片引脚图

START：A/D 转换启动信号，输入。上升沿时逐次比较寄存器复位，下降沿时开始 A/D 转换，在转换过程中 START 保持低电平。

EOC：A/D 转换结束信号（End Of Convert），输出。转换期间 EOC 维持为低电平，EOC=1 时表明转换结束，该信号可作为查询的状态标志，又可以作为中断请求信号使用。

V_{REF}（+）、V_{REF}（-）：参考电源。用来与输入的模拟信号进行比较，作为逐次逼近的基准。V_{REF}（+）=+5V，V_{REF}（-）=0V。

ALE：地址锁存允许信号，在它的上升沿，将 C、B、A 的状态送入地址锁存器中。

CLK：时钟信号。ADC0809 的内部没有时钟电路，所需时钟信号由外界提供，通常使用频率为 500kHz 的时钟信号。

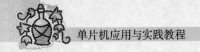

OE（OUTPUT ENABLE）：输出允许信号。用于控制三态输出锁存器向单片机输出转换得到的数据。OE=0，输出数据线呈高阻；OE=1，输出转换得到的数据。

V_{CC}：+5V 电源。

GND：地。

知识 2 ADC0809 与单片机的接口

ADC0809 的工作过程：首先输入 3 位地址，并使 ALE=1，将地址存入地址锁存器中，此地址经译码选通 8 路模拟输入之一到比较器。START 上升沿将逐次比较寄存器复位，下降沿启动 A/D 转换，之后 EOC 输出信号变低，指示转换正在进行。直到转换完成，EOC 变为高电平，指示转换结束，结果数据已存入数据锁存器。EOC 信号可用作中断申请，也可用来查询。当 OE 输入高电平时，打开三态输出锁存器，将转换结果输出到数据总线上。

ADC0809 与单片机的一种典型接口电路如图 6.2 所示。

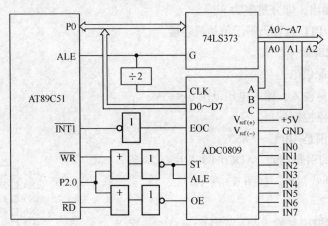

图 6.2 ADC0809 与单片机的典型接口

在接口电路的设计和接口程序设计中需要注意以下几点。

1. 8 路模拟输入的选择

A、B、C 分别接地址锁存器 74LS373 提供的低三位，在 ALE=1 时，实现通道的选择。ADC0809 的 ALE 由单片机 P2.0 与 $\overline{WR}$ 信号相"或"后再经反相产生，因此，ADC0809 的 8 路通道地址确定为：0000H～0007H（P2.0 = 0）。

2. SATRT 信号

START 与 ALE 连在一起，P2.0 与 $\overline{WR}$ 同为 0 时，反相器就会出现高电平，在其上升沿，A、B、C 地址状态将被装入地址锁存器中，在下降沿时，启动转换。

$\overline{WR}$ 信号只有在单片机启动读取片外 RAM 数据时才会有效，因此在程序设计时，只需定义一个外部数据变量，向该变量赋值。

3. 转换时钟 CLOCK

ADC0809 的转换时钟不能超过 640kHz，若单片机 f_{osc}=6MHz，则单片机的 ALE 信号频率为 $2 \times f_{osc}/12$=1MHz，经过二分频后得到 500kHz 信号，满足 ADC0809 的时钟要求。

4. 转换完成后数据的传送

A/D 转换后的数据应输入单片机中进行处理，但只能在确认转换已经完成后，才能进行传送。

可采用查询方式或中断方式。

图中将 EOC 引脚经反相器接在单片机的 $\overline{\text{INT1}}$ 引脚上，转换结束后 EOC=1，反相后的信号可以向单片机发出中断请求，也可以作为查询转换结束的标志。

5. OE 信号

$\overline{\text{RD}}$ 与 P2.0 相"或"后反相接至 OE 脚，因此只要两者同为 0 就能使 OE 出现高电平，打开三态输出锁存器，转换的结果出现在 P0 口上。因此，启动对外部数据区（xdata）的读操作即可让 $\overline{\text{RD}}$ 信号低有效。

ADC0809 每采集一次一般需 100μs。由于 ADC0809 A/D 转换器转换结束后会自动产生 EOC 信号（高电平有效），取反后将其与 AT89C51 的 INT0 相连，可以用中断方式读取 A/D 转换结果。

任务实施

【跟我做】

1. 硬件电路设计

Proteus 中 ADC0809 没有提供仿真模型，因此，选择 ADC0808 代替。其次，在 Proteus 中单片机的 ALE 引脚并无信号输出，因此，利用 ALE 信号分频提供 ADC0809 工作时钟的方法在仿真中是不可行的。

根据 ADC0809 的典型接口电路，设计 ADC 仿真电路如下。

（1）ADC0808 的地址选择端 ADD A～ADD C 接地，选择 0 通道为采集通道。

（2）通道 0 接滑动变阻器滑片，分压，提供 0～5V 待测电压。

（3）参考电压 VREF（+）和 VREF（−）分别接+5V 和地。

（4）ADC0808 的数据线接 P0 并行口。

（5）$\overline{\text{WR}}$ 与 P2.7 或非后控制 START 引脚（启动转换）和 ALE 引脚；$\overline{\text{RD}}$ 与 P2.7 或非后控制 OE 引脚（输出允许）；转换结束信号 EOC 经反相后接于 P3.2（INT0）口，可用于转换结束申请中断；采集时钟 CLOCK 由 P2.4 提供。

显示电路模块中，P1 口提供 4 位动态显示器的段码信号，P2.0～P2.3 提供位选信号。此外 P2.5 外接一个按键，用于控制启动采集。电压表仿真电路系统如图 6.3 所示。

2. 控制程序设计

首先，根据电路连接完成程序首部如下：

```
#include <reg51.h>
#define  uchar unsigned char

sbit  cjclk=P2^4;                    //定义ADC0809时钟线
sbit  EOC=P3^2;                      //定义转换终了信号线
sbit  key=P2^5;                      //定义启动按键

uchar tab[10]={0xc0,0xf9,0xa4,0xb0,0x99,0x92,0x82,0xf8,0x80,0x90};
                                     //共阳管码字表(不带小数点)
uchar tabd[10]={0x40,0x79,0x24,0x30,0x19,0x12,0x02,0x78,0x00,0x10};
                                     //共阳管码字表(带小数点)
```

```
uchar xsjs;                          //定义动态扫描显示计数器
uchar num0,num1,num2,num3;           //4 位显示数

uchar cjsh;                          //采集数
uchar xdata * p;                     //定义指向外部 RAM 的指针 p

int beichu;                          //数据转换中间变量
```

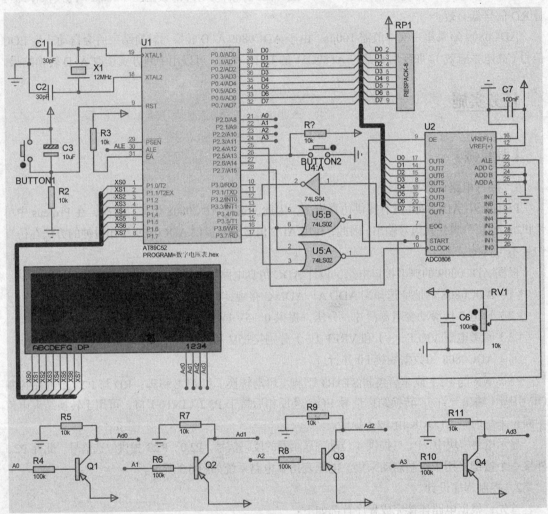

图 6.3　数字电压表仿真电路原理图

（1）定时系统设计。定时器 T0 提供 2ms 定时，用于动态显示；定时器 T1 用于产生 500kHz 的采集时钟，从 P2.4 输出至 CLOCK。

定时器初始化程序和各自的中断服务程序如下：

```
/*********************************************************
定时器初始化子程序
*********************************************************/
void init_t()
{
    TMOD=0x21;                       //T1 方式 2,T0 方式 1
```

```
    TH0=0xf8;                        //T0 定时 2ms
    TL0=0x30;
    TH1=0xff;                        //T1 定时 1µs
    TL1=0xff;
    EA=1;                            //开中断
    ET0=1;
    ET1=1;
    TR1=1;                           //启动定时器
    TR0=1;
}
/********************************************************************
定时器 T1 中断服务程序
********************************************************************/
void int_t1()interrupt 3
{
    bit a;
    a=cjclk;
    cjclk=~a;                        //取反,cjclk 周期为 2µs,即 500kHz
}
/********************************************************************
定时器 T0 中断服务程序
********************************************************************/
void int_t0()interrupt 1
{
    TH0=0xf8;
    TL0=0x30;
    switch(xsjs)
    {
        case 0:{P1=0xff;P2=0xfe;P1=tabd[num3];break;}     //个位(带小数点)
        case 1:{P1=0xff;P2=0xfd;P1=tab[num2];break;}      //十分位
        case 2:{P1=0xff;P2=0xfb;P1=tab[num1];break;}      //百分位
        case 3:{P1=0xff;P2=0xf7;P1=tab[num0];break;}      //千分位
    }
    xsjs++;
    xsjs%=4;                                              //确保 xsjs 取值 0~3
}
```

（2）启动采集。根据电路连接，启动采集信号 START 由 $\overline{\text{WR}}$ 与 P2.7 或非后提供，高有效。因此 P2.7=0 和 $\overline{\text{WR}}$=0 同时有效，即可启动采集。

```
        p=0x7fff;           //P2.7=0
        *p= 0xff;           //对片外数据写, WR =0
```

（3）读取采集结果。根据电路连接,读取允许信号 OE 由 $\overline{\text{RD}}$ 与 P2.7 或非后提供,高有效。因此 P2.7=0 和 $\overline{\text{RD}}$=0 同时有效,即可读取采集结果。

```
        p=0x7fff;           //P2.7=0
        cjsh=*p;            //对片外数据读, RD =0,采集结果经 P0 口输入单片机,并保存至 cjsh 变量
```

（4）主程序设计。

```
/********************************************************************
主程序
********************************************************************/
void main()
{   beichu=0;
```

```
    init_t();
    xsjs=0;
    p=0x7fff;
    while(1)
    {   key=1;
        if(!key)                                    //按键检测
        {
            delay5ms();                             //按键消抖
            if(!key)
            {
                *p= 0xff;                            //启动采集
                while(EOC);                         //等待采集结束
                cjsh=*p;                            //读取采集结果
                beichu =(int)cjsh*5;                //结果转换
                num3= beichu / 0xff;                //个位
                beichu= beichu%0xff * 10;
                num2 = beichu / 0xff;               //十分位
                beichu=beichu %0xff *10;
                num1=beichu /0xff;                  //百分位
                beichu= beichu %0xff *10;
                num0=beichu/0xff;                   //千分位
            }
        }
    }
}
/*************************************************************************
5ms 延时子程序,用于按键消抖
*************************************************************************/
void delay5ms(void)
{
    uchar a,b;
    for(b=19;b>0;b--)
        for(a=130;a>0;a--);
}
```

3. 仿真调试

Keil 中编译并产生 HEX 文件,加载至 Proteus 中。为了方便硬件仿真,从 MODE 工具栏中找到电压探针工具,如图 6.4 所示,将探针放置于待测信号点上,如图 6.5 所示。

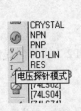

图 6.4 添加电压探针

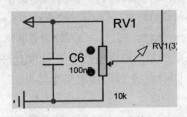

图 6.5 电压探针的连接

启动仿真,电压探针处将显示待测信号点的实测值。

根据源代码功能,按下按键,将开始电压测量,显示测量结果,如图 6.6 所示,单片机的测量结果与电压探针工具测得结果基本一致,仿真成功。

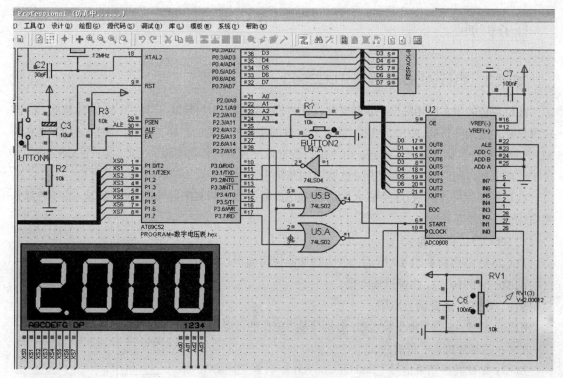

图 6.6　仿真结果图

【实物制作清单】

1. PC、单片机开发系统、稳压电源+5V、数字电压表
2. 元器件清单：

插座	DIP40	1
单片机	STC89C52RC	1
晶体振荡器	12MHz	1
瓷片电容	30pF	2
电解电容	10μF	1
ADC0809		1
数码管		2
74LS02		1
74LS04		1
电阻		若干

【课后任务】

（1）根据元器件清单，自行设计并焊接完成本任务的实物制作。

（2）自学 12 位串行 ADC 转换器 TLC2543 的 datasheet，了解其接口电路设计和控制。设计电路实现数字电压表设计。

任务扩展

知识 3　串行 ADC 转换器 TLC2543

在单片机的很多应用场合中，都需要设计将模拟量转换为数字量。但由于 51 单片机的 I/O 口资源紧张，选用并行的 ADC 会限制系统 I/O 口的使用和功能的扩展，因此，串行 ADC 便成了 AD 转换系统中常用的选择。当然，由于串行传输速度较并行传输要慢，因此，串行 ADC 通常适合于低速采样，同时又要限制使用 I/O 资源的系统中。

TLC2543 是一个具有 11 个输入端的 12bitAD 转换器，带有串行外设 SPI 接口，是一种常见的串行 AD 转换芯片。

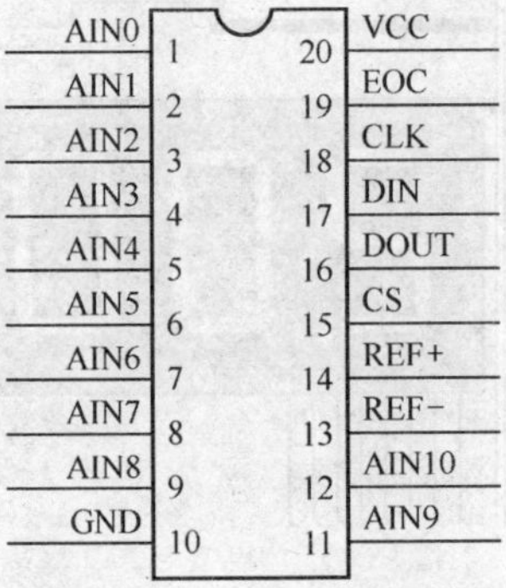

1. TLC2543 的引脚

TLC2543 的引脚如图 6.7 所示，各引脚功能说明如下：

AIN0～AIN10：11 路模拟输入端。

V_{CC}、GND：电源端与地端。

REF+、REF−：参考电平输入端，分别接基准电压的正端和负端。

$\overline{CS}$：芯片片选端，低有效。

EOC：A/D 转换结束信号（End Of Convert），转换期间 EOC 维持为高电平。

图 6.7　TLC2543 引脚图

CLK：串行数据传输的时钟端，输入。

DIN：串行数据输入端，即 SPI 串行通信中的从机数据输入端（SDI）。

DOUT：串行数据输出端，即 SPI 串行通信中的从机数据输出端（SDO）。

由于普通 51 单片机不具备 SPI 外设接口，因此，需要编程利用普通 I/O 口，模拟 SPI 的工作时序，完成相应的 SPI 接口通信。当然，在实际应用中，读者可考虑选用 STC 系列单片机中带 SPI 接口的型号，可直接完成 SPI 串行数据通信过程。

2. TLC2543 的控制字

控制字是由主机发送给 TLC2543 的控制信号，长度为 8bit，用于确定 TLC2543 的模拟量通道、转换后的数据长度以及输出数据的格式。控制字结构如图 6.8 所示。

D7	D6	D5	D4	D3	D2	D1	D0
选择输入通道				数据长度		传输顺序	格式

图 6.8　TLC2543 控制字格式

其中，D7～D4 用于确定 AD 转换的模拟量，具体功能如下：

D7～D4	功能
0000H～1010H	选择通道 0（AIN0）～通道 10（AIN10）
1011H	自检，测试（$V_{REF+}+V_{REF-}$）/2 的值
1100H	自检，测试 V_{REF+} 的值
1101H	自检，测试 V_{REF-} 的值
1110H	休眠状态

D3D2 用于设定转换输出数据长度：

D3D2	功能
×0	12bit 数据输出
01	8bit 数据输出
11	16bit 数据输出

D1 用于设置数据传输顺序，D1=1 低位先送出，D1=0 高位先送出。

D0 用于设置输出数据格式，D0=0 数据为单极性（二进制码）；D0=1 数据为双极性（2 的补码）。

3. TLC2543 的工作时序

上电后，片选信号$\overline{CS}$由高到低，启动一次 AD 转换工作周期。

以输出数据 12bit，高位先传模式（控制字 D3D2D1=000）为例，启动 AD 转换工作后，12 个时钟信号从 CLK 端依次输入，控制字从 DIN 引脚在时钟上升沿被输入到 TLC2543（高位先），同时，上一个工作周期的 AD 转换结果从 DOUT 引脚一位一位地移出。在第 12 个 CLK 的下降沿，EOC 信号变低，开始对本次采样的模拟量进行转换，转换时间约为 10μs，完成后 EOC 变高，转换完毕的数据存储于输出数据寄存器中，等待下一周期的输出。

整个工作流程如图 6.9 所示。

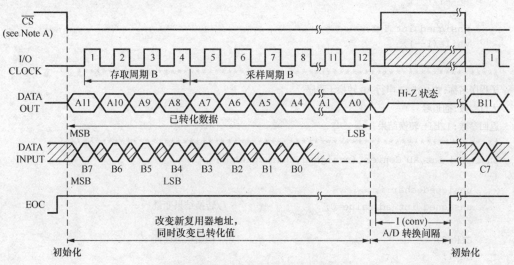

图 6.9　12bit 高位先传的工作时序图

从上述流程可以看出，为了提高 AD 采样的速率，可以采用在设置本轮采样控制字的同时，读出上一轮采样结果。但值得注意的是，在上电后首次读取时，读取的结果是随机数据，并不准确，应该丢弃。

4. TLC2543 与单片机的接口及程序设计

根据 TLC2543 的引脚及功能，设计其与 51 单片机的接口电路如图 6.10 所示。

结合 TLC2543 的工作时序，设计参考程序代码如下：

```
/*******************************************************
控制信号定义
*******************************************************/
```

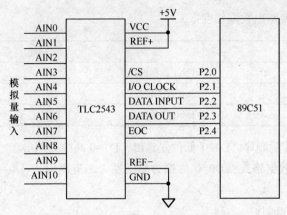

图 6.10　TLC2543 典型接口示意图

```c
sbit  CS=P2^0;
sbit  CLK=P2^1;
sbit  DIN=P2^2;
sbit  DOUT=P2^3;
sbit  EOC=P2^4;
/**********************************************************************
子程序:采集延时子程序
**********************************************************************/
void Delay()
{
    unsigned int i=5;
    while(i--);
}
/**********************************************************************
子程序名称:TLC2543 串行 AD 转换子程序
入口参数:通道号
返回参数:12bit 转换结果
**********************************************************************/
unsigned int AD_Convert(unsigned char channel)
{
    unsigned char i;
    unsigned int ad_value=0;                  //转换结果变量

    CLK=0;                                     //初始状态设置
    CS=1;
    EOC=1;

    channel<<=4;                               //生成控制字,××××0000,12bit,高位先
    CS=0;                                      //启动采集
    Delay();
    for(i=0;i<12;i++)                          //循环读取 12 位数据
    {
        if(DOUT)ad_value |=1;
        DIN=(bit)(channel & 0x80);
        CLK=1;
        Delay();
        CLK=0;
```

```
        channel <<=1;
        ad_value <<=1;
    }

    EOC = 0;
    CS=1;                                    //转换结束
    ad_value >>=1;
    return ad_value;                         //返回12bit结果
}
```

读者可自行设计显示部分电路，并编写单片机控制主程序代码。

任务二 数字温度计设计

任务要求

【任务内容】

利用单片机 AT89C51 作为控制器，利用数字温度传感器 DS18B20 作为温度采集器，设计一个数字温度计，可以实时采集环境温度。

【知识要求】

了解常用的温度传感器；掌握单总线协议规范及应用方法；掌握温度传感器 DS18B20 的应用，会设计接口电路并编写控制代码；巩固液晶显示器 LCD1602 的接口电路设计和程序设计方法。

相关知识

知识 1 常见的温度传感器

温度传感器是用来将温度信号转变成电信号的一种转换元件，通常用于对温度和与温度有关的参量进行电子测量。常见的温度传感器有以下几种。

1. 热电阻

热电阻传感器主要是利用电阻值随温度变化而变化这一特性来测量温度及与温度有关的参数，适用于温度检测精度要求比较高的场合，可测量-200℃～+500℃范围内的温度。目前较为广泛的热电阻材料为铂、铜、镍等。

2. 热敏电阻

热敏电阻是一种电阻值随温度变化的半导体传感器。它适用于测量微小的温度变化，在一些精度要求不高的测量和控制装置中得到广泛应用。

上述两种传感器都将温度转换成电阻的变化，在应用中，通常还需信号处理电路，将电阻的变化转换为电压值或电流值，经 A/D 转换后进行间接的测量。

3．热电偶

热电偶是一种能将温度信号转换为电压信号的传感器。它的价格低廉，易于更换，有标准接口，而且具有很大的温度量程，使用较为广泛。

在应用中，热电偶将温度信号转换为电压信号后，经 A/D 转换后进行间接测量。

4．集成温度传感器

集成电路温度传感器是将作为感温器件的温敏晶体管及其外围电路集成在同一单片机上的温度传感器。与分立元件的温度传感器相比，这种新型温度传感器的最大优点在于小型化，使用方便和成本低廉，成为半导体温度传感器的主要发展方向之一。

DS18B20 就是 DALLAS 公司生产的一款单总线接口的数字温度传感器，可直接输出温度的数字测量结果，测量范围为−55℃～125℃，分辨率可设置为 9～12 位。

知识2　单总线协议规范与应用方法

单总线是 Maxim 全资子公司 DALLAS 的一项专有技术，与串行数据通信方式不同，它采用单根信号线，既传输时钟，又双向传输数据。在使用中具有节省 I/O 口线资源、结构简单、成本低廉、便于扩展和维护等诸多优点。DS18B20 就是单总线的典型应用芯片。下面就以 DS18B20 为例，介绍单总线协议规范及应用。

1．DS18B20 的接口电路

单总线芯片的封装有 10 种不同形式，但常用的是 3 引脚封装和 10 引脚封装。这里以 3 引脚封装为例。DS18B20 的芯片封装如图 6.11 所示，其中 DQ 为单总线引脚。在控制和通信过程中，主控芯片通过它进行时钟和数据的传送，使用时需要外接一个 4.7kΩ 的上拉电阻，保证总线的闲置状态为高电平。与单片机的典型接口电路如图 6.12 所示，使用单片机的 P1.0 口与 DS18B20 的数据线连接。

图 6.11　DS18B20 芯片封装

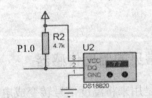

图 6.12　DS18B20 接口电路图

2．单总线协议通信命令

单总线因采用单根信号线，既传输时钟，又传输数据，而且数据传输是双向的，具有独特的接线方式，因而其通信协议也与普通的串行通信方式不同。典型的单总线命令序列如下。

（1）初始化。

（2）ROM 命令，跟随要交换的数据。

（3）功能命令，跟随要交换的数据。

每次访问单总线器件，都必须严格遵循这个命令序列，若出现混乱，则单总线器件不会响应主机。

查阅芯片手册，DS18B20 的 ROM 命令和功能命令分别如表 6.1 和表 6.2 所示。

表 6.1 DS18B20 的 ROM 命令

指令	代码	操作说明
读 ROM	33H	读 DS18B20 的序列号
匹配 ROM	55H	继续读完 64 位序列号命令，用于多个 DS18B20 时定位
跳过 ROM	0CCH	忽略 64 位 ROM 地址，直接向 DS18B20 发温度转换命令。用于总线上只有一个节点的情况
搜索 ROM	0F0H	识别总线上各器件的编码，为操作各器件作准备
报警搜索	0ECH	仅温度越限的器件对此命令作出相应

表 6.2 DS18B20 的功能命令

指令	代码	操作说明
温度转换	44H	启动 DS18B20 温度转换
读暂存器	0BEH	从高速暂存器读 9 位温度值和 CRC 值
写暂存器	4EH	将数据写入高速暂存的 TH、TL 字节
复制暂存器	48H	把暂存器的 TH、TL 字节写入到 EEPRAM 中
重调 EEPROM	0B8H	把 EEPROM 中的 TH、TL 字节写入到暂存器的 TH、TL 字节
读电源供电方式	0B4H	启动 DS18B20 发送电源供电方式的信号给主控 CPU

在本任务中，由于只是用单个 DS18B20，因此涉及的 ROM 命令为 0CCH；涉及的功能命令为 44H 和 0BEH。

3. 单总线协议通信时序

为了实现数据和信号的输入输出，单总线协议规定了三种不同的通信时序：初始化时序、读时序和写时序。而 AT89C51 单片机在硬件上并不支持单总线协议，因此，只能采用软件方法模拟单总线的协议时序，从而完成与 DS18B20 之间的通信。

单总线协议中将主机作为主设备，单总线器件作为从设备。每一次命令和数据的传输都是从主机主动启动写时序开始，如果要求单总线器件回传数据，则是在执行写命令之后，主机再次启动读时序完成数据的接收。数据和命令的传输都是以低位在先的串行方式进行。下面分别结合时序，完成单片机模拟时序的控制代码。

（1）初始化时序。初始化时序如图 6.13 所示。

图 6.13 单总线协议初始化时序

在初始化时，单片机先将 DQ 设置为低电平，维持至少 480μs 后，再将其变成高电平，即提供一个 480μs<T<960μs 的复位脉冲。等待 15～60μs 后，检测 DQ 是否变为低电平，若已变为低电平，则表明初始化成功，等待至少 480μs 后，即可进行下一步操作。否则，器件不存在或者已

经损坏故障。

根据协议时序，编写单片机模拟时序代码如下：

```
/**********************************************************************/
/*单总线器件初始化子程序                                              */
/**********************************************************************/
void Init_DS18B20(void)
{
    unsigned char x=0;
    DQ = 1;                 //DQ 复位
    delay(8);               //稍作延时
    DQ = 0;                 //单片机将 DQ 拉低
    delay(80);              //精确延时 大于 480μs
    DQ = 1;                 //拉高总线
    delay(5);               //延时 15～60μs
    x=DQ;                   //检测初始化是否成功，若 x=0 成功；x=1 失败
    delay(5);
}
```

其中，**delay()**函数是专为单总线时序编写的延时函数，代码如下，读者可自行测试其延时时间。

```
/*********************************************************************/
/*延时函数                                                          */
/*********************************************************************/
void delay(unsigned int i)
{
 while(i--);
}
```

（2）写时序。DS18B20 写字节时序如图 6.14 所示。单片机先将 DQ 设置为低电平，延时 15μs 后，将待写的数据以串行格式送一位至 DQ 端，DS18B20 将在 60μs<T<120μs 时间内接收一位数据。发送完一位数据后，将 DQ 状态再次拉回到高电平，并保持 1μs 的恢复时间，然后再写下一位数据。

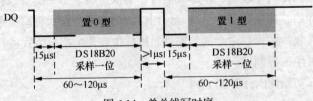

图 6.14 单总线写时序

根据协议写时序，编写单片机模拟时序代码如下：

```
/**********************************************************************/
/*向单总线写一个字节                                                  */
/*入口参数：待写入的内容 dat                                          */
/**********************************************************************/
void WriteOneChar(unsigned char dat)
{
    unsigned char i=0;
    for(i=8;i>0;i--)
    {
```

```
        DQ = 0;                          //拉低 DQ
        DQ = dat&0x01;                   //取数据最低位
        delay(5);                        //延时,等待 DS18B20 采样
        DQ = 1;                          //拉高 DQ,>1µs
        dat>>=1;                         //准备下一位数据
        delay(5);                        //延时
    }
}
```

（3）读时序。DS18B20 读字节时序如图 6.15 所示。当单片机准备从 DS18B20 读取每一位数据时，应先发出启动读时序脉冲，即将 DQ 总线设置为低电平，保持 1µs 以上时间后，再将其设置为高电平。启动后等待 15µs，以便 DS18B20 能可靠地将温度数据传送到 DQ 引脚上。然后单片机再开始读取 DQ 总线上的结果。单片机在完成读取每位数据后至少要保持 1µs 的回复时间。而完成整个字节读取后，要等待至少 45µs 的时间。

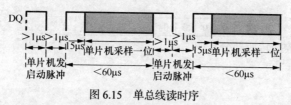

图 6.15　单总线读时序

根据协议读时序，编写单片机模拟时序代码如下：

```
/****************************************************************/
/*从单总线读一个字节                                          */
/*返回值:读取的一个字节                                       */
/****************************************************************/
unsigned char ReadOneChar(void)
{
    unsigned char i=0;
    unsigned char dat = 0;
    for(i=8;i>0;i--)
    {
        DQ = 0;                          //发启动脉冲信号
        dat>>=1;                         //保存位
        DQ = 1;                          //给脉冲信号
        if(DQ)
            dat|=0x80;                   //读取位
        delay(5);                        //延时
    }
    return(dat);                         //返回读取字节
}
```

知识 3　DS18B20 的数据格式

DS18B20 温度传感器是一个直接数字化的温度传感器，可将−55℃～+125℃的温度值按 9 位、10 位、11 位、12 位的分辨率进行量化。传感器上电后默认的值是 12 位的分辨率。当 DS18B20 接收到单片机发出的温度转换命令 0x44 后，便开始进行温度的采集和转换操作。

12 位的测量结果以二进制补码形式存放，如图 6.16 所示，分为高低 8 位两个字节分别存放于

两个 RAM 单元，其中前面的 5 位 S 为符号位。

	Bit7	Bit6	Bit5	Bit4	Bit3	Bit2	Bit1	Bit0
LS Byte	2^3	2^2	2^1	2^0	2^{-1}	2^{-2}	2^{-3}	2^{-4}
	Bit15	Bit14	Bit13	Bit12	Bit11	Bit10	Bit9	Bit8
LS Byte	S	S	S	S	S	2^6	2^5	2^4

图 6.16　DS18B20 温度传感器的温度值格式（12 位分辨率）

若测得值>0，则 S=0，数据位为原码形式。若测得值<0，则 S=1，数据为补码形式，所得数值按位取反后加 1 得到数据绝对值。

本设计中的结果格式为 ±×××.×℃，因此程序中还需将上述数据作处理后送显示。

整数部分为：

S	2^6	2^5	2^4	2^3	2^2	2^1	2^0

小数位数值为：

0	0	0	0	2^{-1}	2^{-2}	2^{-3}	2^{-4}

请读者编程完成数据转换部分代码。

任务实施

【跟我做】

1. 硬件电路设计

DS18B20 为单总线芯片，参照单总线典型接口电路，只需在数据口 DQ 外接上拉电阻后，接至单片机某一 I/O 口即可，选择 P3.3 口。显示部分选择 LCD1602，数据总线选择 P0，控制线 RS、RW、E 分别接 P2.0～P2.2。在 Proteus 中设计仿真电路如图 6.17 所示。

2. 控制程序设计

首先，根据电路连接、任务内容和显示要求，编写程序首部如下：

```
/****************************************************************/
/* DS18B20 数字温度计控制程序                                    */
/****************************************************************/
#include <reg51.h>                          /* define 8051 registers */
#include <stdio.h>                          /* define I/O functions */
#include <intrins.h>
sbit DQ=P3^3;                               //定义温度传感器信号线
sbit RSPIN = P2^0;                          //定义液晶 RS 引脚
sbit RWPIN = P2^1;                          //定义液晶 RW 引脚
sbit EPIN = P2^2;                           //定义液晶 E 引脚
unsigned char first[13]="current temp:";    //显示第 1 行内容
unsigned char time[9]={0,0,0,0,'.',0,0,0,'C'}; //显示第 2 行内容
//LCD1602 子程序列表，请读者参阅本书项目二任务四，这里不再详述各子程序描述
void lcdreset();
void lcdwaitidle(void);                     //检测子程序
void lcdwd(unsigned char d);                //送控制字到液晶显示控制器子程序
void lcdwc(unsigned char c);                //送控制字到液晶显示控制器子程序
```

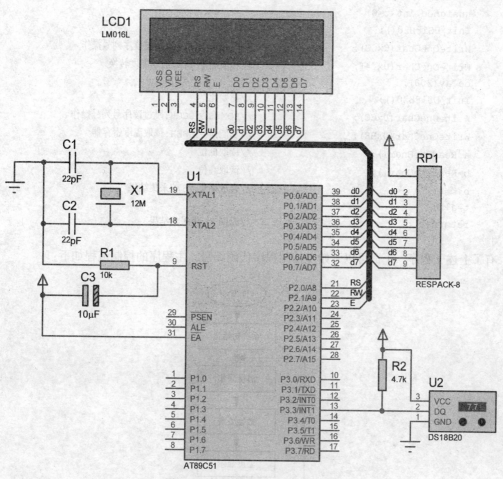

图 6.17 数字温度计仿真电路原理图

```
void delay3ms(void);                          //延时 3ms 子程序
//18B20 子程序列表
unsigned char ReadOneChar(void);              //单总线读字节子程序
void WriteOneChar(unsigned char dat);         //单总线写字节子程序
void Init_DS18B20(void);                       //初始化子程序
void delay(unsigned int i);                    //延时子程序
```

根据典型的单总线命令序列：

（1）初始化。

（2）ROM 命令，跟随要交换的数据。

（3）功能命令，跟随要交换的数据。

编写 DS18B20 控制子程序代码如下：

```
/*****************************************************************/
/* DS18B20 读取温度子程序                                       */
/* 返回值:16 位转换结果                                          */
/*****************************************************************/
unsigned int ReadTemperature(void)
{
    unsigned char a=0;
    unsigned int b=0;
```

```
    unsigned int t=0;
    Init_DS18B20();                      //初始化
    WriteOneChar(0xCC);                  //ROM命令0CCH:跳过读序列号操作
    WriteOneChar(0x44);                  //功能命令44H:启动温度转换
    delay(200);
    Init_DS18B20();                      //初始化
    WriteOneChar(0xCC);                  //ROM命令0CCH:跳过读序号列号操作
    WriteOneChar(0xBE);                  //功能命令0BEH:读取温度寄存器
    a=ReadOneChar();                     //读取低位
    b=ReadOneChar();                     //读取高位
    b<<=8;                               //合成采集16位采集结果
    t=a+b;
    return(t);                           //返回16位采集结果
}
```

有了上述子程序,下面可以开始主控制程序代码编写,主程序的控制流程如下:

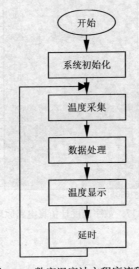

图6.18 数字温度计主程序流程图

由此编写主程序参考代码如下:

```
void main()
{
    unsigned char a,charpos,i;
    unsigned int temp;
    unsigned char TempH,TempL;           //定义温度整数部分、小数部分
    lcdreset();                          //液晶初始化
    while(1)
    {
        temp=ReadTemperature();          //温度采集
        if(temp&0x8000)                  //判断温度值正负
        {
            time[0]='-';                 //负号标志
            temp=~temp;                  //求原码
            temp +=1;
        }
```

```
        else
        time[0]='+';                    //正号标志
        TempH=temp>>4;                  //整数值
        TempL=temp&0x0F;                //小数值
        TempL=TempL*6/10;               //小数近似处理

        time[1]=TempH/100+'0';          //分离整数部分百位数,保存 ASCII 码
        time[2]=TempH%100/10+'0';       //分离整数部分十位数,保存 ASCII 码
        time[3]=TempH%10+'0';           //分离整数部分个位数,保存 ASCII 码
        time[5]=TempL+'0';              //十分位 ASCII 码
        if(time[1]=='0')                //整数部分高位为零的消隐处理
        {
            time[1]=' ';
            if(time[2]=='0')time[2]=' ';
        }
        charpos=0x2;                    //显示第 1 行
        for(i=0;i<13;i++)
        {
            a=first[i];
            lcdwc(charpos|0x80);
            lcdwd(a);
            charpos++;
        }
        charpos=0x44;                   //显示第 2 行
        for(i=0;i<9;i++)
        {
            a=time[i];
            lcdwc(charpos|0x80);
            lcdwd(a);
            charpos++;
        }
        for(i=0;i<10;i++)               //延时 30ms
        {
            delay3ms();
        }
    }
}
```

3. 硬件仿真

将 Keil 中生成的 HEX 文件加载至 Proteus 中,单击仿真运行,DS18B20 元件上显示的是温度的实际值,仿真过程中,可通过"+""−"按钮设置不同模拟环境温度。LCD1602 上显示的则是温度计的实测值。

 DS18B20 在应用中,若 V_{CC} 未接,传感器将只传送 85.0℃的温度值。因此利用参考代码仿真时,系统上电时出现 85.0℃显示的暂态,读者可修改程序,上电后,液晶显示屏先消隐不显示,待第一轮温度采集并传送完毕后再打开显示,即可解决上述问题。

【实物制作清单】

1. PC、单片机开发系统、稳压电源+5V

211

2. 元器件清单：

插座	DIP40	1
单片机	STC89C52RC	1
晶体振荡器	12MHz	1
瓷片电容	22pF	2
电解电容	10μF	1
温度传感器	DS18B20	1
液晶显示器	LCD1602	1
电阻		若干

【课后任务】

（1）根据元器件清单，自行设计并焊接完成本任务的实物制作。

（2）选择4位数码管显示的方式，重新完成本任务的硬件和软件设计。

任务三 波形发生器设计

控制系统中，需要将单片机内处理的数字量转换为连续变化的模拟量，用以控制、调节一些执行电路，实现对被控对象的控制。根据控制的需要，常常需要单片机能够输出各类波形，本任务将介绍波形发生器的设计。

任务要求

【任务内容】

利用单片机AT89C51作为控制器，DAC0832作为D/A转换芯片，设计一个锯齿波发生器，输出一个0～+5V的递增锯齿波。

【知识要求】

了解D/A芯片DAC0832的内部结构和转换性能；掌握D/A转换芯片与单片机的接口设计；掌握DAC0832的控制程序设计；掌握虚拟电压表、虚拟示波器等硬件调试工具的使用方法。

相关知识

知识1 D/A转换器

1. 常见D/A转换器

单片机应用系统中均采用集成芯片形式的D/A转换器。通常这类芯片具有数字输入锁存功能，带有数据存储器和D/A转换控制器，CPU可直接控制数字量的输入和输出，对应的芯片系列有DAC0830系列、DAC1208系列和DAC1230系列。近期推出的D/A转换芯片不断将外围器件集成到芯片内部，例如：内部带有参考电压源，大多数芯片有输出放大器、可实现模拟电压的单极性或双极性输出。

数字-模拟转换部分通常由电阻网络组成，电路形式有：加权电阻网络及 R-2R 电阻网络两种。在数字电子技术的数模转换部分都有详细介绍，本书在此不加详述，读者可参阅相关著作。

下面将以 DAC0832 为例，介绍 D/A 转换器的应用。

2. D/A 转换器 DAC0832

DAC0832 是目前国内用得比较普遍的 8 位 D/A 转换器。

（1）DAC0832 的主要特性

① 分辨率 8 位，建立时间 1μs，功耗 20mW。

② 8 位数字量输出，即分辨率为 8 位。

③ 与 TTL 兼容，易于单片机连接。

④ 单电源供电，可为+5～+15V。

⑤ 内部无参考电压，需外接，范围是−10～+10V。

⑥ 电流输出型，若要获得模拟电压输出，需外接转换电路。

⑦ 数字输入端具有双重锁存功能，可以双缓冲或单缓冲或直通数字输入，实现多通道 D/A 的同步转换输出。

（2）DAC0832 的引脚功能

DAC0832 芯片为 20 引脚，双列直插式封装，其引脚排列如图 6.19 所示。

各引脚定义如下：

DI7～DI0：转换数据输入。

$\overline{\text{CS}}$：片选信号（输入），低电平有效。

ILE：数据锁存允许信号（输入），高电平有效。

$\overline{\text{WR1}}$：第 1 写信号（输入），低电平有效。

上述两个信号控制输入寄存器是数据直通方式还是数据锁存

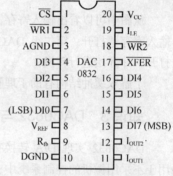

图 6.19　DAC0832 引脚图

方式；当 ILE=1 和 $\overline{\text{WR1}}$=0 时，为输入寄存器直通方式；当 ILE=1 和 $\overline{\text{WR1}}$=1 时，为输入寄存器锁存方式。

$\overline{\text{WR2}}$：第 2 写信号（输入），低电平有效。

$\overline{\text{XFER}}$：数据传送控制信号（输入），低电平有效。

上述两个信号控制 DAC 寄存器是数据直通方式还是数据锁存方式；当 $\overline{\text{WR2}}$=0 和 $\overline{\text{XFER}}$=0 时，为 DAC 寄存器直通方式；当 $\overline{\text{WR2}}$=1 和 $\overline{\text{XFER}}$=0 时，为 DAC 寄存器锁存方式。

Iout1：电流输出 1。

Iout2：电流输出 2，$I_{\text{out1}}+I_{\text{out2}}$=常数。

R_{fb}：反馈电阻端。

DAC0832 是电流输出，为了取得电压输出，需在电压输出端接运算放大器，R_{fb} 即为运算放大器的反馈电阻端。运算放大器的接法如图 6.20 所示。

V_{ref}：基准电压，其电压范围为−10～+10V。

V_{CC}：逻辑电源端，+5～+15V。

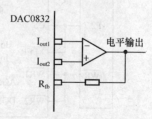

图 6.20　电压输出转换电路

DGND：数字地。

AGND：模拟地。

知识 2　DAC0832 的双缓冲结构

DAC0832 的内部具有双重锁存的功能，如图 6.21 所示。

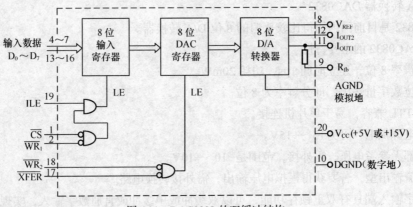

图 6.21　DAC0832 的双缓冲结构

从图中可以看出输入寄存器由 ILE、$\overline{CS}$、$\overline{WR1}$ 共同选通：ILE 为高，$\overline{CS}$、$\overline{WR1}$ 同为低时，输入寄存器打开；第二级 DAC 寄存器由 $\overline{WR2}$、$\overline{XFER}$ 共同选通，两者同为低时，DAC 寄存器打开，并开始进行转换。

了解双缓冲结构有助于理解 DAC0832 的三种工作方式。

知识 3　DAC0832 与单片机的接口

DAC0832 实现 D/A 转换有三种方法：直通方式、单缓冲方式和双缓冲方式。通常直通方式用于不采用微机的控制系统中；单缓冲方式通常用于只有一路模拟输出的情况；双缓冲方式常用于多路 D/A 转换系统，以实现多路模拟信号同步输出的目的。

本任务只简单介绍单缓冲方式的连接。

所谓单缓冲方式，就是 DAC0832 的双重缓冲有一级处于直通状态，此时只需要一次写操作就可以打开锁存器，连接方式有两种，如图 6.22 所示。

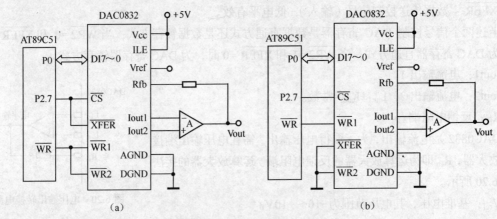

图 6.22　DAC0832 单缓冲方式连接

图 6.22（a）中将两级寄存器的控制端分别接到一起，这样单片机输出的控制信号可同时打开两级缓冲；图 6.22（b）中将第二级的控制端 $\overline{WR2}$、$\overline{XFER}$ 直接接地，即令第二级寄存器处于直通状态，也可实现单缓冲功能。

在如图 6.22 所示的连接下，P2.7=0 且 $\overline{WR}$ =0 即可选通 DAC0832。设端口地址为 7FFFH（由片选 P2.7 决定），对片外 7FFFH 地址写数据，即可满足上述两个条件，在芯片输出端得到模拟电流输出。

其他数据、电源、地线的连接在此不加赘述。

在实际应用中，如果有几路模拟量，但不需要同时输出时，也可以采用这种方式。

任务实施

【跟我做】

1. 硬件电路设计

在单片机最小系统的基础上，参照图 6.22 中的单缓冲连接方式，P0 口接 DAC0832 的数据口；同时，P0.0 口通过地址锁存器 74LS373 接 $\overline{CS}$、$\overline{XFER}$ 选择端，地址锁存器的锁存控制由单片机 ALE 引脚提供；另外两组控制线 $\overline{WR1}$ 和 $\overline{WR2}$ 由单片机的外部 RAM 写允许信号 $\overline{WR}$（P3.6）控制。

DAC0832 的电流输出端通过 μA741 放大并转换为电压输出。为了方便调试，从虚拟仪器库中调出虚拟交流电压表和虚拟示波器，将 μA741 的输出端分别接至虚拟电压表的"＋"端和虚拟示波器的 A 通道。

Proteus 中绘制仿真电路原理图如图 6.23 所示。

2. 控制软件设计

0～+5V 锯齿波如图 6.24 所示。由于参考电压为+5V，因此数字量从 0～255 的变化对应模拟量从 0～+5V 的变化。

根据电路连接，地址线 P0.0=0 同时外部 RAM 写允许信号 $\overline{WR}$ =0 选通 DAC0832。因此定义一个存储于 xdata 区 0xFFFE 单元的变量，对该变量依次写入 0～255 的数据，即可控制 DAC0832 输出锯齿波信号。编写控制程序参考代码如下：

```
/*****************************************
锯齿波发生控制程序
*****************************************/
#include <reg51.h>
#include <absacc.h>                      //绝对地址访问头文件
#define uint unsigned int
#define uchar unsigned char
#define DAC0832 XBYTE[0xfffe]
/*****************************************
延时子程序:用于控制输出波形频率
入口参数:延时长短 t
*****************************************/
void DelayMS(uint t)                      //延时时间,控制输出波形频率
{
```

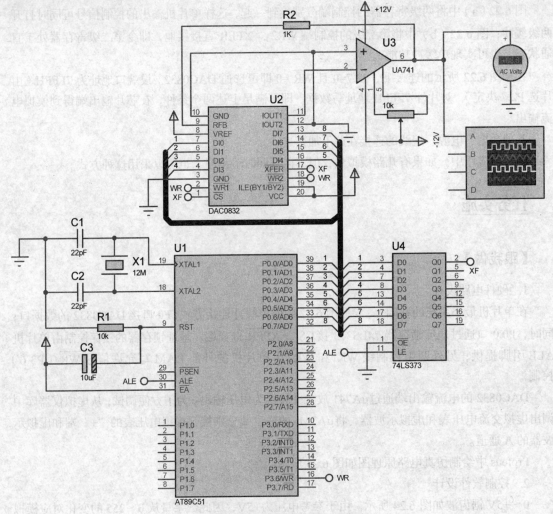

图 6.23 波形信号发生器仿真电路图

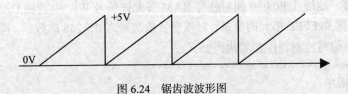

图 6.24 锯齿波波形图

```
    uchar i;
    while(t--)
    {
        for(i=0;i<120;i++);
    }
}
/*******************************************
主程序
*******************************************/
void main()
{
    uchar i;
```

```
    while(1)
    {
        for(i=0;i<256;i++)
        DAC0832 = i;
        DelayMS(1);
    }
}
```

3. Proteus 硬件仿真

将 Keil 中生成的 HEX 文件加载至 Proteus 中，单击仿真运行，虚拟示波器面板显示输出波形。在虚拟示波器面板上，将通道 B、C、D 关闭（OFF 位），通道 A 选择 DC 触发，垂直位移调至 0 处，得到如图 6.25 所示的输出波形。

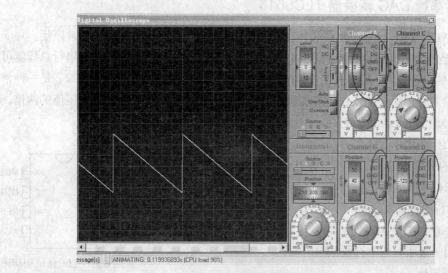

图 6.25　虚拟示波器 A 通道波形

由于硬件电路中，输出电路运算放大器μA741 的同相端接地，反相端输入，因此示波器显示的波形为反相的锯齿波。

同时，虚拟电压表上显示输出电压的实测值，如图 6.26 所示。

【实物制作清单】

1. PC、单片机开发系统、稳压电源+5V，示波器

2. 元器件清单：

图 6.26　虚拟电压表

插座	DIP40	1
单片机	STC89C52RC	1
晶体振荡器	12MHz	1
瓷片电容	22pF	2
电解电容	10μF	1
数据缓冲器	74LS373	1
数模转换器	DAC0832	1
运算放大器	μA741	1
电阻		若干

【课后任务】

（1）根据元器件清单，自行设计并焊接完成本任务的实物制作。

（2）在本设计的基础上，外接两个按键，可实现输出信号频率的增减调整。

（3）利用外部扩展 ROM，将正弦波数据存入，实现正弦波输出。

任务扩展

知识 4　串行 DAC 转换器 TLC5615

与串行的 ADC 类似，串行 DAC 芯片在限制使用 I/O 资源的系统中使用也非常广泛。

TLC5615 是一个 10 位 DAC 转换芯片，带有串行数据接口，只需要通过 3 根串行总线就可以完成 10 位数据的串行输入，易于和工业标准的微处理器或微控制器（单片机）接口，是一种常见的串行 AD 转换芯片。同时，TLC5615 的输出为电压型，最大输出电压是基准电压值的两倍，性能比早期电流型输出的 DAC 要好。

1. TLC5615 的引脚

TLC5615 的引脚如图 6.27 所示，各引脚功能说明如下：

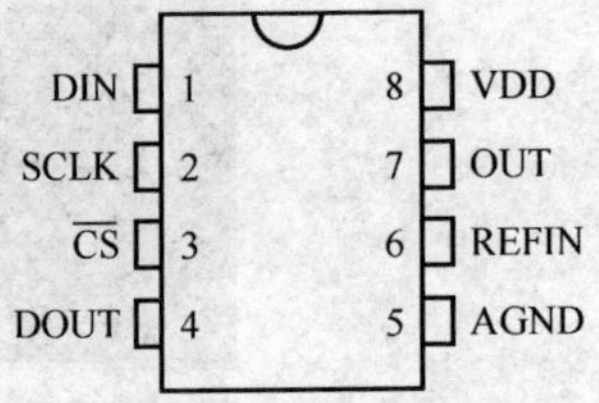

DIN：串行数据输入端；

SCLK：串行时钟输入端；

$\overline{\text{CS}}$：片选端，低电平有效；

DOUT：用于级联时的串行数据输出端；

AGND：模拟地；

图 6.27　TLC5615 引脚图

REFIN：基准电压输入端，2V～（VDD-2），通常取 2.048V；

OUT：DAC 模拟电压输出端；

VDD：正电源端，4.5～5.5V，通常取 5V。

2. TLC5615 的内部结构与工作原理

TLC5615 的内部结构如图 6.28 所示，一个 16 位的移位寄存器用于接受从 DIN 引脚移入的串行数据，高位在先。传输完毕，在控制信号的作用下，移位寄存器中的 10 位有效数据位存入 10 位 DAC 寄存器，并启动 DAC 转换，模拟量从 OUT 引脚输出。此时，16 位移位寄存器中的数据格式如下：

D15～D12	D11～D2	D1～D0
高 4bit 虚拟位	10bit 有效数据位	低 2bit 填充位（任意）

在这种工作方式下，需要单片机向 TLC5615 先后输入 10 位有效位和低 2 位的填充位（任意数据），因此这种工作方式为 12 位数据序列。

另一种级联的工作方式，为 16 位数据序列。此时需要利用本片 TLC5615 的 DOUT 连接到下一片 TLC5615 的 DIN。此时，需要先后输入高 4 位虚拟位、10 位有效数据和低 2 位填充位。本书中用的是第一种 12 位数据的工作方式，级联方式请读者参阅其他参考书籍。

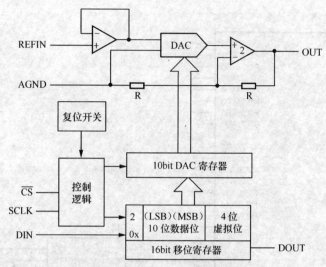

图 6.28　TLC5615 内部结构图

无论哪种工作方式，TLC5615 的输出电压均为：

$$V_{out} = V_{REFin} \times N/1024$$

其中，V_{REFin} 是参考电压，N 为输入的二进制数。

3. TLC5615 的工作时序

TLC5615 在 12 位数据序列工作方式下的工作时序如图 6.29 所示，只有当片选信号 $\overline{CS}$ 为低电平时，串行输入数据才能够被移入 16 位移位寄存器。当 $\overline{CS}$ 为低电平时，每一个 SCLK 的上升沿，数据从 DIN 被移入，高位在先，$\overline{CS}$ 为上升沿，有效数据从 16 位移位寄存器中被锁存至 10bit 的 DAC 寄存器中进行转换。注意，$\overline{CS}$ 为上升沿和下降沿必须发生在 SCLK 为低电平期间。

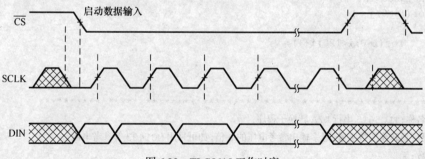

图 6.29　TLC5615 工作时序

4. TLC5615 与单片机的接口及程序设计

根据 TLC5615 的引脚及功能，设计其与 51 单片机的接口电路如图 6.30 所示。

结合 TLC5615 的工作时序，设计参考程序代码如下：

```
/*****************************************************************
控制信号定义
*****************************************************************/
sbit  CS=P3^1;
sbit  CLK=P3^0;
sbit  DIN=P3^2;


/*****************************************************************
```

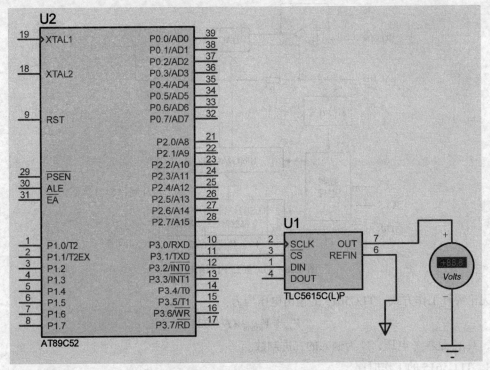

图 6.30　TLC5615 典型接口示意图

子程序:采集延时子程序

```
/******************************************************************/
void mDelay(unsigned char j)
{
    unsigned int i;
    for(;j>0;j--)
    {
        for(i=0;i<125;i++);
    }
}


/******************************************************************
子程序名称:TLC5615 串行 D/A 转换子程序
入口参数:要转换的数字量,最多输出参考电压的 2 倍,如可采用 MC1403 等参考电源
返回参数:无
******************************************************************/
void DA_Convert(unsigned int DAValue)
{
    unsigned char i;
    DAValue <<= 6;                    //数据传输准备,有效数字左对齐
    CS = 0;                          //片选 DA 芯片
    CLK = 0;
//在以下 12 个时钟周期内,每当在上升沿的数据被锁存,形成 D/A 输出。在前 10 个时钟内输入的是 10 位 D/A
数据,后两个时钟周期为填充字节
    for(i = 0;i < 12;i++)
    {
        DIN =(bit)(DAValue & 0x8000);
        CLK = 1;
```

```
        DAValue <<= 1;
        mDelay(100);
        CLK = 0;
    }
    CS = 1;                          // CS 的上升沿和下降沿只在 clk 为低的时候有效
    CLK = 0;
}
```

请读者自行设计主程序，并利用电压表或者示波器观测输出信号及波形。

任务四　直流电机风扇设计

电动机的使用在单片机控制系统中经常碰到。例如，风扇、小车、各类电动玩具等设备中均有电动机。本任务中将设计一个单片机控制直流电动机风扇。

任务要求

【任务内容】

利用单片机 AT89C51 作为控制器，控制直流电机运转。

【知识要求】

掌握直流电机驱动电路设计；掌握单片机控制直流电机正反运转的方法；掌握 PWM 调速原理。

相关知识

知识 1　直流电机驱动电路

单片机通过 H 桥电路控制直流电机运转，常见电路如图 6.31 所示。

该电路工作原理如下：

（1）当电动机需要正转时，L–端设定为恒定的“1”，电机的转动速度由 L+端“0”信号的占空比决定（此时 L+端的信号即 PWM 信号）。

（2）当电动机需要反转时，L+端设定为恒定的“1”，电机的转动速度由 L–端“0”信号的占空比决定。

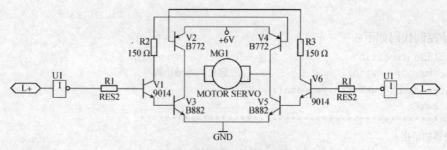

图 6.31　直流电机驱动电路

在实际应用中，为了实现单片机控制电路与执行电路的隔离，常使用光耦，电路原理如图6.32所示。

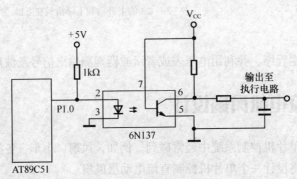

图6.32 隔离电路原理图

知识2 单片机模拟输出 PWM 信号

脉冲宽度调制（PWM，Pulse Width Modulation），简称脉宽调制，是利用微处理器的数字输出来对模拟电路进行控制的一种非常有效的技术，广泛应用在从测量、通信到功率控制与变换的许多领域中。在本任务中，改变 PWM 信号的占空比，便可改变直流电机的转动速度调速。

市售的很多型号的单片机都有 PWM 输出功能，但 51 系列单片机没有。需采用定时器配合软件的方法模拟输出，在精度要求不高的场合，非常实用。

（1）固定脉宽 PWM 输出。可变脉宽 PWM 波形如图6.33所示。脉宽固定为 65 536μs。将 T0 设置为方式 1（16 位定时器）方式，利用 T0 定时器控制 PWM 的占空比，图中 t1 和 t2 定时的初值分别为 PwmData0 和 PwmData1，其中为保证脉宽固定为 65 536μs，必须满足 PwmData0+ PwmData1=65536。

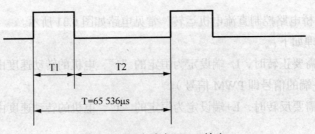

图6.33 固定脉宽 PWM 输出

设计控制代码如下：

```
#include <reg51.h>
sbit PWMOUT = P1^0;                    //定义 PWM 输出脚
unsigned int PwmData0,PwmData1;
bit PwmF;
/*****************************************************
定时器初始化
*****************************************************/
```

```
void InitTimer(void)
{
    TMOD = 0x01;                 //T0 为方式 1
    TH0 = PwmData1/256;          //初值
    TL0 = PwmData1%256;
    EA = 1;                      //开中断
    ET0 = 1;
    TR0 = 1;                     //启动定时器
}


/*****************************************************
主程序
*****************************************************/
void main(void)
{   PwmF=0;
    PwmData0=40000;              //设置 t1 对应的初值
    PwmData1=25536;              //设置 t2 对应的初值
    InitTimer();
    while(1);
}
/*****************************************************
t0 中断服务程序
*****************************************************/
void Timer0Interrupt(void) interrupt 1
{
    if(PwmF)
    {
        PWMOUT=1;
        TH0 = PwmData1/256;      //初值
        TL0 = PwmData1%256;
        PwmF=0;
    }
    else
    {
        PWMOUT=0;
        TH0 = PwmData0/256;      //初值
        TL0 = PwmData0%256;
        PwmF=1;
    }
}
```

在 Proteus 中绘制输出 PWM 波的电路原理图，如图 6.34 所示。为了观测结果方便，调用虚拟仪器库中的示波器，并将 P1.0 口接至示波器的 A 通道。

在 Keil 中编译生成 HEX 文件并装入到 Proteus 中，仿真运行，得到波形如图 6.35 所示，可清晰看到波形周期约为 65ms，高电平维持 40ms。

读者可修改 PwmData0 和 PwmData1 的初值来改变占空比，注意保证 PwmData0+PwmData1=65 536 即可保证 PWM 波形的脉宽不变。

（2）可变脉宽 PWM 输出。可变脉宽 PWM 波形如图 6.36 所示。将 T0、T1 设置为方式 1（16位定时器）方式，利用 T0 定时器控制 PWM 的占空比，T1 定时器控制脉宽（最大 65 536μs）。定时器的初值分别为 PwmData0 和 PwmData1。

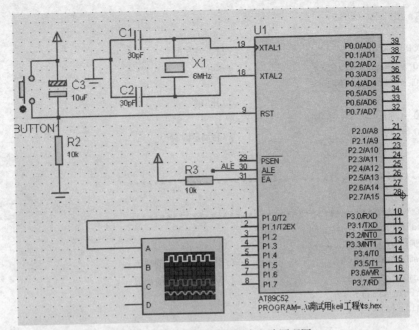

图 6.34 输出 PWM 波形仿真电路原理图

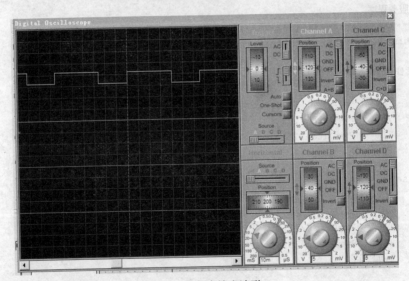

图 6.35 仿真输出波形

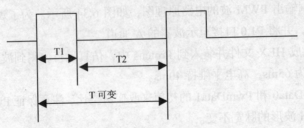

图 6.36 可变脉宽 PWM 输出

设单片机的 P1.0 口输出波形。

定时器初始化及中断服务程序代码如下：

```
/***************************************************
定时器初始化
***************************************************/
void InitTimer0(void)
{
    TMOD = 0x11;                    //T0、T1均为方式1
    TH0 = PwmData0/256;             //初值
    TL0 = PwmData0%256;
    TH1 = PwmData1/256;
    TL1 = PwmData1%256;
    EA = 1;                         //开中断
    ET0 = 1;
    ET1 = 1;
    TR0 = 1;                        //启动定时器
    TR1 = 1;
}
/***************************************************
t0中断服务程序
***************************************************/
void Timer0Interrupt(void)interrupt 1
{
    TR0=0;
    P1^0=1;
}
/***************************************************
t1中断服务程序
***************************************************/
void Timer1Interrupt(void)interrupt 3
{
    P1^0=0;
    TR0=0;
    TR1=0;
    TH0 = PwmData0/256;             //初值
    TL0 = PwmData0%256;
    TH1 = PwmData1/256;
    TL1 = PwmData1%256;
    TR0 = 1;                        //启动定时器
    TR1 = 1;
}
```

为了测试方便，编写如下主程序。假设PWM波形的周期为50 000μs，占空比为1∶5。则定时器的初值为：

PwmData1=65 536−50 000=15 536；

$$PwmData0= 655 36 - 50 000 \times \left(1-\frac{1}{5}\right) = 25 536$$

设计主程序代码如下：

```
#include <reg51.h>
sbit PWMOUT = P1^0;                    //定义PWM输出脚
unsigned int PwmData0,PwmData1;
/***************************************************
主程序
***************************************************/
```

```
void main(void)
{
    PwmData0=25536;                        //设置 T1 对应的初值
    PwmData1=15536;                        //设置 T 对应的初值
    InitTimer();
    while(1);
}
```

在 Keil 中编译生成 HEX 文件并装入到 Proteus 中，仿真运行，得到波形如图 6.37 所示，可清晰看到波形占空比为 1∶5，周期为 50ms。

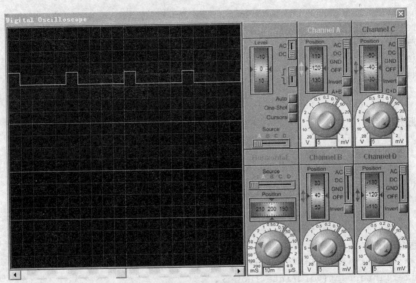

图 6.37　仿真输出波形图

（3）用两按键加减脉宽输出。利用定时器控制产生占空比可变的 PWM 波。按键 key1（P1.1）和 key2（P1.2）实现占空比的增加和降低。利用图 6.26 可查看 P1.0 口输出波形。

利用单片机的定时器 T0 定时 200μs，利用 PwmH 和 Pwm 变量，分别对 T0 的定时时间计数，控制 PWM 波形的高电平维持时间和 PWM 波形的周期。设计程序如下：

```
#include <reg51.h>
sbit PWMOUT = P1^0;                        //定义 PWM 输出脚
sbit key1=P1^1;
sbit key2=P1^2;
unsigned int PwmH,Pwm;
unsigned char i;                           //计数器
/*****************************************************
定时器初始化
*****************************************************/
void InitTimer(void)
{
    TMOD = 0x02;                           //T0 为方式 2
    TH0 = 56;                              //初值,定时 200μs
    TL0 = 56;
    EA = 1;                                //开中断
    ET0 = 1;
    TR0 = 1;                               //启动定时器
```

```
}
/*****************************************************
5ms 按键消抖延时
*****************************************************/
void delay5ms(void)
{
    unsigned char a,b;
    for(b=19;b>0;b--)
        for(a=130;a>0;a--);
}
/*****************************************************
主程序
*****************************************************/
void main(void)
{   PWMOUT=0;
    i=0;
    PwmH=2;                          //初始化占空比为 1∶10,周期为 4ms
    Pwm=20;
    InitTimer();
    while(1)
    {
        if(!key1)                    //判断+1 按键
        {
            delay5ms();              //按键消抖
            if(key1)continue;
            while(!key1);            //判断+1 按键弹出
            if(PwmH<Pwm)PwmH++;
        }
        if(!key2)                    //判断-1 按键
        {
            delay5ms();              //按键消抖
            if(key2)continue;
            while(!key2);            //判断-1 按键弹出
            if(PwmH>1)PwmH--;
        }
    }
}
/*****************************************************
t0 中断服务程序
*****************************************************/
void Timer0Interrupt(void)interrupt 1
{
    i++;
    if(i==PwmH)
        PWMOUT=0;
    if(i==Pwm)
    {
        i=0;
        PWMOUT=1;
    }
}
```

Keil 中编译生成 HEX 文件后，装入 Proteus 运行，观测波形如图 6.38 所示，单击按键后能看到波形占空比的变化。

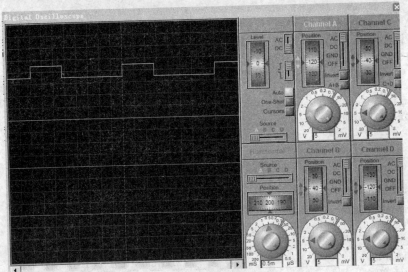

图 6.38　仿真输出波形图

任务实施

【跟我做】

1. 硬件电路设计

根据 H 桥电路原理设计电路，利用 P1.0、P1.1 控制 H 桥的 L+和 L−端，P3.0～P3.4 口分别外接 5 个按键，用于控制电机正转、反转、停止、加速、减速。在 Proteus 中设计仿真电路原理如图 6.39 所示。

2. 控制软件设计

首先，根据硬件电路连接，编写下面的程序首部。

```
/*****************************************************
直流电机控制程序
*****************************************************/
#include <reg52.h>
#include <intrins.h>
#define uint unsigned int
#define uchar unsigned char
sbit K1 = P3^0;              //定义"正转"按钮
sbit K2 = P3^1;              //定义"反转"按钮
sbit K3 = P3^2;              //定义"停止"按钮
sbit K_up = P3^3;            //定义"加速"按钮
sbit K_down = P3^4;          //定义"减速"按钮
sbit LED1 = P0^0;            //定义"正转"指示灯
sbit LED2 = P0^1;            //定义"反转"指示灯
sbit LED3 = P0^2;            //定义"停止"指示灯
sbit MA = P1^0;              //定义H桥"L+"端
sbit MB = P1^1;              //定义H桥"L−"端
```

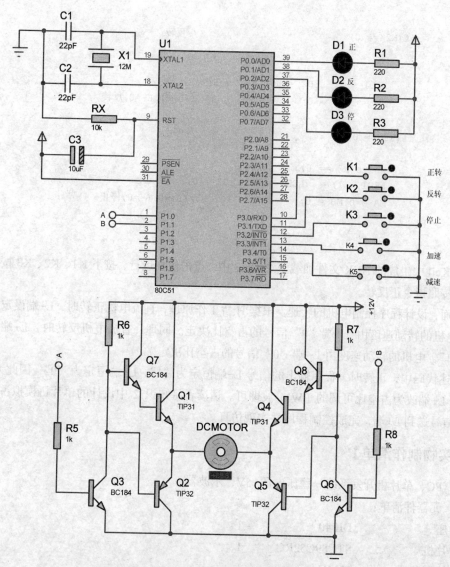

图 6.39　直流电机控制仿真电路图

下面编写控制程序, 控制直流电机正反转。

```
/****************************************************
主程序,控制电机正反转
****************************************************/
void main(void)
{
    LED1 = 1; LED2 = 1; LED3 = 0;
    while(1)
    {
        if(K1 == 0)                         //正转
        {
            while(K1 == 0);                 //等待按键弹出
            LED1 = 0;    LED2 = 1; LED3 = 1;
            MA = 0;MB = 1;                   //L+=0,L-=1,正转
```

```
    }
    if(K2 == 0)                           //反转
    {
        while(K2 == 0);
        LED1 = 1; LED2 = 0; LED3 = 1;
        MA = 1;MB = 0;                     //L+=1,L-=0,反转
    }
    if(K3 == 0)                           //停止
    {
        while(K3 == 0);
        LED1 = 1;    LED2 = 1; LED3 = 0;
        MA = 0;MB = 0;                     //L+=0,L-=0,停止
    }
    }
}
```

将 Keil 中生成的 HEX 文件加载至 Proteus 中，点击仿真运行，按下 K1、K2、K3 按键，直流电机将按照指令正反转。

下面，设计程序控制电机的转速。根据 H 桥工作原理，直流电机正转时，L-端设定为恒定的"1"，电机的转动速度由 L+端"0"信号的占空比决定。同理，直流电机反转时，L+端设定为恒定的"1"，电机的转动速度由 L-端"0"信号的占空比决定。

上述代码中，正转时，程序输出的信号 L-端恒定为"1"，L+端恒定为"0"，因此无法调速，只需将 L+端改为占空比可调的 PWM 波即可。请读者将知识 2 中设计的单片机模拟占空比可调 PWM 信号送到 L+端，完成控制程序并实现仿真。

【实物制作清单】

1. PC、单片机开发系统、稳压电源+5V，示波器
2. 元器件清单：

插座	DIP40	1
单片机	STC89C52RC	1
晶体振荡器	12MHz	1
瓷片电容	22pF	2
电解电容	10μF	1
直流电机		1
NPN 三极管		若干
PNP 三极管		若干
电阻		若干

【课后任务】

（1）根据元器件清单，自行设计并焊接完成本任务的实物制作。

（2）将本项目任务二与本任务结合，设计一个自动风扇控制系统，设定一个标准温度，假设为 25℃，当 DS18B20 采集的实时温度高于该设定值时，控制风扇运转，否则风扇不工作。

项目小结

测控系统是单片机实时控制系统中的核心部分，包含"测"和"控"两部分。"测"是信号的采集，本项目中设计电压信号的采集和温度信号的采集；"控"是执行电路的控制，执行电路的控制信号常常是模拟信号，因此需要电路将数字信号转换为模拟信号。

本项目主要介绍如下内容：

（1）电压 A/D 转换原理，以及并行 A/D 转换芯片 ADC0809 的应用。

（2）温度传感器 DS18B20 的应用，单片机模拟单总线时序完成通信的方法。

（3）D/A 转换原理，及 D/A 转换芯片 DAC0832 的应用

（4）直流电机控制电路，PWM 调速原理及单片机模拟 PWM 输出控制转速的方法。

附录1　Keil C51 工作环境

　　Keil μVision4 集成开发环境有菜单栏、可以快速选择命令的按钮工具栏、一些源代码文件窗口、对话窗口、信息显示窗口。

　　Keil μVision4 IDE 提供了多种命令执行方式，其中，菜单栏提供 11 种下拉操作菜单，如文件操作、编辑操作、工程操作、程序调试、开发工具选项、窗口选择和操作、在线帮助等；工具栏按钮可以快速执行 μVision4 命令；快捷键也可以执行 μVision4 命令（如果需要，快捷键可以重新设置）。下面以表格的形式简要介绍 Keil μVision4 IDE 中常用的菜单栏、工具按钮和快捷方式，便于初学者快速查阅。

　　1. 文件操作

　　有关文件操作的菜单命令、工具按钮、默认的快捷键如附表 1.1 所示。

附表 1.1　　　　　　　　　　　　　　文件操作

File 菜单	工具按钮	快捷键	说明
New	📄	Ctrl+N	创建一个新的源程序文件
Open	📂	Ctrl+O	打开一个已有的源程序文件
Close			关闭当前源程序文件
Save	💾	Ctrl+S	保存当前源程序文件
Save as…			保存并重新命名当前源程序文件
Save All	🗐		保存所有打开的源程序文件
Device Database			维护 μVision4 器件数据库
Print Setup…			打印机设置
Print	🖨	Ctrl+P	打印当前源程序文件
Print Preview			打印预览
Exit			退出 μVision4，并提示保存源程序文件

2. 编辑操作

常用的有关编辑操作的菜单命令、工具按钮、默认的快捷键如附表 1.2 所示。

附表 1.2   编辑操作

Edit 菜单	工具按钮	快捷键	说明
Undo	↺	Ctrl+Z	撤消上次操作
Redo	↻	Ctrl+Y	重复上次撤消的操作
Cut	✂	Ctrl+X	将所选文本剪切到剪贴板
Copy	📋	Ctrl+C	将所选文本复制到剪贴板
Paste	📋	Ctrl+V	粘贴剪贴板上的文本
Toggle Bookmark	✎	Ctrl+F2	设置/取消当前行的标签
Goto Next Bookmark	✎	F2	移动光标到下一个标签
Goto Previous Bookmark	✎	Shift+F2	移动光标到上一个标签
Clear All Bookmark	✎		清除当前文件的所有标签
Find…	🔍	Ctrl+F	在当前文件中查找文本
Replace…		Ctrl+H	替换特定的文本
Find in Files…	🔍		在几个文件中查找文本

3. 视图操作

常用的有关视图操作的菜单命令、工具按钮及其功能说明如附表 1.3 所示。

附表 1.3   视图操作

View 菜单	工具按钮	说明
Status Bar		显示/隐藏状态栏
File Toolbar		显示/隐藏文件工具栏
Build Toolbar		显示/隐藏编译工具栏
Debug Toolbar		显示/隐藏调试工具栏
Project Window	🗔	显示/隐藏工程窗口
Output Window	🗔	显示/隐藏输出窗口
Source Brower	📖	显示/隐藏资源浏览器窗口
Disassembly Window	🔍	显示/隐藏反汇编窗口
Watch&Call stack Window	🗔	显示/隐藏观察和访问堆栈窗口
Memrory Window	🗔	显示/隐藏存储器窗口
Code Coverage Window	CODE	显示/隐藏代码覆盖窗口
Preformance Analyzer Window	▤	显示/隐藏性能分析窗口
Serial Window #1	✍	显示/隐藏串行窗口 1
Toolbox	🔧	显示/隐藏工具箱
Periodic Window Update		在运行程序时，周期刷新调试窗口
Workbook Mode		显示/隐藏工作簿窗口的标签
Include Dependencies		显示/隐藏头文件
Options…		设置颜色、字体、快捷键和编辑器选项

4. 工程操作

常用的有关工程操作的菜单命令、工具按钮、默认的快捷键如附表 1.4 所示。

附表 1.4 工程操作

Project 菜单	工具按钮	快捷键	说明
New Project…			创建一个新工程
Open Project			打开一个已有的工程
Close Project			关闭当前工程
Components , Environment , Books…			定义工具系列、包含文件和库文件的路径
Select Device for Target			从器件数据库中选择一个 CPU
Remove Item			从工程中删除一个组或文件
Options for Target/group/file		Alt+F7	设置对象、组或文件的工具选项
Build target		F7	编译连接当前文件并生成应用
Rebuild all target files			重新编译连接所有文件并生成应用
Translate		Ctrl+F7	编译当前文件
Stop build			停止当前的编译连接进程

5. 调试操作

常用的有关程序调试操作的菜单命令、工具按钮、默认的快捷键如附表 1.5 所示。

附表 1.5 调试操作

Debug 菜单	工具按钮	快捷键	说明
Start/Stop Debug Session		Ctrl+F5	启动/停止调试模式
Go		F5	执行程序，直到下一个有效的断点
Step		F11	跟踪执行程序
Step Over		F10	单步执行程序，跳过子程序
Step Out of current Function		Ctrl+F11	执行到当前函数的结束
Run to Cursor line		Ctrl+F10	执行到光标所在行
Stop Running		Esc	停止程序运行
Breakpoints…			打开断点对话框
Insert/Remove Breakpoint			在当前行插入/清除断点
Enable/Disable Breakpoint			使能/禁止当前行的断点
Disable All Breakpoint			禁止程序中所有断点
Kill All Breakpoint			清除程序中所有断点
Show Next Statement			显示下一条执行的语句/指令
Enable/Disable Trace Recording			使能/禁止程序运行跟踪记录
View Trace Records			显示以前执行的指令
Memory Map…			打开存储器空间配置对话框
Performance Analyzer…			打开性能分析器的设置对话框
Inline Assembly…			对某一行重新汇编，可修改汇编代码
Function Editor…			编辑调试函数和调试配置文件

6. 外围器件操作

常用的有关外围器件操作的菜单命令、工具按钮如附表 1.6 所示。表中的内容与 CPU 的选择有关，不同的 CPU 会有所不同。如有些 CPU 还具有 A/D Converter、D/A Converter、I2C Controller、CAN Controller、Watchdog 等功能。

附表 1.6 外围器件操作

Peripherals 菜单	工具按钮	说明
Reset CPU	⊶ RST	复位 CPU
Interrupt		中断
I/O-Ports ▶		I/O 口，Port 0～Port 3
Serial		串行口
Timer ▶		定时器，Timer 0～Timer 2

7. 运行环境配置操作

常用的有关运行环境配置操作的菜单命令如附表 1.7 所示。

附表 1.7 运行环境配置操作

Tools 菜单	说明
Customize Tools Menu…	添加用户程序到工具菜单中

附录 2　Proteus ISIS 工作环境

与其他常用的窗口软件一样，Proteus ISIS 设置有菜单栏、可以快速执行命令的按钮工具栏和各种各样的窗口（如原理图编辑窗口、原理图预览窗口、对象选择窗口等）。

1. 主菜单与主工具栏

主菜单如附图 2.1 所示，从左到右依次是 File（文件）、View（视图）、Edit（编辑）、Tools（工具）、Design（设计）、Graph（图形）、Source（源）、Debug（调试）、Library（库）、Template（模板）、System（系统）和 Help（帮助）。利用主菜单中的命令可以完成 ISIS 的所有功能。

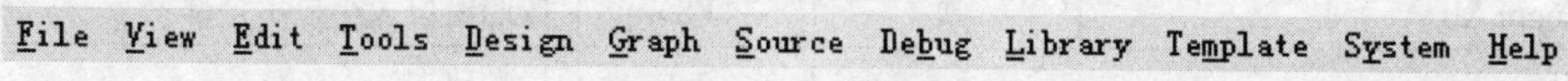

File View Edit Tools Design Graph Source Debug Library Template System Help

附图 2.1　主菜单

主工具栏由四个部分组成：File Toolbar（文件工具栏）、View Toolbar（视图工具栏）、Edit Toolbar（编辑工具栏）和 Design Toolbar（调试工具栏），如附图 2.2 所示。通过执行菜单命令 View→Toolbars…可以打开或关闭上述四个主工具栏。

附图 2.2　主工具栏

主工具栏中的每一个按钮，都对应一个具体的主菜单命令，附表 2.1 给出了这些按钮和菜单命令的对应关系及其功能。在此未涉及的菜单命令，读者可参阅有关的专业书籍。

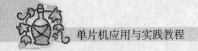

附表 2.1   常用的菜单命令与工具按钮

菜单命令	工具按钮	快捷键	说明
File→New Design…	▯		新建原理图设计
File→Load Design…	☞	Ctrl+O	打开一个已有的原理图设计
File→Save Design	▦	Ctrl+S	保存当前的原理图设计
File→Import Section…	▦		导入部分文件
File→Export Section…	▥		导出部分文件
File→Print…	▤		打印文件
File→Set Area	▯		设置输出区域
Edit→Undo Changes	↰	Ctrl+Z	撤消前一修改
Edit→Redo Changes	↱	Ctrl+Y	恢复前一修改
Edit→Cut To Clipboard	✂		剪切到剪贴板
Edit→Copy To Clipboard	▥		复制到剪贴板
Edit→Paste From Clipboard	▦		粘贴
Block Copy	▦		块复制
Block Move	▦		块移动
Block Rotate	▦		块旋转
Block Delete	▦		块删除
Library→Pick Device/Symbol…	⌕	P	从器件库中选择器件或符号
Library→Make Device…	⚡		制作器件
Library→Packaging Tool…	▦		封装工具
Library→Decompose	⚒		释放元件
View→Redraw	▱	R	刷新窗口
View→Grid	▦	G	打开或关闭栅格
View→Origin	✛	O	设置原点
View→Pan	✛	F5	选择显示中心
View→Zoom In	⊕	F6	放大
View→Zoom Out	⊖	F7	缩小
View→Zoom All	⊕	F8	按照窗口大小显示全部
View→Zoom To Area	▱		局部放大
Tools→Wire Auto Router	▦	W	将所选文本复制到剪贴板
Tools→Search and Tag…	▦	T	粘贴剪贴板上的文本
Tools→Property Assignment Tool…	✐	A	属性分配工具
Design→Design Explorer	▦	Alt+X	查看详细的元器件列表及网络表
Design→New Sheet	▦		新建图纸
Design→Remove Sheet	▦		移动或删除图纸
Design→Zoom to Child	▦		转到子电路图
Tools→Bill Of Materials	▦		生成元器件列表
Tools→Electrical Rule Check…	▦		生成电气规则检查报告
Tools→Netlist to ARES	▦	Alt+A	创建网络表

2. Mode 工具箱

除了主菜单和主工具栏外，Proteus ISIS 在用户界面的左侧还提供了一个非常实用的 Mode 工具箱，如附图 2.3 所示。正确、熟练地使用它们，对单片机应用系统电路原理图的绘制及仿真调试均非常重要。

附图 2.3　Mode 工具箱

选择 Mode 工具箱中不同的图标按钮，系统将提供不同的操作工具，并在对象选择窗口中显示不同的内容。从左到右，Mode 工具箱中各图标按钮对应的操作如附表 2.2 所示。

附表 2.2　　　　　　　　　　　　　　　　Mode 工具箱按钮

按钮名称	工具按钮	说明
Selection Mode		对象选择，可以单击任意对象并编辑其属性
Component Mode		元器件选择
Junction dot Mode		在原理图中添加连接点
Wire label Mode		为连线添加网络标号（为线段命名）
Text script Mode		在原理图中添加脚本
Buses Mode		在原理图中绘制总线
Subcircuit Mode		绘制子电路
Terminals Mode		在对象选择窗口列出各种终端，如输入、输出、电源和地等
Device Pins Mode		在对象选择窗口列出各种引脚，如普通引脚、时钟引脚、反电压引脚和短接引脚等
Graph Mode		在对象选择窗口列出各种仿真分析所需的图表，如模拟图表、数字图表、噪声图表、混合图表和 A/C 图表等
Tape Recorder Mode		录音机，当对设计电路分割仿真时采用
Generator Mode		在对象选择窗口列出各种激励源，如正弦激励源、脉冲激励源、指数激励源和 FILE 激励源等
Voltage Probe Mode		电压探针，仿真模式中可显示各探针处的电压值
Current Probe Mode		电流探针。仿真模式中可显示各探针处的电流值
Virtual Instruments Mode		在对象选择窗口列出各种虚拟仪器，如示波器、逻辑分析仪、定时/计数器和模式发生器等
2D Graphics Line Mode		直线按钮，用于创建元器件或表示图表时绘制直线
2D Graphics Box Mode		方框按钮
2D Graphics Circle Mode		圆按钮
2D Graphics Arc Mode		弧线按钮
2D Graphics Path Mode		任意形状按钮
2D Graphics Text Mode	A	文本编辑按钮，用于插入各种文字说明
2D Graphics Symbols Mode		符号按钮，用于选择各种符号元器件
2D Graphics Markers Mode		标记按钮，用于产生各种标记

3. 方向工具栏与仿真运行工具栏

对于具有方向性的对象，Proteus ISIS 还提供了方向工具栏，如附图 2.4 所示。

附图 2.4　旋转镜像工具栏

从左到右，方向工具栏中各图标按钮对应的操作如附表 2.3 所示。

附表 2.3　　　　　　　　　　　　　　　　方向工具栏按钮

按钮名称	工具按钮	说明
Rotate Clockwise	↻	顺时针方向旋转
Rotate Anti-Clockwise	↺	逆时针方向旋转
X-Mirror	↔	水平镜像翻转
Y-Mirror	↕	垂直镜像翻转
角度显示窗口	90	显示旋转/镜像的角度

为方便用户对设计对象进行仿真运行，Proteus ISIS 还提供了仿真运行工具栏，如附图 2.5 所示。从左到右分别是：Play 按钮（运行），Step 按钮（单步运行），Pause 按钮（暂停运行），Stop 按钮（停止运行）。

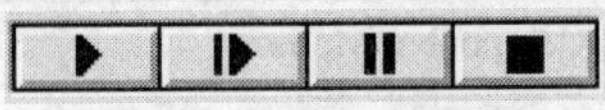

附图 2.5　仿真运行工具栏

4. Proteus ISIS 元件库

Proteus ISIS 的元器件库提供了大量元器件的原理图符号，在绘制原理图之前，必须知道每个元器件的所属类及所属子类，然后利用 Proteus ISIS 提供的搜索功能可方便地查找到所需元器件。到 Proteus ISIS 中元器件的所属类共有 40 多种，附表 2.4 给出了本书涉及的部分元器件的所属类，方便读者查阅。

附表 2.4　　　　　　　　　　　　　　Proteus ISIS 中常用的元器件

所属类名称	对应的中文名称	说明
Analog Ics	模拟电路集成芯片	电源调节器，定时器，运算放大器等
Capacitors	电容器	
CMOS 4000 series	4000 系列数字电路	
Connectors	排座，排插	
Data Converters	模/数，数/模转换集成电路	
Diodes	二极管	
Electromechanical	机电器件	风扇，各类马达等
Inductors	电感器	
Memory ICs	存储器	
Microprocessor ICs	微控制器	51 系列单片机，ARM7 等
Miscellaneous	各种器件	电池，晶振，保险丝等
Optoelectronics	光电器件	LED，LCD，数码管，光电耦合器等
Resistors	电阻	
Speakers & Sounders	扬声器	
Switches & Relays	开关与继电器	键盘，开关，继电器等
Switching Devices	晶闸管	单向、双向可控硅元件等
Transducers	传感器	压力传感器，温度传感器等
Transistors	晶体管	三极管，场效应管等
TTL 74 series	74 系列数字电路	
TTL 74LS series	74 系列低功耗数字电路	

附录 3 C51 基础知识

1. 常量与变量

（1）常量。在程序运行过程中其值始终不变的量称为常量。在 C51 语言中，可以使用整型常量、实型常量、字符型常量。

① 整形常量。整型常量又称为整数。在 C51 语言中，整数可以用十进制、八进制和十六进制形式来表示。

十进制数：用一串连续的数字来表示。如 12，−1，0 等。

八进制数：用数字 0 开头。如 010，−056，011 等。

十六进制数：用数字 0 和字母 x（不区分大小写）开头。如 0x5a，−0x9c 等。

但是，C51 中数据的输出形式只有十进制和十六进制两种，并且在 Keil 软件中的 Watches 窗口中可以切换，如附图 3.1 所示。

② 实型常量。实型常量又称实数。在 C51 语言中，实数有两种表示形式，均采用十进制数，默认格式输出时最多只保留 6 位小数。

小数形式：由数字和小数点组成。如 0.123、.123、123.、0.0 等都是合法的实型常量。

附图 3.1　C51 中数据输出形式选择

指数形式：小数形式的实数 e[±]整数。如 2.3026 可以写成 0.23026e1，或 2.3026e0，或 23.026e−1。

③ 字符型常量。用单引号括起来的一个 ASCII 字符集中的可显示字符称为字符常量。如'A'、'a'、'9'、'#'、'%'都是合法的字符常量。

C51 中所有字符常量都可作为整型常量来处理。字符常量在内存中占一个字节，存放的是字符的 ASCII 代码值。因此，字符常量'A'的值可以是 65，或 0x41；字符常量'a'的值可以是 97，或 0x61。

对于不能显示的控制字符，需要由反斜杠 "\" 开头的专用转义字符来表示。常用转义字符如附表 3.1 所示，供读者查阅。

附表 3.1　　　　　　　　　　　　　　常用转义字符表

转义字符	含义	码（16 进制形式）
\o	空字符（NULL）	0x00
\n	换行符（LF）	0x0A
\r	回车符（CR）	0x0D
\t	水平制表符（HT）	0x09
\b	退格符（BS）	0x08
\f	换页符（FF）	0x0C
\'	单引符	0x27
\"	双引符	0x22
\\	反斜杠	0x5C

值得注意的是，在 C51 语言中，还可以用一个"特别指定"的标识符来代替一个常量，称为

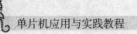

符号常量。符号常量通常用#define 命令定义，如

```
#define  PI  3.14159              // 定义符号常量 PI=3.14159
```

定义了符号常量 PI，就可以用下例语句计算半径为 r 的圆的面积 S 和周长 L。

```
S = PI*r*r;                       // 在程序中引用符号常量 PI
L = 2*PI*r;                       // 在程序中引用符号常量 PI
```

（2）变量。变量与常量相对，是在程序运行过程中其值可以改变的量。由变量名和变量值两部分组成。每个变量都有一个变量名，在内存中占据一定的存储单元（地址），并在该单元中存放该变量的值。

2．C51 标识符与关键字

（1）标识符。用来标识变量名、符号常量名、函数名、数组名、类型名等的有效字符序列称为标识符。简单地说，标识符就是一个名字。

合法的标识符由字母、数字和下画线组成，并且第 1 个字符必须为字母或下画线。如：

area、PI、_ini、a_array、s123、P101p

都是合法的标识符。而

456P、cade-y、w.w、a&b

都是非法的标识符。

在 C51 语言的标识符中，大、小写字母是严格区分的。标准的 C 语言并没有规定标识符的长度，但是各个编译系统都有自己的规定，在 Keil C 编译器中可以使用长达 10 个字符的标识符。

C51 语言的标识符可以分为三类：关键字、预定义标识符和用户标识符。

（2）关键字。关键字是 C51 语言规定的一批保留的特殊标识符，它们在源程序中都代表着固定的含义，在程序编写中不能另作它用。Keil C51 语言支持 ANSI 标准 C 语言中的关键字，32 个常用关键字如附表 3.2 所示.

附表 3.2　　　　　　　　　　　　标准 C 语言中的常用关键字

关键字	类别	用途说明
char		定义字符型变量
double		定义双精度实型变量
enum		定义枚举型变量
float		定义单精度实型变量
int		定义基本整型变量
long		定义长整型变量
short		定义短整型变量
signed	定义变量的数据类型	定义有符号变量，二进制数据的最高位为符号位
struct		定义结构型变量
typedef		定义新的数据类型说明符
union		定义联合型变量
unsigned		定义无符号变量
void		定义无类型变量
volatile		定义在程序执行中可被隐含地改变的变量

续表

关键字	类别	用途说明
auto	定义变量的存储类型	定义局部变量，是默认的存储类型
const		定义符号常量
extern		定义全局变量
register		定义寄存器变量
static		定义静态变量
break	控制程序流程	退出本层循环或结束 switch 语句
case		switch 语句中的选择项
continue		结束本次循环，继续下一次循环
default		switch 语句中的缺省选择项
do		构成 do…while 循环语句
else		构成 if…else 选择语句
for		for 循环语句
goto		转移语句
if		选择语句
return		函数返回
switch		开关语句
while		while 循环语句
sizeof	运算符	用于测试表达式或数据类型所占用的字节数

另外，还根据 51 单片机的特点扩展了一些关键字，C51 语言中新增的常用关键字如附表 3.3 所示。

附表 3.3   C51 语言中新增的常用关键字

关键字	用途	说明
bdata	定义数据存储区域	可位寻址的片内数据存储器（20H～2FH）
code		程序存储器
data		可直接寻址的片内数据存储器
idata		可间接寻址的片内数据存储器
pdata		可分页寻址的片外数据存储器
xdata		片外数据存储器
compact	定义数据存储模式	指定使用片外分页寻址的数据存储器
large		指定使用片外数据存储器
small		指定使用片内数据存储器
bit	定义数据类型	定义一个位变量
sbit		定义一个位变量
sfr		定义一个 8 位的 SFR（特殊功能寄存器）
sfr16		定义一个 16 位的 SFR
interrupt	定义中断函数	声明一个函数为中断服务函数
reentrant	定义再入函数	声明一个函数为再入函数
using	定义当前工作寄存器组	指定当前使用的工作寄存器组
_at_	地址定位	为变量进行存储器绝对地址空间定位
task	任务声明	定义实时多任务函数

（3）预定义标识符和用户标识符。预定义标识符是指 C51 语言提供的系统函数的名字（如 printf、scanf）和预编译处理命令（如 define、include）等。C51 语言语法允许用户把这类标识符另作它用，但这将使这些标识符失去系统规定的原意。因此，为了避免误解，建议用户不要把这些预定义标识符另作它用。

用户标识符是指由用户根据需要定义的标识符。一般用来给变量、函数、数组或文件等命名。除要遵循标识符的命名规则外，还应注意做到"见名知意"，即选具有相关含义的英文单词或汉语拼音，以增加程序的可读性。

如果自定义标识符与关键字相同，程序在编译时将给出出错信息；如果自定义标识符与预定义标识符相同，系统并不报错。

3. C51 基本数据类型

数据类型是指数据的不同格式，与数据的内在存储方式有关，即存储变量所需的字节数，从而决定数据的取值范围。C51 语言中变量的基本数据类型如附表 3.4 所示，其中 bit、sbit、sfr、sfr16 为 C51 语言新增的数据类型，目的是为了更加有效地利用 51 系列单片机的内部资源。

附表 3.4　　　　　　　　　　　　C51 语言中的基本数据类型

数据类型	占用的字节数	取值范围
unsigned char	单字节	0～255
signed char	单字节	−128～+127
unsigned int	双字节	0～65 535
signed int	双字节	−32 768～+32 767
unsigned long	四字节	0～4 294 967 295
signed long	四字节	−2147483648～+2147483647
float	四字节	± 1.17549 4E−38～ ± 3.402 823E+38
*	1～3 字节	对象的地址
bit	位	0 或 1
sbit	位	0 或 1
sfr	单字节	0～255
sfr16	双字节	0～65 535

对于 C51 中新增的数据类型说明如下：

（1）bit。用于定义存储于位寻址区中的位变量，取值只能是 0 或 1。51 系列单片机内部 RAM 中的位寻址区，位于低 128 字节中的 20H～2FH 单元，共 128 个位。

bit 型变量的定义方法如下：

```
bit flag;                    // 定义一个位变量 flag
bit flag=1;                  // 定义一个位变量 flag 并赋初值 1
```

（2）sbit。用于定义存储在可位寻址的 SFR 中的位变量，取值只能是 0 或 1。51 系列单片机中可位寻址的 SFR 地址都是 8 的倍数。

SFR 位变量的定义通常有以下三种用法：

① 使用 SFR 的位地址：　sbit 位变量名 = 位地址

② 使用 SFR 的单元名称：sbit 位变量名 = SFR 单元名称^变量位序号

③ 使用 SFR 的单元地址：sbit 位变量名 ＝SFR 单元地址^变量位序号

例如，下列三种方式均可以定义 P1 口的 P1.2 引脚。

```
sbit  P1_2 = 0x92;              // 0x92 是 P1.2 的位地址值
sbit  P1_2 = P1^2;              // P1.2 的位序号为 2，需事先定义好特殊功能寄存器 P1
sbit  P1_2 = 0x90^2;            // 0x90 是 P1 的单元地址
```

（3）sfr。用于定义 51 系列单片机内部所有的 8 位特殊功能寄存器 SFR。51 系列单片机内部共有 21 个 8 位特的殊功能寄存器。

sfr 型变量的定义方法：sfr 变量名 ＝ 某个 SFR 地址

头文件 reg51.h 中已经定义了部分 sfr 型、sbit 型变量，只要在程序的开头添加了 #include <reg51.h>，如无特殊需要则不必重新定义，直接引用即可。值得注意的是，在 reg51.h 中未给出 4 个 I/O 口（P0~P3）的引脚定义。

（4）sfr16。与 sfr 类似，sfr16 可以访问 51 系列单片机内部的 16 位特殊功能寄存器（如定时器 T0 和 T1），在此不再赘述。

4．C51 运算符与表达式

C51 语言的运算符种类十分丰富，它把除了输入、输出和流控制以外的几乎所有的基本操作都作为一种"运算"来处理。附表 3.5 给出了部分常用运算符。其中，运算类型中的"目"是指运算对象。当只有一个运算对象时，称为单目运算符；当运算对象为两个时，称为双目运算符；当运算对象为三个时，称为三目运算符。

把参加运算的数据（常量、变量、库函数和自定义函数的返回值）用运算符连接起来的有意义的算式，称为表达式。当不同的运算符出现在同一表达式中时，运算的先后次序取决于运算符优先级的高低以及运算符的结合性。

（1）优先级：运算符按优先级分为 15 级，如附表 3.5 所示。

当运算符的优先级不同时，优先级高的运算符先运算。

当运算符的优先级相同时，运算次序由结合性决定。

（2）结合性：运算符的结合性分为自左至右、自右至左两种。

附表 3.5　　　　　　　　　　　　　　运算符的优先级和结合性

优先级	运算符	运算符功能	运算类型	结合方向
1	() []	圆括号、函数参数表 数组元素下标	括号运算符	自左至右
2	! ~ ++、— + - * & （类型名） sizeof	逻辑非 按位取反 自增 1、自减 1 求正 求负 间接运算符 求地址运算符 强制类型转换 求所占字节数	单目运算符	自右至左
3	*、/、%	乘、除、整数求余	双目算术运算符	自左至右
4	+、−	加、减		

优先级	运算符	运算符功能	运算类型	结合方向
5	<<、>>	向左移位、向右移位	双目移位运算符	
6	<、<=、>、>=	小于、小于等于、大于、大于等于	双目关系运算符	
7	==、!=	恒等于、不等于		
8	&	按位与		
9	^	按位异或	双目位运算符	
10	|	按位或		
11	&&	逻辑与	双目逻辑运算符	
12	||	逻辑或		
13	? :	条件运算	三目条件运算符	自右至左
14	=、+=、-=、*=、/=、%=、&=、|=等	简单赋值、复合赋值（计算并赋值）	双目赋值运算符	自右至左
15	,	顺序求值	顺序运算符	自左至右

5. C51 常用标准库函数

所谓标准库函数是指由编译系统提供的、用户可以直接调用的函数。在程序设计中，多使用库函数使程序代码简单，结构清晰，易于调试和维护。根据 51 系列单片机本身的特点，C51 语言编译系统在 C 语言的基础上又扩展了以下几种库函数。

C51S.LIB	SMALL 模式，无浮点运算
C51FPS.LIB	SMALL 模式，有浮点运算
C51C.LIB	COMPACT 模式，无浮点运算
C51FPC.LIB	COMPACT 模式，有浮点运算
C51L.LIB	LARGE 模式，无浮点运算
C51FPL.LIB	LARGE 模式，有浮点运算

Keil C51 提供了相当丰富的标准库函数，并把它们分门别类的归属到不同的头文件中，如附表 3.6 所示。标准库函数的原型、功能描述、返回值、属性以及应用举例，在 Keil C51 集成开发环境提供的帮助文档中均可以查到。

附表 3.6　　　　　　　　　　常用的标准库函数及其分类

函数名称	函数类型	所属的头文件
isalnum, isalpha, iscntrl, isdigit, isgraph, islower, isprint, ispunct, isspace, isupper, isxdigit, toascii, toint, tolower, toupper, _tolower, _toupper	字符函数	ctype.h
_getkey, getchar, gets, ungetchar, putchar, printf, sprintf, puts, scanf, sscanf, vprintf, vsprintf	标准 I/O 函数	stdio.h
memchr, memcmp, memcpy, memccpy, memmove, memset, strcat, strncat, strcmp, strncmp, strcpy, strncpy, strlen, strstr, strchr, strrchr, strspn, strcspn, strpbrk, strrpbrk	字符串函数	string.h
atof, atoll, atoi, calloc, free, init_mempool, malloc, realloc, rand, srand, strtod, strtol, strtoul	标准函数	stdlib.h

续表

函数名称	函数类型	所属的头文件
abs, cabs, fabs, labs, exp, log, log10, sqrt, cos, sin, tan, acos, asin, atan, atan2, cosh, sinh, tanh, ceil, floor, modf, pow	数学函数	math.h
chkfloat, _crol_, _irol_, _lrol_, _cror_, _iror_, _lror_, _nop_, _testbit_	内部函数	intrins.h

　　读者可通过 Keil C51 提供的帮助文档查看各标准库函数的说明，包括该函数所属的头文件、函数原型、功能描述、属性以及应用举例等。限于篇幅，在此不再一一介绍，感兴趣的读者可以参阅有关的专业书籍。